前 言

继电保护是电网安全稳定运行的重要防线之一，随着智能变电站和智能电网的不断建设与发展，电力系统信息化程度、自动化水平越来越高，而传统的运维检修工作模式却没有根本改变，效率一直没有较大提升。基于 IEC 61850 的智能变电站采用统一信息模型，使得变电站信息化程度和互操作性进一步提高，然而因二次回路变得"看不见、摸不着"，也使得原有的设备运维管理方式不再适用。随着变电站无人值守及远方操作的推广应用，如何保证电网安全可靠运行和提升继电保护设备管控效率，是继电保护专业面临的重大又迫切的问题。

针对以上问题，国家电网有限公司、浙江省电力有限公司先后颁发了智能变电站继电保护运维相关的规范、标准，对继电保护人员整体素质水平提出了更高的要求。为帮助继电保护人员快速掌握智能变电站继电保护智能运维相关技术，提高智能变电站的保护设备管理水平和运维管控能力，国网浙江省电力有限公司温州供电公司组织编写了《变电站继电保护智能运维技术》一书。本书以继电保护生产实践需求为导向，以满足推广新技术应用、岗位考试、专业调考竞赛的综合要求为主要任务，汇集继电保护智能运维实践过程中具有普遍典型性的案例内容，并对继电保护智能运维技术的发展提出了展望。

本书主要包括概述、继电保护智能运维系统架构、基于大数据的继电保护智能运维技术、智能变电站二次设备工厂化抢修技术、继电保护智能运维管控典型功能应用、继电保护智能运维技术发展方向等内容。本书讲解原理深入浅出，图文并茂，可供从事变电站运维工作的技术和管理人员阅读、使用。

本书在编写过程中，得到了浙江省电力有限公司调控中心有关领导和专家的大力支持，在此表示衷心的感谢。

由于编者水平所限，书中难免有疏漏和不足之处，恳请读者批评指正。

编者

2019 年 5 月

变电站继电保护
智能运维技术

国网浙江省电力有限公司温州供电公司　组编

中国电力出版社
CHINA ELECTRIC POWER PRESS

内 容 提 要

本书主要介绍变电站继电保护智能运维技术及相关应用，主要包括继电保护智能运维系统架构、基于大数据的继电保护智能运维技术、智能变电站二次设备工厂化抢修技术、继电保护智能运维管控典型功能应用、继电保护智能运维技术发展方向等内容。

本书可供从事变电站运维工作的技术和管理人员阅读、使用。

图书在版编目（CIP）数据

变电站继电保护智能运维技术/国网浙江省电力有限公司温州供电公司组编. —北京：中国电力出版社，2019.6
ISBN 978-7-5198-3063-2

Ⅰ．①变… Ⅱ．①国… Ⅲ．①智能系统—变电所—继电保护 Ⅳ．①TM63-39②TM77-39

中国版本图书馆 CIP 数据核字（2019）第 069009 号

出版发行：中国电力出版社
地　　　址：北京市东城区北京站西街 19 号（邮政编码 100005）
网　　　址：http://www.cepp.sgcc.com.cn
责任编辑：穆智勇（010-63412336）
责任校对：黄　蓓　闫秀英
装帧设计：张俊霞
责任印制：石　雷

印　　刷：三河市万龙印装有限公司
版　　次：2019 年 6 月第一版
印　　次：2019 年 6 月北京第一次印刷
开　　本：710 毫米×1000 毫米　16 开本
印　　张：16.25
字　　数：260 千字
印　　数：0001—2000 册
定　　价：65.00 元

変电站继电保护
智能运维技术

目 录

第一章 概　　述

第一节　继电保护发展简介

在电力系统诞生之初，为避免短路时电气设备被烧坏，最早采用熔断器串联于供电线路中，当发生短路时，熔断器先于被保护设备断开，从而保护电气设备。随着电力系统发展，用电设备的功率、发电机的容量不断增大，电网的结构日益复杂，熔断器已不能满足选择性和快速性的要求，因此1890年后出现了直接装于断路器上反应一次电流的电磁型过电流继电器。20世纪初，继电器广泛用于电力系统保护，被认为是继电保护技术发展的开端。之后，基于各种保护原理的继电器和保护装置不断出现，为电力系统中电气元件的安全稳定运行提供了重要保障。

与此同时，随着材料、器件、制造技术等相关学科的发展，继电保护装置的结构、型式和制造工艺也发生着巨大的变化，经历了机电式保护装置、静态继电保护装置和数字式继电保护装置三个发展阶段。

机电式保护装置由具有机械转动部件带动触点开、合的机电式继电器（如电磁型、感应型和电动型继电器）所组成，由于其工作可靠且不需外加工作电源，抗干扰性能好，使用了相当长的时间，特别是单个继电器目前仍在电力系统中广泛应用。但这种保护装置体积大，消耗功率大，动作速度慢，机械转动部分和触点容易磨损或粘连，调试维护复杂，不能满足超高压、大容量电力系统的要求。

20世纪50年代，随着晶体管的发展，出现了晶体管式继电保护装置。这种保护装置体积小、动作速度快、无机械旋转部分、无触点，经过20多年的研究与实践，抗干扰问题得到满意解决，逐渐被大量应用。集成电路技术的发展，可以将众多晶体管集成在一块芯片上，从而出现了体积更小、工作更可靠的集成电路式继电保护装置。20 世纪 80 年代，静态继电保护装置由晶体管式向集成电路式过渡，成为静态继电保护的主要形式。

进入 20 世纪 90 年代，随着微处理器技术的快速发展和价格的急剧下降，微机保护在我国大量应用，主运算器从 8 位发展到 32 位，数据转换与处理器件由模数转换器（A/D）、电压频率转换器（VFC）发展到数字处理器（DSP）。这种由计算机技术构成的继电保护称为数字式继电保护。

数字式继电保护可用相同的硬件实现不同原理的保护，使制造大为简化，生产标准化、批量化，硬件可靠性高；具有强大的存储、记忆和运算能力，可以实现复杂原理的保护，为新原理保护的发展提供了实现条件；除了实现保护功能外，还兼具故障录波、故障测距、事件顺序记录和与保护管理计算机以及调度自动化系统通信等功能，这对于保护的运行管理、电网事故分析以及事故后的处理等有重要意义。另外，数字式继电保护可以不断地对本身的硬件和软件进行自检，发现装置的异常情况并通知运行维护中心，工作可靠性很高。正是在数字式继电保护技术和调度自动化技术的支撑下，变电站无人值守运行模式得到迅速发展，集测量、控制、保护和通信为一体的变电站综合自动化装备成为我国变电站的主流二次设备。

近年来，新型光电/电子式互感器的应用、IEC 61850 通信标准的实施、网络通信技术的普及和智能断路器技术的发展，为智能变电站的出现奠定了技术基础。随着智能变电站建设全面推进，在电网规模迅速扩大的同时，新技术、新设备得到广泛应用，二次系统的整体架构、配置发生深刻变化，继电保护装置的专业运维管控、现场检修工作和人员技术水平面临新的挑战，主要表现在：

（1）现场作业半径大，检修作业效率低。各级公司变电检修人员需要负责所辖区域内变电站二次设备的安全生产和运行维护工作。由于各变电站地理区域分布广阔，生产作业半径大，路上耗费时间甚至比现场工作时间还要长，且检修时存在专业检修队伍人员紧缺，核心技术力量资源相对集中，事故应急处理受交通距离影响大等问题，大大降低了现场检修作业效率。

（2）检修人员技术水平不一，缺乏远程诊断技术手段。随着二次设备技术不断发展，新的二次设备厂家、新型号二次装置不断出现，增加了维护人员熟练掌握保护装置的难度。对于变电站的安装、调试、检修中出现的技术难题，当现场维护人员由于经验不足、知识面有限，不能对其作出诊断时，往往需要该领域专家到现场对故障进行综合诊断，并给出诊断结果。目前专家数量尚不足以满足电网大规模基建调试、投产和运维的需要。

（3）二次设备在线监测数据未充分利用。传统的保护正确动作率、遥控成功率、遥测数据合格率、装置缺陷消除率等统计指标只能反映二次设备整体的运行可靠性水平，却不能反映单个装置的实际运行状况。目前智能变电站能够实现信息高度共享，若能有效整合变电站二次设备在线监测数据，实时掌握二次设备及二次回路的运行状态，将会对二次设备检修决策产生有利影响。

（4）应急抢修工作流程复杂，应急处理效率低。在电网事故时，检修力量的应急响应仍存在以下问题：调度第一时间恢复系统供电任务重、时间紧，对于复杂故障仍迫切需要现场工作人员为故障隔离提供故障范围、故障性质的准确信息；以集控站为中心的运行人员操作量大、操作点多，在保障操作安全前提下，很难在短时间内迅速提供相关故障的准确信息；检修力量较为分散，应急条件下很难快速部署至相关变电站收集详细故障信息，影响故障判断的准确性和及时性。

（5）人员配置相对缺乏，现场检修作业工作量大。随着电网的发展，二次设备数量与日俱增，使得校验高峰期的维护成本和检修工作量明显上升，因此亟须转变二次设备运维作业模式，提高二次设备运维作业效率，解决运维人员配置与电网规模不断扩大的矛盾。

在此背景下，迫切需要研究探索继电保护智能运维技术，以适应坚强智能电网的发展需求。

第二节　继电保护运维技术的发展历程

继电保护运维技术的发展与继电保护技术自身的发展密切相关。如前所述，继电保护装置的结构、型式和制造工艺经历了机电式保护装置、静态继电保护装置和数字式继电保护装置三个发展阶段。

在机电式保护装置和静态继电保护装置时期，二次设备的运维检修模式主要以故障维修为主，即只在设备发生故障或运行功能失效后，才对设备进行维修。故障维修模式很难保证电力系统的供电可靠性，仅对生产影响较小的非重点设备、有冗余配置的设备比较适用。

在数字式继电保护装置时期，二次设备的运维检修模式以预防性计划检修为主，即严格按照继电保护检验规程，定期对设备进行预防性检修试验，以确保装置元件完好、功能正常，确保回路接线及定值正确，提高继电保护健康运行水平。预防性计划检修大幅减少了突发性故障，解决了大量的潜伏性故障隐患，取得了相当好的应用成效。但预防性计划检修并未完全消除继电保护不正确动作的风险，电网运行中仍存在一些继电保护不正确动作的事件。

由于电网规模不断迅速扩大，电网设备数量众多，电网设备检修时间集中，对于维护站点数量多的单位，继电保护人员的配置情况已不能满足设备检修工作的需求。传统检修模式工作量大、工作强度高，也成为继电保护设备运维过程中突出的问题。从检修效果来看，当前继电保护预防性计划检修模式已经难以进一步提高保护的可靠性，主要体现在：

（1）由于设备自检能力的大幅提高，绝大部分装置本体缺陷可以在定检周期未到时在运行中被发现。

（2）检验周期限制了缩短回路性能下降时间和功能失效持续时间的可能。受限于设备维护的人力成本等因素，检验周期呈延长趋势。延长定检周期，意味着其性能下降和功能失效持续时间的增加，意味着保护不正确动作概率的增加。

（3）定期检验增加了人为作业对设备的影响。比较复杂的检修安措在将待检修设备隔离的过程中，需要在二次回路上进行大量的接、解线工作，不但加速了端子的磨损，人为地缩短了设备的使用寿命，一旦作业失误，还会造成误碰、误接线等隐患，进而引发保护不正确动作。

（4）周期性定检增加了调度调整运行方式的频度，影响电网的经济运行。

近年来，智能变电站建设全面推进。智能变电站是由智能化一次设备和网络化二次设备分层（过程层、间隔层、站控层）构建，建立在 IEC 61850 通信标准基础上，能够实现变电站内智能电气设备间信息共享和互操作的现代化变电站。与传统变电站相比，智能变电站二次设备通过光缆实现了过程层和间隔层设备之间的互联互通，同时继电保护装置模拟量采集、开入开出不再由保护装置自身实现，而是通过采样值（SV）报文与过程层合并单元的数据传输，开关量信号通过面向通用对象的变电站事件（GOOSE）实现与过程层智能终端的报文传输。随着计算机技术和通信技术的发展，智能变电站继电保护装置不仅可以处理和传统变电站继电保护装置相同或类似的基本信息内容，还具备了更多的状态信息监测和信息输出功能，突破了传统变电站继电保护装置只能发出"正常"或"异常"状态信息的情况。智能变电站支持部分可连续监测的关键模拟量状态信息，并支持通过通信的方式输出这些模拟量状态信息，状态信息监测平台通过缓存模拟量状态信息，并结合装置损坏时模拟量的状态特征，发现状态信息的长期变化规律。

基于智能变电站的上述特点，变电站二次设备的运维检修模式逐渐向状态检修转变，即以设备当前的工作状况为依据，借助各种技术先进的平台，通过状态监测手段，诊断设备健康状况，从而确定设备是否需要检修或检修的最佳时机。状态检修方式将大部分的设备运维工作通过远程来实现，是一种先进的检修方式，能大幅缩短设备停运时间，提高设备可靠性和可用系数，延长设备寿命，减少运检人员往返现场的频次，降低检修维护费用，改善设备运行性能，提高经济效益。

状态检修是建立在对设备状态进行有效监测的基础上，而微机保护装置本身带有自检功能，具备状态监测的基础。微机保护装置理论上可以实现对逆变电源、A/D 转换系统、采样数据合理性、保护定值完整性、保护的输入输出接点、保护数据通信环节、控制回路断线等进行监视，其结果完全可以作为设备运行状态的指标，为运维人员提供设备检修依据。目前继电保护状态检修尚处于探索和试行阶段，尚达不到实用化程度。状态检修方法本身也存在着不足，如对开出跳闸类的接点，无法通过自检回路检测装置本身是否功能正常以及继电器是否完整，必须通过回路的传动才能验证开关的动作、继电器动作/返回的可靠性。

第三节 继电保护智能运维技术的发展前景

大数据、云计算、物联网、移动互联网（简称"大云物移"）等新兴技术的诞生，奠定了"大云物移"概念相融的基础，代表着新技术支撑下的先进管理理念，其技术本质是大数据采集、传输、存储、利用的外延，管理基础和核心是企业数据资产的高效挖掘利用。"大云物移"背景下的智能运维以电网运行的安全性、可靠性、经济性为前提，全面推进大数据、云计算、物联网、移动互联等新一代信息手段与运维业务的深度融合，具备监测感知自动化、作业流程移动化、运检现场可视化、生产指挥集约化、分析决策智能化、项目管控标准化的特征，大幅提升设备状态管控力和运维作业管控力。

大数据、云计算、人工智能等先进的信息处理和分析技术可以在设备状态评价、整定计算、在线监视与智能诊断等方面全面提升继电保护专业的技术支撑能力，物联网、移动互联网、虚拟现实技术有力地促进了智能变电站运维检修的技术创新和模式变革，为继电保护的远程智能运维奠定坚实基础。

一、大数据

大数据体系包含了数据访问和计算，数据隐私和领域知识，以及大数据挖掘算法等。其中，大数据挖掘平台的核心主要集中于数据访问和计算过程。随着智能电网中数据量持续增长，数据的分布存储将成为必然，而一个高效的计算平台在计算时必须将分布式的大规模数据存储纳入考虑，将数据分析及处理任务分割成很多的子任务，并通过并行的程序在大量的计算节点上执行。智能电网大数据挖掘平台能实现信息的共享与隐私的保护，其中，信息共享不仅仅是每个阶段顺利进行的保证，同样是智能电网大数据处理和分析的目的所在。大数据分析技术在电网故障诊断与自动故障定位、状态评估、智能调度规划、电能损耗分析和安全分析及智能预警等方面都有广阔的发展前景。

二、云计算

云计算拥有分布式计算和分布式存储的能力，可以利用廉价计算机搭建集群从而达到拥有海量存储和计算的能力，所以越来越多的学者利用云计算和数据挖掘相结合的方法达到电力数据知识到价值的转变。所谓云是互联网中的一种比喻，每个云聚集了成千上万的计算机资源。将所有的信息资源以这种方式进行存储与处理，有利于提高计算机资源的利用率，是对网络信息资源的一种优化。云计算是基于互联网的计算模式，使共享的资源与信息根据不同的需求提供给计算机或者其他设备。这种计算方式不需要过多管理模式，能够方便快捷提供网络访问。它将分布式、并行处理以及网络计算三者融为一体，并且不断发展。云计算将大量的计算信息分配给各个分布式计算机，需要相关信息的用户根据自己的需求访问云计算系统。在智能电网各个应用系统中，一般采用物联网感知技术来获取智能电网电气设备状态信息。这些状态信息分布范围广，类型复杂、数据量大。因此，通常利用云计算技术进行分析、处理以及计算智能电网中电气设备状态信息。为智能电网中各种业务（如监控、调度、故障诊断等）提供技术支撑。

三、物联网

物联网主要是指"物物相连的互联网"，可以通过互联网识别、跟踪、处理以及控制所有包括物品、人、服务等各方面的信息。物联网一般通过射频识别（RFID）、红外感应器、全球定位系统、激光扫描器、近场通信（NFC）激活设备等信息传感设备，按约定的协议，把任何物品和服务等与互联网相连接，进行信息交换和通信，以实现智能化识别、定位、跟踪、监控和管理。将物联网射频识别技术应用于检修资产管理，将仓库的设备资产、材料、工具等的型号、电压等级、编码等基本信息录入电子标签，并贴附于相应检修资产上，实现标签、物的一一对应；仓库内部设固定式阅读器，数据读取范围覆盖所有资产，通过与电子标签建立的射频通信链路实现对库内检修资产的实时轮询信息采集及监控；阅读器采集到的标签信息可经无线通信网络（如 GPRS/CDMA/GSM 等）传输到数据平台，供远端监控管理中心进行资产监控、查询以及及时优化调配给需要的检修班组人员。作为信息通信技术飞速发展的一个重要标志，物联网将成为未来电网资产管理的一项主要手段和技术，它借助 RFID 技术实现物与物、物与人之间信息的无缝连接，彻底改变传统的资产管理模式，成为实现智能电网的一项重要标志。物联网技术在电网资产管理中的广泛应用能够有效地为电网企业形成资产管理的合力，改善当前资产管理的局面。

四、移动互联网与移动终端

随着现代通信与信息技术的不断发展，移动互联网与移动终端在生产、生活领域发挥着越来越重要的作用。电力移动终端作为移动互联网在电网企业和电力工程中能够实现设备、资产信息的实时采集、录入和互联，减少人工操作，确保数据准确，极大地促进了电网企业的发展与技术革新。移动终端的作业模式极大地方便了现场运维数据的采集、上送和分析，大幅提高继电保护状态检修评价和资产全寿命管理分析结果的可信度和运用成效，其技术路线和管理思路值得推广。电力企业移动终端承载的业务主要包括电力生产运维管理、电力营销应用、电力抢修服务、物资管理和机房运维管理等。移动终端与移动应用作为电力企业内部作业与外部服务的延伸，在使用时不可避免地与电网企业的内网服务器与数据库产生交互，在读写数据的过程中存在内网系统被恶意攻击、非法获取数据等安全风险。因此，在推动电网企业移动终端广泛应用的同时，需要进一步对其所涉及的安全风险进行分析并制定相应的对策，确保电网安全、可靠运行。

五、虚拟现实和增强现实技术

当前虚拟现实（VR）、增强现实（AR）技术日趋成熟，针对目前运维中的问题，VR、AR 技术能够创新工作流程，简化生产作业，增强安全把控效果，有利于就检修安全、运维技术进行多方沟通协调，图像直观，流程更易把控，形成技术、安全双维度的全程动态管控体系。借助 VR 技术构建变电站 VR 环境，专家可进入 VR 环境，在浸入式体验中确认现场缺陷信息与设备环境，作为辅助判断依据。通过模块化的功能设计，将传统缺陷文字性内容通过图文标注、人机互动等模式进行编制，并通过球形视觉技术进行展示，远方专家人员可通过 VR 终端、手机、会议室大屏幕进行浸入式查阅缺陷具体情况；同时管理人员可通过 VR 技术核对现场的安全和技术信息，便于对人员、大型工器具、安全措施、技术规范进行现场把控。在 VR 导航图中以不同颜色进行标识，运行间隔、检修间隙、功能区域都可按照现场实际情况展示。作业人员足不出户便能在真实场景中学习变电站检修内容、安全注意事项。针对具体间隔，可查看围栏规划、危险点预演等功能。将 VR、AR 技术引入电力检修，拓展了安全管理的空间，有助于提升管控质量。而通过浸入式安全互动管理，使作业人员对精益化检修、安全作业有了更高维度的认识，加快了安全生产从反习惯性违章到防习惯性违章的转变。

第二章 继电保护智能运维系统架构

当电网发生故障时，需及时获取保护装置动作信息及相关录波数据进行必要的事故分析，为调度事故处理提供决策依据。随着变电站无人值班模式的应用，由变电站运行人员打印保护装置动作报告及录波数据文件的传统方式已经无法满足要求。同时随着电网规模的不断扩大及电网故障信息分析等高级应用的发展，需要建立一套将各变电站保护装置及录波器连接起来并对数据进行自动收集、整理和分析的平台，即继电保护智能运维系统。

继电保护智能运维系统分为继电保护信息联网系统和故障录波联网系统。从布局角度看，两者由位于地区局和省调度控制中心的主站端服务器群（主站系统）和位于各个变电站的厂站端保护信息子站和录波器（子站系统），通过电力调度数据网连接而成。传统的子站系统通常基于103协议，但随着 IEC 61850 标准的发展完善，符合 IEC 61850 标准的子站系统大量推广应用，相应的 IEC 61850 主站系统也随之建设完毕。本章将对保护信息联网系统和故障录波联网系统，IEC61850 标准的核心技术，保护信息主站系统和子站系统进行介绍。

第一节 保护信息联网系统

一、系统总体结构

目前广泛采用的继电保护故障信息系统如图 2-1 所示。继电保护故障信息系统各设备间的连接建立在电力调度数据网基础上，为便于理解其在电力调度数据网中的位置，此处将变电站自动化系统中站内远动主机也画入其中。继电保护故障信息系统从布局的角度看由厂站端的子站系统和调度端的主站系统两大部分组成。主站系统包括各地区局调度端主站、省调度中心主站（以下都简称主站）。主站主要实现对所管辖电网二次设备的日常信息、故障信息等进行收集和处理，并提供给各专业工作人员进行必要的信息查询和管理，为事故处理提供决策的依据；厂站端子站系统实现站内设备的接入、数据汇总、预处理和数据转发等功能。

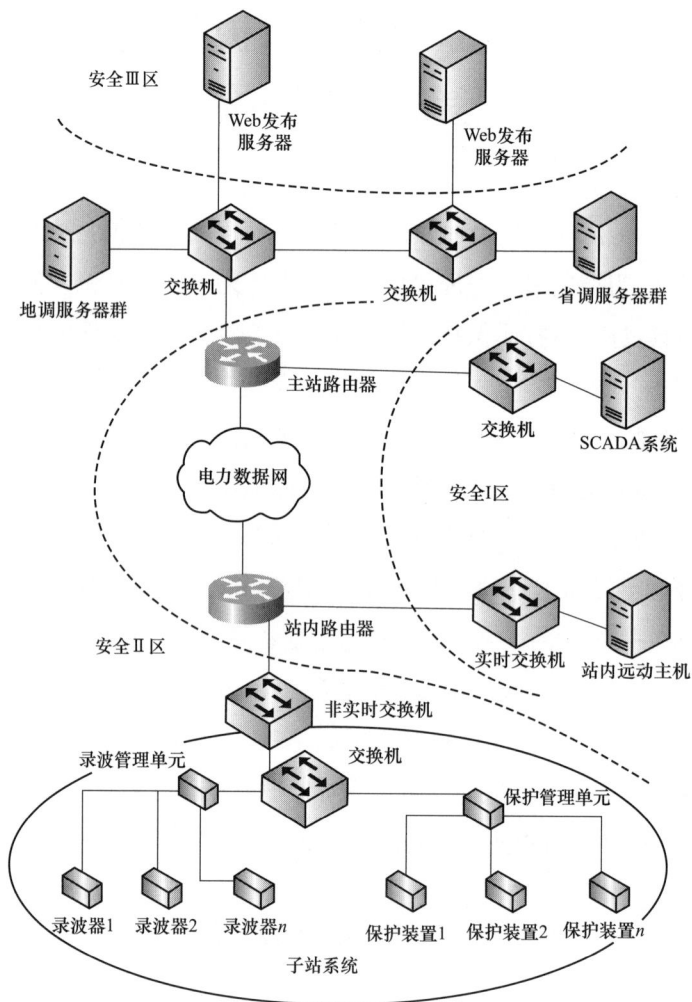

图 2-1　继电保护故障信息系统结构示意图

二、电力调度数据网

继电保护故障信息系统的厂站端与主站端间的通信建立在电力调度数据网基础上，若要理解继电保护故障信息系统各设备间的连接关系，必须对电力调度数据网有一定的了解。电力调度数据网采用 IP 路由交换设备组网，采用 IP over SDH 技术体制。网络架构采用层次化设计，分为核心层、汇聚层和接入层三层。接入层的接入节点位于各 220kV 变电站内，即变电站电力数据网屏或调度数据网屏。网络中传输的业务按照安全等级进行横向隔离、纵向分层，划分为安全Ⅰ区和安全Ⅱ区。安全Ⅰ区承载实时数据传输和控制业务；安全Ⅱ区承载准实时和非实时信息，包括电能计量及继电保护故障信息等。安全Ⅲ区处理非实时信息，如Ⅰ、Ⅱ区的 Web，便于办公网的计算机访问。网络纵向分为两大级，网调数据网和省级数据网，即一般称的二级网、三级网，各 220kV 变电站接入节点网络属于三级网，而 500kV 变电站接入节点属于二级网。目前一个 220kV 变电站分配 32 个 IP 地址，其中实时区与非实时区各 16 个。

第二节　IEC 61850 保护信息主站系统

随着基于 IEC 61850 标准的数字化变电站及符合 IEC 61850 标准的保护信息子站的推广应用，符合 IEC 61850 标准的继电保护信息主站也建设完毕。其功能与第一节介绍的主站功能基本一致，其系统结构如图 2-2 所示。

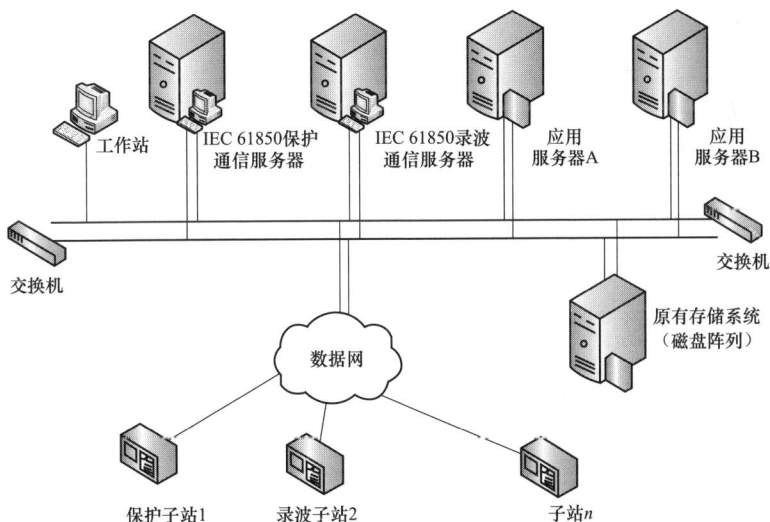

图 2-2　IEC 61850 保护信息主站系统结构图

主站系统由 2 台通信服务器（分别接入保护信息和录波信息）、2 台应用服务器、1 台工作站组成，数据存储利用原有磁盘阵列，数据库管理软件为 ORACLE。保护通信服务器负责与 IEC 61850 子站进行通信，收集和处理来自各子站上送的数据；录波通信服务器负责与 IEC 61850 录波子站进行通信，收集和处理来自录波器上送的数据；应用服务器实现保护信息和录波信息的关联整合处理；工作站具备运行监视、操作、维护、浏览等功能。

主站系统二次设备模型全面采用 IEC 61850 模型，并充分考虑对以 IEC 60870-5-103 规约通信的传统保护设备的兼容性。在二次模型中建立了 IED、SERVER、LogicalDevice、LogicalNode、Data 等标准模型层次，并考虑实时响应性能及兼容传统保护的需要，在实时库中建立模拟量、状态量、事件等多层次的数据表。数据既支持传统的 ID 方式定位，也支持以 IEC 61850 标准的唯一对象索引 Reference 定位。

通过采用 IEC 61970、IEC 61850 标准模型，主站系统充分支持与 EMS 系统及其他应用系统通过 CIS 接口进行信息交换，也具备了与 EMS、故障信息系统等不同子系统在模型层次上有机结合的基础。

关于变电站 IEC 61850 模型的建模问题，可以通过以下途径获得：①手工获得 SCD 文件方式；②通过 MMS 通信获得子站模型；③通过 MMS 通信的文件服务方式获得 SCD 文件。主站系统对这三种途径都支持，但从效率考虑，建议由子站通过 MMS 通信直接从 IED 获得模型形成 SCD 文件，主站则从子站获得 SCD 文件。主站系统提供 SCD 工具 SCDTool，实现将 SCD 文件导入数据库，生成通信子系统需要的全站配置文件，并提供可独立使用的 MMTool 工具，直接从 IED 读取模型形成 SCD 文件。

第三节 保护信息子站

一、子站系统的网络结构与硬件设备

保护信息子站在变电站内担负各类微机保护装置、故障录波器的信息集中收集、处理并及时上送各级调度主站的任务。子站系统的典型网络结构如图 2-3 所示。

子站系统主要由以下硬件设备组成：

（1）保护管理单元：统一管理站内微机保护装置，保护信息经保护管理单元处理后，发往省调主站或地调分站。

（2）保护通信接口单元：用于微机保护装置与站内监控系统信息交互。

（3）录波管理单元：统一管理站内故障录波器，录波信息经录波管理单元

发往省调主站或地调分站。

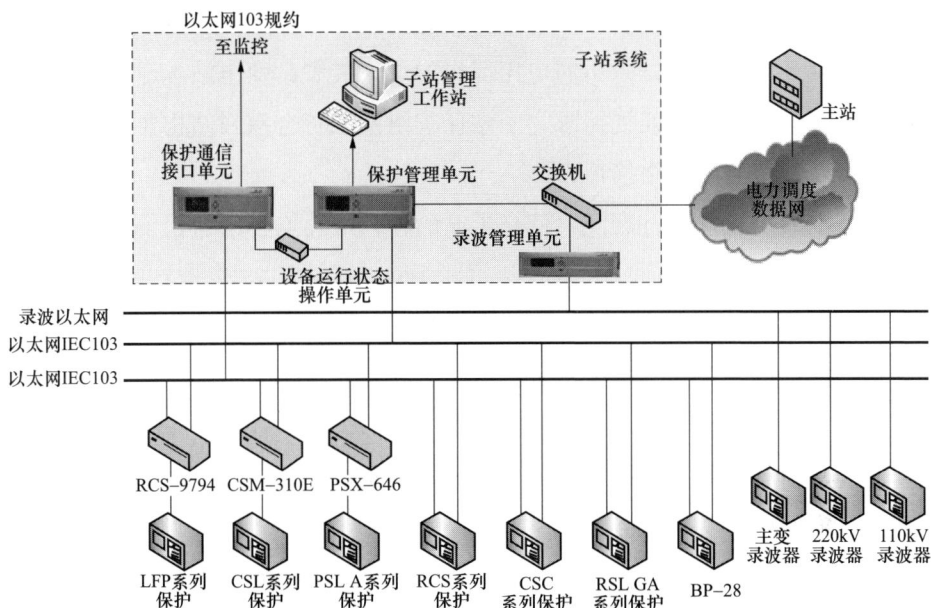

图 2-3　子站系统的典型网络结构示意图

（4）设备运行状态操作单元：用于微机保护装置运行状态的更改与采集。

（5）管理工作站：对子站系统各单元进行统一管理。

二、对子站系统的总体要求

（1）系统整体设计应符合电力系统安全要求，不能影响电力系统一、二次设备的正常运行。硬件应采用性能可靠、工作稳定的计算机硬件系统。系统硬件和有关的接口设备技术性能指标符合国际工业标准，并能充分满足 NB/T 42088—2016《继电保护信息系统子站技术规范》所描述系统的故障信息采集、管理和上送主站功能要求和业务范围内的特殊功能要求。

（2）子站系统应具备信息收集功能，用于实现对厂站端继电保护装置信息及故障录波器信息进行的信息收集、信息统一、信息存储，信息收集功能应满足双网配置。

（3）子站系统应具备信息服务功能，对于不同的应用需求方，确定不同的信息过滤机制，采用不同的通信和数据组织模式，提供不同的数据服务，包括事件主动上送、主动上送录波简报和被动查询等模式。

（4）保护信息通过以太网 103 规约接入保护管理单元。对于原有利用串口

13

103 方式组网的已建成子站，保持原有接入方式，不作变更。保护管理单元要求使用嵌入式装置，满足双网配置；保护通信接口单元要求使用嵌入式装置；录波管理单元统一管理站内不同电压等级的录波装置。变电站本地的子站管理工作站满足本地管理和监视需求。子站保护组网应符合双网结构要求，并预留监控系统获得数据的网络接口。

（5）在系统正常运行期间，信息子站的任何故障均不应引起子站所连接保护装置的误动作。

（6）子站系统的硬件和软件应连续监视，如硬件有任何故障或软件程序有任何问题应立即报警。具备子站系统故障自恢复功能。

（7）软、硬件设备应具有良好的容错能力，当在运行及操作中发生一般性错误时均不引起系统的任何功能丧失或影响系统的正常运行，对意外情况引起的故障，系统应具备恢复能力。

（8）系统应遵循开放的原则，应选用国际上标准化的、通用化的、成熟的和先进的计算机产品，使系统具有良好的兼容性和可扩充性。

第四节　故障录波联网系统

一、系统结构与功能

故障录波联网系统由省调主站、地调分站和变电站内录波器三部分组成，其主要任务是自动采集录波器的录波简报和录波数据，进行远程召唤、录波数据分析、自动定位分析程序等，以提高录波器信息处理的自动化水平。故障录波联网系统在满足可靠性、灵活性，经济性的前提下，应实现以下功能：

（1）召唤录波文件列表：主站服务器按指定时间间隔向录波器召唤指定时间段内的录波文件列表，用户也可手动指定时间段从数据库或录波器上查询录波文件列表。

（2）召唤录波简报：当主站服务器在收到录波文件列表时，会主动将录波简报文件召唤至主站。录波简报以文本（.txt）文件形式存储在主站服务器上，当用户在工作站选择指定录波文件时，客户端程序会主动将简报文件下载至工作站计算机。

（3）召唤录波数据文件：在查询指定时间内的录波文件列表后，用户选择录波文件并召唤，这个过程须等待一定时间，如在指定时间内不能返回，则报超时，遇到超时情况可以重新召唤。

（4）显示录波器通信状态：在客户端正确显示录波器与服务器的连接状态，在录波器连接或断开时能实时刷新通信状态。

（5）自动关联录波分析程序：当录波数据召唤到客户端后，用户选择录波文件，可自动执行相关厂家提供的录波分析程序。

录波主站和录波器之间的网络通道采用电力数据网，对数据网暂时没开通的变电站以专线方式接入到地调分站中，网络结构如图2-4所示。

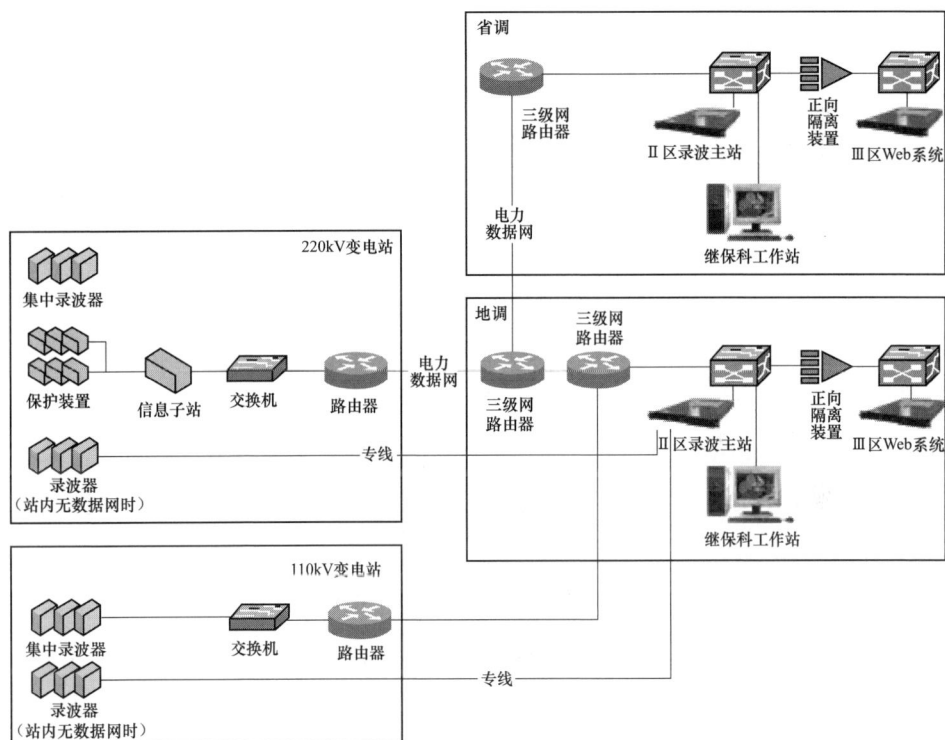

图2-4 故障录波联网系统结构示意图

图中：①服务端和客户端构成主站系统，分省调主站和地调主站，两者是并列关系，都是通过通信代理程序（由录波器厂家提供）或直接与变电站内的录波器进行通信；②所有厂家提供的通信代理程序均运行在地调服务器上，代理程序与服务端程序之间保持 TCP 连接，通信方式按照相关故障录波器通信规范进行，代理程序至少能接受两个连接，且互不干扰。

录波器目前有两种接入方式：一种是由录波器提供通信代理程序来实现录波器信息的上传，代理程序运行在主站的服务器上；另一种是直接由变电站内的录波器提供符合要求的通信规约，实现录波器信息的上传。

二、录波主站的功能要求

（1）信息采集功能：接收录波器主动上送的录波简报；支持录波简报和列表的手动召唤；支持录波简报文件和录波数据文件的召唤。

（2）信息存储功能：选用标准的、运行稳定的数据库管理系统；所存储的信息包括录波文件大小、故障时间、故障类型、对应录波简报、录波数据文件等；负责管理召唤到主站的录波文件，提供备份、归档等功能；故障录波数据在主站以文件方式存放，并在数据库中建立对应的索引供管理。

（3）通信状态管理：提供录波器通信状态显示、中断时间等。

（4）Ⅱ/Ⅲ区数据同步：提供Ⅱ/Ⅲ区数据同步程序，实现Ⅱ区数据向Ⅲ区的发送。

（5）录波文件管理：支持根据故障时间、故障类别等进行录波文件和录波简报的查询；自动根据录波器厂家的不同调用不同厂家提供的数据分析程序；提供分析程序对标准格式的录波数据进行分析；主站不主动对录波数据进行召唤，而是由用户根据分析需要在主站的客户端手动对录波数据进行召唤；录波数据上送到主站后，主站程序根据录波器厂家的不同自动选择相应的录波数据分析程序，打开对应的数据文件。

（6）录波分析功能：各种兼容格式的 COMTRADE 文件的读取、转换；支持同时多文件通道录波信息的抽取读入；矢量分析，即可任意选择三个通道的相量和任意时间间隔，在 X、Y 坐标系上，显示分解后的正、负、零序分量的相量图（以文字表示角度和幅值）；谐波分析，即显示所选择时间段内各通道的谐波幅值（谐波上限为采样率的 1/2）；时间选择步长为一个采样间隔；视在功率、有功功率、无功功率计算；可任意选择三个通道的相量进行各序分量功率及方向的计算；具备公式编辑功能，利用故障时的模拟量通过公式生成器拟合成新的量，并可对新生成的量进行分析。

（7）对以后投运录波器中扩展功能的支持：打开任何一个通道文件时，必须同时打开电压文件，其他文件是否同时打开则可以选择；通过选择打开任意多个文件，在统一界面上显示；所有模拟量均显示一次值；线路文件能够根据线路的编码自动与对端文件进行双端测距分析；变压器文件能够进行差流及制动电流的计算。

三、录波器的功能要求

1. 基本要求

对通过专线网、数据网或变电所保护子站接入的录波器，皆能根据要求送到省调或地调主站Ⅱ区服务器；提供录波通信代理程序对录波器现有功能进行扩充，使其能够满足故障录波器通信规范和故障录波器联网建设规范的要求；录波器通信代理程序应运行在地调服务器上，代理程序与服务端程序之间保持TCP连接，通信方式参照故障录波器通信规范；代理程序至少能接受省调、地调两个连接，且互不干扰。

2. 录波简报上送

在网络正常的情况下，录波器主动上送录波简报；对部分录波器暂不具备主动上送简报的功能时，录波主站通过定时查询录波器文件列表的方式，判断是否有新录波文件产生，在有新的录波文件产生时召唤新录波文件对应的简报文件到主站；不论是采用简报主动上送还是主站轮询的方式，录波器（或录波代理）都必须具备分析判断功能，对判断为没有故障的录波简报则不上送到主站，只有在响应主站手动召唤时，才上送指定时间范围内的所有录波简报，即正常运行情况下上送到主站（或回答主站轮询）的只是有故障发生的录波简报；具备录波简报的选送功能，即正常情况下，回答主站的轮询或主动上送时，只上送满足筛选条件的录波简报。

3. 录波简报选送要求

（1）主判据。保护装置出口信息包括：①断路器变位，保护动作出口开关量变位；②断路器变位，保护动作出口开关量未变位；③断路器未变位，保护动作出口开关量变位。

（2）辅助判据。区内外故障计算及分析判断包括：①故障电流$>K_1$倍额定电流；②故障电压$<K_2$倍额定电压；③零序电流$>$整定值；④故障相别判断有结果。

（3）判据的使用原则：①在具体实现时，应把辅助判据中的K_1和K_2作为可整定参数，以根据系统运行的实际情况，适当调整录波简报上送的门槛值；②满足上述条件中的任意一个判据时，录波器（或录波代理）将相应的录波简报作为有故障的简报主动上送，其他情况下产生的简报不主动向主站上送。

4．录波简报内容要求

录波简报内容应包括故障发生时刻（启动时间），启动原因，保护动作套数，具体保护名称，录波数据文件大小，故障类型，跳闸相别，重合闸信息，故障测距值，故障持续时间等。

第五节　IEC 61850 标准的核心技术

IEC 61850 标准是迄今为止最为完善的关于变电站自动化的通信标准，也是 TC57 近年来发布的最重要的一个国际标准，是智能变电站应用技术的重要支撑。IEC 61850 标准最初是针对变电站站内网络通信协议，由于变电站内、变电站与调度中心、调度中心之间各种协议的不兼容，需要协议转换才可连接，IEC 委员会 TC57 工作组感到有必要从信息源（变电站的过程层）直到调度中心之间采用统一的通信协议，数据对象统一建模和 IEC 61970 标准中的通用信息模型 CIM 协调一致，于是在 2000 年的 TC57 战略决策咨询小组（SPAG）会议上决定以 IEC 61850 标准为基础建立无缝远动通信体系结构。

统一建模语言 UML（Unified modeling language）是一种定义良好、易于表达、功能强大，且普遍适应的可视化建模语言。它融入了软件工程领域的新思想、新方法和新技术，不仅可以支持面向对象的分析和设计，更重要的是能够强有力地支持从需求分析开始的软件开发的全过程。

由于 UML 具有标准性、系统性、可视化、自动化的优点，IEC 采用 UML 作为 IEC 61850、IEC 61970 等标准的建模语言。电力系统是一个巨型互联系统，电力系统应用软件也变得越来越复杂。IEC 61850 标准和 IEC 61970 标准的出现，标志着 UML 成为电力系统建模的标准化方法。UML 帮助人们对现实世界问题进行科学地抽象，进而建立简明准确的表示模型。这些模型成为标准后，电力系统的各种应用就不再依赖信息的内部表示，大家共用一种"语言"讲话，各种异构系统的集成将变得简单有效。

一、软件复用技术

为了提高软件生产效率和软件质量，软件复用技术一直是软件工程学研究的重点。软件复用可分为函数复用、继承复用、组件复用、设计模式复用以及体系结构复用五个层次。大量事实证明，基于过程语言的函数复用和基于对象技术的继承复用都无法实现大规模的实现复用。目前国际上研究的热点是组件复用、设计模式复用和体系结构复用。

（1）组件复用。与对象相比，组件蕴涵着天然的优势。面向对象技术常常将重点放在封装和继承（实现复用）上，而面向组件技术侧重于组件的可插入性。组件将封装运用到了极限，它们只暴露公用接口，实际实现完全被隐藏。对客户程序来讲，组件的实现语言和物理位置都是未知的。这样设计合理的组件可以插到不同客户程序中，从二进制层次实现了复用性。

目前，组件技术的标准主要有三种：①国际对象管理组织 OMG 组织制定的通用对象请求代理体系结构 CORBA（Comon Object Requst Broker Architecture）标准；②Microsoft 的组件对象模型/分布组件对象模型 COM/DCOM（Component Object Model/Distributed COM）标准；③Sun 公司的 EJB（Enteprise Java Beans）标准。

组件技术体现了"软件总线"的概念，其目的是为了实现软件领域的"即插即用"，在 IEC 61850/61970 标准的具体实现中，必须采用某种软件总线标准和技术。

（2）设计模式复用。面向对象设计模式是将众多实际系统的面向对象设计方案进行抽象后得到的具有普遍意义的、可复用的设计结构和相关设计经验模式，从现象上表现为一些设计思想和相关范例，在 IEC 61850 中采用了大量设计模式。

（3）体系结构复用。体系结构（Software Architecture）是对软件系统的最高层次的描述。体系结构复用也是软件复用的最高层次。软件架构体系实际上是广义设计模式的一部分，主要解决大型系统设计时，系统中对象过多带来的设计难题，属于大型系统子系统结构设计的可复用方法。常见的体系结构风格有管道过滤器结构、主程序子过程结构、基于抽象数据类型的面向对象结构、基于事件隐式调用结构、分层结构、解释器结构和服务器/客户端结构，等等。

二、高速以太网技术

IEC 61850 标准提出了变电站内信息分层的概念，无论从逻辑上还是从物理概念上，都将变电站的通信体系分为变电站层、间隔层和过程层。其中，过程层设备通过过程层总线互联，间隔层设备通过站控层总线互联。

变电站内数据流方向既有同一层横向数据交换，也有层和层之间纵向数据交换。不同层次不同方向的数据交换，其数据流量、时间响应特性要求也各不相同。

曾经有这样一种观点，认为由于以太网具有载波侦听多路访问/冲突检测（CSMA/CD）的本质，对实时信息传输造成的延迟无法预测，因而它不能满足实时系统的需要。国外专门对比研究了普通以太网和令牌总线网的性能，结论是在网络负荷小于 25%情况下，以太网响应时间要比令牌总线网络快得多。

对变电站自动化系统而言，通过局域网 LAN 执行控制功能的实时性要求通常定义为 4ms。

在现代电力系统自动化领域，时标（Time Stamp）的重要性不言而喻。IEC 61850 标准将对时间同步的要求划分为 5 级，分别用 T1～T5 表示。其中，T1 要求最低，为 1ms；T5 要求最高，为 1μs。由于传统以太网自身的技术限制，想通过多播（Multicasting）的方式在网络内实现时间同步是很困难的，通过采用交换式以太网等一系列技术，完全可以满足精度要求。

三、嵌入式实时操作系统技术

嵌入式系统是以应用为中心、以计算机技术为基础、软件硬件可裁剪、适应应用系统，对功能、可靠性、成本、体积、功耗严格要求的专用计算机系统。嵌入式计算机的外部设备中包含了多个嵌入式微处理器，如键盘、硬盘、显示器、网卡、声卡等均是由嵌入式处理器控制的。

嵌入式系统软件需要实时多任务操作系统开发平台 RTOS。通用计算机具有完善的操作系统和应用程序接口，是计算机基本组成不可或缺的一部分。应用程序的开发以及完成后的软件都在操作系统平台上运行,但一般不是实时的。嵌入式系统则不同，应用程序可以没有操作系统直接在芯片上运行。但是为了合理地调度多任务、利用系统资源，用户必须自行选配 RTOS 开发平台，这样才能保证程序执行的实时性、可靠性，并减少开发时间，保障软件质量。

在嵌入式系统的软件开发过程中，采用 C 语言将是最佳和最终的选择。由于汇编语言是一种非结构化的语言，对于大型的结构化程序设计已经不能完全胜任了，这就要求采用更高级的 C 语言去完成这一工作。

嵌入式以太网是基于嵌入式系统的软硬件环境的。利用嵌入式设计技术在微控制器或微处理器和以太网控制器上实现的以太网与传统以太网，在物理上都遵循 IEEE 802.3 标准，在逻辑上大都选用广泛使用的 TCP/IP 协议族。嵌入式以太网与传统以太网的最大区别在于：后者是基于 PC 机或工作站的软、硬件环境的，与 PC 机、工作站的硬件直接配合，使用的网络协议（如 TCP/IP 等）内嵌在 Windows、UNIX 等操作系统之中，脱离不了 PC 机或工作站的软、硬件环境，因而使其在工业控制领域中的应用受到限制；而嵌入式以太网是基于微控制器/微处理器的软、硬件环境的，使用的网络协议族（如 TCP/IP）内嵌在 RTOS 之中，因而使其应用于工业控制领域大为方便。

嵌入式系统需要一整套开发平台，一般包括实时在线仿真系统 ICE（In-Circuit Emulator）、高级语言编译器（Compiler）、源程序模拟器（Simulator）以及实时多任务操作系统（RTOS）等。

四、XML 技术

XML（Extensible Markup Language）可扩展标记语言是万维网联盟 W3C 制定的用于描述数据文档中数据的组织和安排结构的语言,它定义了利用简单、易懂的标签对数据进行标记所采用的一般语法，提供了计算机文档的一种标准格式。XML 文档中包含的数据是文本字符串，描述这些数据的文本标签围绕在周围。数据和标签有一个特别的单位称为元素（Element）。XML 是一种文本文档的元标记语言，在 XML 中可以自由定义标签，充分表达文档的内容。XML 的优越性表现在以下三个方面：

（1）异构系统间的信息互通。目前，不同的企业之间甚至企业内部的各个部门之间，存在着许多不同的系统。系统间往往因其大相径庭的平台、数据库软件等，造成信息流通的困难。XML 的出现，使得异构系统间可以方便地借助 XML 作为交流媒介。各种类型的信息，不论是文本的还是二进制的，都能用 XML 标注。

（2）数据内容与显示处理分离。XML 强调数据本身的描述和数据内容的组织存放结构，可被不同的使用者按照自身的需要从中提取相关数据，用于不同的目的。XML 文档是文本，任何能读文本文件的工具都能读 XML 文档。因此，用 XML 描述的数据可以长期保存而不必担心无法识别。

（3）自定义性和可扩展性。由于 XML 是一种元标记语言，因而没有能够适用于所有领域中所有用户的固定标签和元素，但它允许开发者和编写者根据需要定义元素。XML 中 X 代表可扩展（Extensible），可以对 XML 进行扩展以满足各种不同的需要。通过扩展 XML 文档描述的数据信息不仅清晰可读，而且对数据的搜索与定位更为精确。

IEC 61850-6 提出了变电站配置描述语言 SCL，SCL 就是以 XML 为基础的。SCL 能描述变电站内各个 IED 以及它们之间的关系。IEC 61850 标准经过多年的酝酿和讨论，吸收了包含面向对象建模、组件、软件总线、网络、分布式处理等领域的最新成果，全套标准已正式颁布。IEC 61850 标准是全世界唯一的变电站网络通信标准，还有望成为通用网络通信平台的工业控制通信标准。当前，生产相关产品的各大公司都在围绕 IEC 61850 标准开展工作，并提出 IEC 61850 标准的发展方向是实现"即插即用"，在工业控制通信上最终实现"一个世界、一种技术、一个标准"。

五、变电站配置语言 SCL

在 IEC 61850-6 中定义了变电站配置描述语言 SCL（substation configuration description language），主要基于可扩展标记语言 XML 1.0。SCL 用来描述通信相关的 IED 配置和参数、通信系统配置、变电站系统结构及它们之间的关系。主要目的是在不同厂家的 IED 配置工具和系统配置工具之间提供一种可兼容的方式，实现可共同使用的通信系统配置数据的交换。

1．SCL 模型的五个对象

SCL 模型包含五个方面的对象：①系统结构模型，如变电站主设备，拓扑连接等；②IED 结构模型，如应用和通信信息；③通信系统结构模型，如设备在何接入点（access point）接入哪些总线（bus）；④逻辑节点类定义模型，包含数据对象（DO）和服务；⑤逻辑节点和一次系统功能关联模型。

2．SCL 的 UML 对象模型

SCL 的 UML 对象模型如图 2-5 所示，从建模的角度看是不完整的，它仅限于在 SCL 中使用的那些具体的数据对象,而且也没有包括数据对象以下的数据属性。从图中可以看出,对象模型主要包含三个基本的对象层:

(1)变电站,描述了开关站设备(过程设备)及它们的连接,设备和功能的指定,是按照 IEC 61346 的功能结构进行构造的。

(2)产品,代表所有 SAS 产品相关的对象,如 IED、逻辑节点等。

(3)通信,包括通信相关的对象类型,如子网、接入点,并描述各 IED 之间的通信连接,间接地描述逻辑节点间客户/服务器的关系。

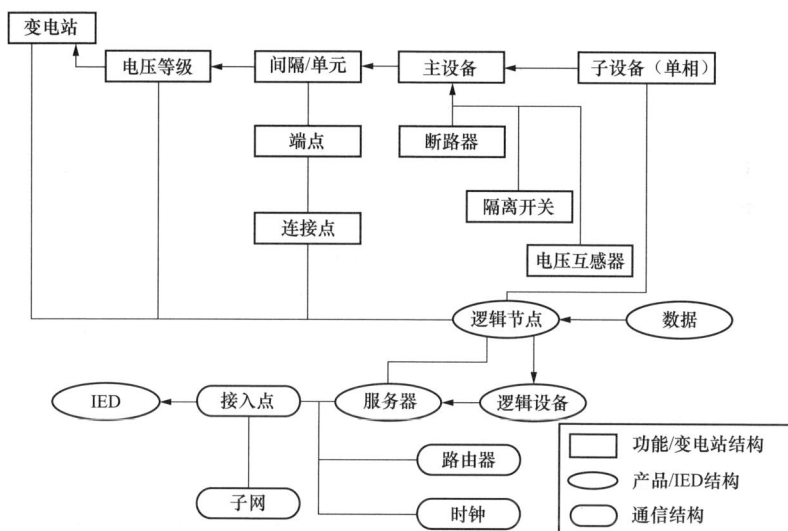

图 2-5 SCL 的 UML 对象模型

六、IED 之间的互操作性

制定 IEC 61850 标准的重要驱动力是实现变电站内各种 IED 之间的互操作性,甚至互换性。IED 互操作性可以最大限度地保护用户原来的软硬件投资,实现不同厂家产品集成。IEC 61850 标准中互操作性被表述为:"来自同一厂家或不同厂家智能装置 IED 之间交换信息和正确使用信息协同操作的能力"。

互操作性强调信息和服务语义的确定性,而确定性需要面向应用领域的针对性,对于 IEC 61850 标准来说就是面向变电站自动化领域的针对性。它一方面与语义约定的层次有关,一个变电站的数据可以被赋予模拟量、信号量的语义;也可以被赋予电压、电流的语义;如果与保护相关还可以被赋予距离Ⅰ段出口、距离Ⅰ段阻抗定值的语义。依据信息语义具有偏序关系的理论,信息语义相对数据对象含义的逼近程度代表了信息语义的不同约定层次，也决定了互操作性所需要的信息相互理解程度，信息和服务的语义约定越有针对性，互操作性就越强，反之则越弱。早期的通信协议不能很好地支持互操作性的原因之一，就是语义约定的层次较低。语义确定性另一方面还与自动化功能的应用背景有关，例如上面的距离Ⅰ段出口显然就是针对距离保护，而Ⅰ段出口本身则因为存在语义二义性，不符合互操作性所要求的语义确定性。

为保证互操作性，需要开展两类试验与测试，即一致性测试（conformance test）和性能测试（performance test）。一致性测试属于"证书"测试（certification test），目的是测试 IED 是否符合特定标准，IEC 61850-10 中专门定义了一致性测试方法；性能测试属于应用测试（application test），其侧重于将 IED 置于实际的应用系统中，以测试整个应用系统是否满足运行性能要求。以保护系统的应用测试为例，需要利用来自多个厂家的新型互感器、合并单元、交换机以及数字式保护构成全数字化保护系统，模拟各种电网运行情况及通信网络情况，测试整个保护系统的可靠性、快速性、选择性、灵敏性是否满足要求。一般来讲，一致性测试由授权机构完成，而性能测试则由用户组织实施。

相对于常规变电站，在数字化变电站系统中，一致性测试和应用测试具有更为紧密的联系。一致性测试是应用测试的基础。产品只有通过了一致性测试，才具备条件构成应用系统以执行应用测试。但是，由于 IEC 61850 标准的复杂性、网络异常情况下其性能的未知性以及保护、监控系统对实时性的严格要求等原因，很可能出现单独产品都通过了一致性测试，构成应用系统时却不能通过应用测试的情况。通过一致性测试只是通过应用测试的必要而非充分条件。由于以上原因，在数字化变电站的建设中，不但要重视一致性测试，更要组织好应用性能测试。图 2-6 给出了一致性测试和应用测试的关系。

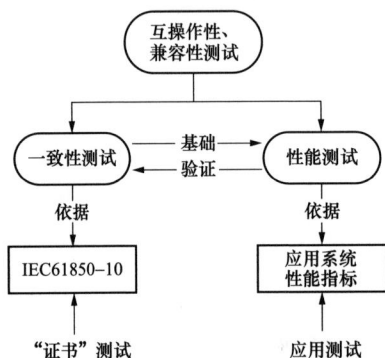

图 2-6 一致性测试和应用测试的关系

1．一致性测试

一致性测试有静态和动态两种。

（1）静态一致性测试。静态一致性审核的目的是判断被测试产品提供的模型实现一致性声明 MICS（Model Implementation Conformance Statement）、服务实现一致性声明 PICS（Protocol Implementation Conformance Statement）、服务实现额外信息一致性声明 PIXIT（Protocol Implementation eXtra Information for Test）是否满足标准对产品的一致性要求。

（2）动态一致性测试。测试的目的是判断产品在运行中的通信和接口环节的行为是否满足其一致性声明。动态测试需要由测试机构根据产品提供的资料并依据标准的规定拟定测试方案，测试方案主要包括测试用例、测试环境、测试步骤等内容。

静态及动态一致性测试所产生的结论代表了被测试产品的通信和接口环节的行为是否符合标准的一致性要求，该结论不涉及对产品的功能及性能的评价。

2．性能测试

性能测试主要是根据应用性能要求对 IED 进行的各种测试，一般分两个环节：①产品或系统对于运行环境的适应性测试，如 EMC 测试、RFI 测试、电磁干扰试验等；②设备是否满足设计性能或应用性能要求的试验，如测控装置的功能性试验、保护装置的动态模拟测试等。性能测试的目的是评估设备或系统的功能或性能指标是否满足设计目标或应用要求。

第三章　基于大数据的继电保护智能运维技术

　　继电保护与故障信息系统在运行过程中会收到大量保护装置告警信息，但目前保护故障信息系统对保护装置告警信息的分析利用并不深入。由于这些信号专业性强，造成设备缺陷无法有效识别，给电网安全运行造成风险。同时，传统定期检修模式因针对性不强、检修重点不突出，不加选择的实施等会造成人力、物力浪费和劳动生产率降低等诸多问题。针对以上问题的解决方案就是基于大数据的继电保护智能运维技术。

　　基于大数据的继电保护智能运维技术通过综合利用保护设备台账信息、实时运行信息、异常状态信息、保护动作信息等，利用缺陷智能分析与管理、精益化评价等有效信息，借助大数据分析计算，对多维度数据进行关联分析，建立继电保护设备综合评价模型和量化指标体系，开展基于混合数据的在线工况评估，实现对继电保护设备健康状态的量化评估、告警信息诊断分析、设备隐性故障排查以及设备运维智能决策，并根据设备失效模式分析和可靠性概率建模，预测设备的可靠性水平及系统风险评价。

第一节　继电保护数据建模及算法

一、术语解释

（一）ID3 算法

　　ID3 算法（Iterative Dichotomiser 3，迭代二叉树 3 代）是用于决策树的算法。ID3 算法的核心思想就是以信息增益度量属性选择，选择分裂后信息增益最大的属性进行分裂。该算法采用自顶向下的贪婪搜索遍历可能的决策树空间。

ID3 决策树的输出表现形式为一棵多叉树，分支的数量由分裂属性包含的取值决定，大多采用二叉树模型。当面对分裂属性取值数目较多的情况，决策树的准确性往往受到影响。

（二）多状态贝叶斯网络

贝叶斯网络是一个基于条件概率的 DAG（Directed Acyclic Graph）模型，其父子节点之间的有向连接弧反映了随机变量之间的依赖关系。在计算过程中，需要建立节点联系 CPT（Conditional Probability Table），显示出各状态条件概率。

贝叶斯网络可以实现双向推理，即不仅可以实现由先验概率推导后验概率的正向推理，也可以由后验概率推导出先验概率。贝叶斯网络可以实现双向推理的特性有助于继电保护系统可靠性评估。

（三）MSBN-ID3 决策树

多状态贝叶斯网络 ID3（MSBN-ID3）决策树具体实现方法是在原决策树属性节点之间加入二义性贝叶斯判断节点。

（1）"0"运算：属性后验信息与先验信息一致，此时不进行计算处理，直接进入下一属性节点。

（2）"f"运算：数据分类具有二义性时，利用后修正贝叶斯函数对先验概率进行更新，选择后验概率值最大的一类作为该属性的分类结果。该类决策树在处理非互斥不完备二义性数据时，比传统 ID3 算法有效识别率更高。

二、数据建模

与继电保护装置运行状况相关的数据种类多、格式多样、描述复杂，不同类型的数据对设备的运行状态判别的影响程度也不同，建立有效的数据模型是正确评价继电保护运行状况首先要解决的问题。

（一）状态评估数据组成

面向对象的分析方法是利用面向对象的信息建模概念，如实体、关系、属性等，同时运用封装、继承、多态等机制来构造模拟现实系统的方法。在面向对象的设计中，初始元素是对象，然后将具有共同特征的对象归纳成类，组织类之间的等级关系，构造类库。继电保护大数据智能运维决策将继电保护设备和检测相关的在线运行数据作为对象，通过各对象间的关系可清晰地描述检验检测过程。继电保护状态评估功能数据组成如图 3-1 所示。

```
                          运行状态评估
        ┌──────────────────────┴──────────────────────┐
   在线监测状态评估                              历史运行水平评价
 ┌─────┬─────┬─────┬─────┐              ┌─────┬─────┬─────┐
运行量  通信  设备状  巡检              历史测  运行  历史缺
值校核  状态  态监测  测试              试记录  年限  陷评估
┌──┬──┬──┐  ┌──┬──┐            ┌──┬──┬──┐      ┌──┬──┐
实时 运行 同源  量值 告警        有无 动作 动作数    缺陷 家属
量值 参数 数据  越限 状态        动作 正确 据完整    记录 性缺
核对 核对 核对  评估 评估        记录 性  性        陷
```

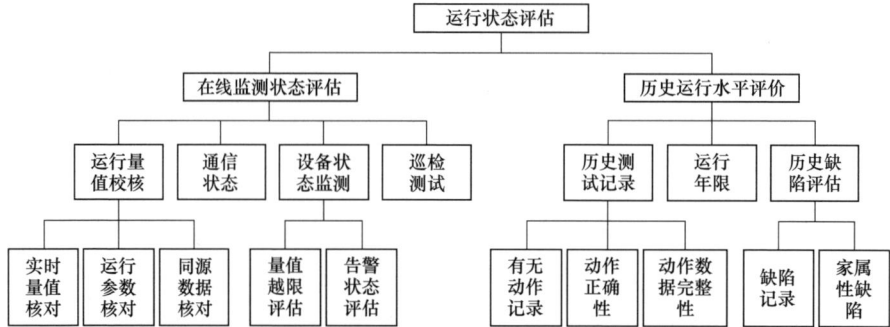

图 3-1　继电保护状态评估数据组成

对继电保护状态进行评估分析，所需数据包括：

（1）设备运行信息，包括继电保护自检信号、模拟采样值、开入量、录波文件、历史动作报告记录等。

（2）设备台账信息，包括继电保护设备名称、型号、软件版本、供应商、生产批次、板卡信息、投运时间、定期检修周期等。

（3）相关采样设备的关键参数，如变比等。

（4）电网运行记录，包括实时潮流、电网拓扑、开关位置、开关跳开记录等。

（5）历史数据，包括装置故障记录、停运记录、检修记录等。

以上数据从不同方面对继电保护进行评价：设备台账信息属于设备的相关参数，因此和继电保护设备对象是关联关系；继电保护自检信号、模拟采样值、开入量、录波文件是继电保护运行时产生的，其特点是反映继电保护的状况，因此和继电保护对象是一种强的聚合关系；历史信息和继电保护对象则是关联关系。

用 IED 表示继电保护对象，IEDPara 表示继电保护台账信息对象，HisInfo 表示历史信息对象，FisAnalog 表示模拟量对象，FisStatus 表示开关量对象，FisAlarm 表示告警对象，FisRecAnalog 和 FisRecDigit 表示录波文件的模拟量和开关量通道对象。用 UML 图表示各对象间的关系，数据模型类图如图 3-2 所示。

通过对 CIM 的扩展及台账模型的建立，为智能诊断及故障定位搭建了统一的数据模型基础。

（二）设备台账建模

保护设备的建模应与现有设备的使用习惯、分类、命名等统一。设备基本信息至少应包括以下信息：厂站名称、一次设备名称、一次设备电压等级、保

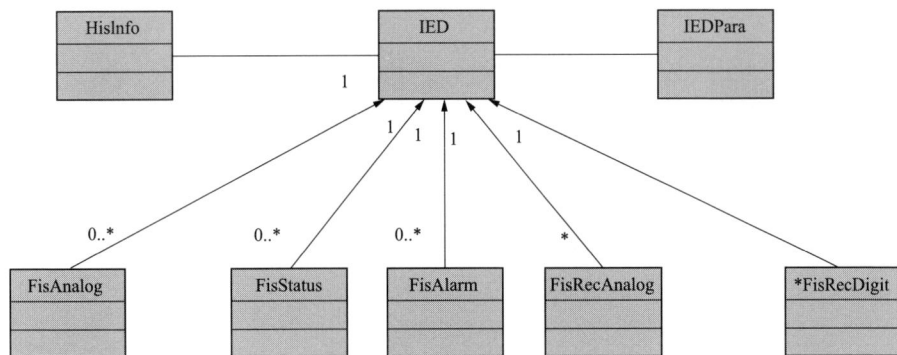

图 3-2 状态评估数据模型类图

护型号、制造厂家、保护类型、保护分类、调度命名、保护类别、软件版本及校验码、出厂日期、投运日期、上次定期校验时间、上次定期校验类型、上次定期校验单位、下次定期校验类型、定期校验周期、运行单位、维护单位、设计单位、基建单位、备注、厂站最高电压等级、线路长度、保护是否退出运行、退出运行时间等。

以上信息类目可先建立，再根据实际情况先完善重要部分。设备管理台账具体模块如图 3-3 所示。

图 3-3 设备管理台账模块示意图

（三）板件台账建模

为了更好地支持二次设备的管控，加强二次设备的智能诊断功能，对二次设备的管控粒度精确到插件级，台账的模块关系也需要和 CIM 模型结合扩展。通过初期的建模，将装置的类的异常故障信息与板卡关联，可以更好地实现保护设备的自动故障定位等高级应用功能。

图 3-4 描述了基于 UCIM 的台账相关数据模型。该数据模型粘合了 IEC 61850 标准和台账之间的关系，为智能诊断中引入型号缺陷及家族缺陷建立了数据模型基础。

（四）模拟量数据建模

二次设备模拟量考虑的数据源主要包括设备内部温度、电源电压、光口发送光强、差流等，这几项数据源的初始分如表 3-1 所示。

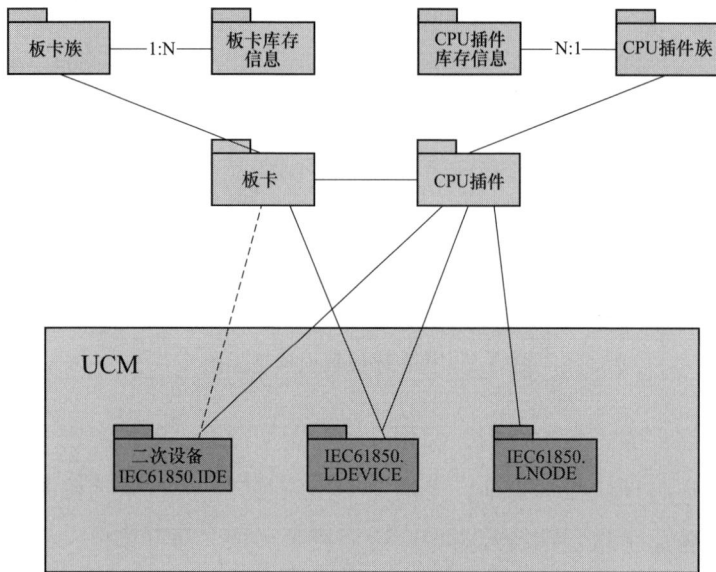

图 3-4　台账相关数据模型图

表 3-1　　　　　　　　　　　　输 入 模 拟 量 列 表

序号	原始参量	扣分方法	初始分（满分）
1	直流电压	每高于正常值的 2%扣 2^{n-1} 每低于正常值的 1%扣 2^{n-1}	10
2	内部温度	每高于正常值的 10%扣 2^{n-1}	10
3	发送光强	每高于正常值的 5%扣 2^{n-1} 每低于正常值的 20%扣 2^{n-1}	10
4	差流	每高于正常值的 10%扣 2^{n-1}	15

（五）状态量数据建模

状态量的数据源，包括逻辑量（告警）、运行量值校核、通信状态、巡检测试等。另外对于运行量值校核、通信状态、巡检测试等评估参量，可以通过处理，将其等效为逻辑量，并用这些逻辑量参与评估。其等效方式如表 3-2所示。

表 3-2　　　　　　　　　　　　输 入 状 态 量 列 表

原始参量		转换后的逻辑量	信息影响程度
通信状态	当前通信状态监测	通信状态异常	注意
实时量值核对	一般状态量核对	一般状态量异常	注意

续表

原始参量		转换后的逻辑量	信息影响程度
运行参数核对	当前定值区核对	当前定值区与标准值不一致	严重
	定值核对	定值与标准值不一致	严重
	控制字核对	控制字与标准值不一致	严重
	软压板核对	软压板与标准值不一致	异常
	硬压板核对	硬压板与标准值不一致	异常
	时钟核对	时钟异常	注意
同源数据比对	同源的数据点量值是否一致	同源数据比对不一致	注意
巡检测试	量值是否能够召唤	量值无法召唤	注意
一、二次运行方式项	根据开关量、模拟量确定保护是否应该投入	该投入时未投入	严重

状态量信息的处理模型比较简单，对于逻辑信息，其状态是跳变的，无法对该信息作出评分，只能从信息的告警量多少来区别。将信息的影响程度离散化为重要度 i，如表 3-3 和表 3-4 所示，信息影响程度为 i，n_i 表示状态量中为 i 类信息的总数，k_i 为告警数，α_i 用来衡量各种影响程度的状态量所占的权重。$k_i \leqslant n_i$，$\alpha_1 > \alpha_2 > \alpha_3 > \alpha_4$。

表 3-3　　　　　　　　　　信息影响程度与重要度对应值

信息类型	正常	注意	异常	严重
重要度 i	4	3	2	1

表 3-4　　　　　　　　　　二次设备状态相关参量定义

数据类型	信息影响程度	状态量总数	越限或告警数	权重值
状态量	i	n_i	k_i	α_i

三、具体算法

（一）二次设备评价算法

二次设备状态评估总分为 100 分，其评价方法为

$$S = K_A \times (S_R \times 0.6 + S_H \times 0.4) \tag{3-1}$$

式中：S 为最终得分；K_A 为评价系数；S_R 为在线状态评估得分；S_H 为历史状态评估得分。

K_A 正常取值为 1；当保护有 Ⅰ 类告警信号时，为 0.8；当保护有 Ⅱ 类告警信号时，为 0.9；当 Ⅰ 类信号和 Ⅱ 类告警信号同时存在时，为 0.8。二次设备状态评估分区间划分如表 3-5 所示。

表 3-5 二次设备状态评估得分区间划分

工况状态	正常	注意	异常	严重
得分	90～100	80～90	70～80	0～70

1. 在线监测状态评估

二次设备的在线监测状态总分 S_R，为模拟量得分 S_{analog} 与状态量得分 S_{status} 之和，其中模拟量和状态量的初始分占比分别为 45% 和 55%。$S_R=S_{analog}+S_{status}$

二次设备模拟量的初始总分为 45 分，实际得分 S_{analog} 考虑的数据源主要包括设备内部温度、电源电压、光口发送光强、差流等。

二次设备状态量部分初始总分为 55 分，实际计分公式为：

$$S_{status} = 55 \times \left(1 - \sum_{p=i}^{4} \alpha_p \frac{k_p}{n_p}\right) \tag{3-2}$$

式中：i 为所有状态参量中出现的最严重的级别；S_{status} 的分值范围为 3～55。

2. 历史运行状态评估

对于历史因素评价的评估模型如下公式所示：

$$S = \sum_{j=1}^{m}\left[a_j \times \sum_{k=1}^{l}(a_k \times P_k)\right] \tag{3-3}$$

式中：a_j 是评价项的权重因子；a_k 是评价项子项的权重因子，通过层次分析法确定；m 为历史运行评价项数；l 为评价子项的数目；P_k 为状态项得分。

历史状态评价指标及评价标准见表 3-6。

表 3-6 历史状态评价指标及评价标准表

评价内容	评 价 指 标	评价标准
装置缺陷情况	本评价周期内的缺陷情况（70%）（该项满分为 10 分，扣至 0 分为止）（自动获取本次评价时间和上次评价时间内设备有无缺陷记录、缺陷级别）	无缺陷情况，记 10 分
		每出现 1 次一般缺陷，扣 2 分
		每出现 1 次重大缺陷，扣 4 分
		每出现 1 次紧急缺陷，扣 10 分

续表

评价内容	评 价 指 标	评价标准
装置缺陷情况	上一个评价周期及以前的缺陷情况（30%）（该项满分为 10 分，扣至 0 分为止）（自动获取上一个周期内设备有无缺陷记录、缺陷级别）	无缺陷情况，记 10 分
		每出现 1 次一般缺陷，扣 2 分
		每出现 1 次重大缺陷，扣 4 分
		每出现 1 次紧急缺陷，扣 10 分
家族性资料	本评价周期内的同型号缺陷情况（70%）（该项满分为 10 分，扣至 0 分为止）	无缺陷情况，记 10 分
		每出现 1 次一般缺陷，扣 1 分
		每出现 1 次重大缺陷，扣 2 分
		每出现 1 次紧急缺陷，扣 4 分
	上一个评价周期及以前的同型号缺陷情况（30%）（该项满分为 10 分，扣至 0 分为止）	无缺陷情况，记 10 分
		每出现 1 次一般缺陷，扣 1 分
		每出现 1 次重大缺陷，扣 2 分
		每出现 1 次紧急缺陷，扣 4 分
装置正确动作率	本装置正确动作率（满分 10 分）	装置动作，且正确动作率为 100%，记 10 分
		无动作记录，记 5 分
		正确动作率低于 100%，记 0 分
动作历史验证	装置正确动作记录（该项满分为 10 分，扣至 0 分为止）【50%】	有区内正确动作记录，且有 A、B、C 相正确动作记录，记 10 分（母线保护、主变保护、其他保护设备仅评价区内正确动作记录）
		无区内正确动作记录：1. 线路保护该项扣 7 分；2. 母线保护、主变保护、其他保护扣 10 分
		无 A 相故障正确动作记录，扣 1 分（仅线路保护考核该项）
		无 B 相故障正确动作记录，扣 1 分（仅线路保护考核该项）
		无 C 相故障正确动作记录，扣 1 分（仅线路保护考核该项）
	若有发生误动或拒动记录，"动作历史验证"项直接记 0 分	

注 缺陷定义参考缺陷方案设计。

历史信息状态评估的指标如图 3-5 所示。

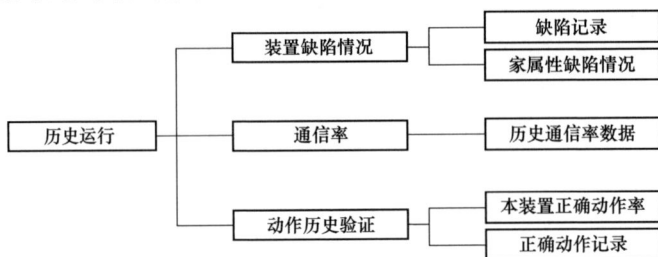

图 3-5　历史信息状态评估指标图

（二）决策树构建算法

决策树构建采用自顶向下的递归方式，在决策树的内部节点进行属性值的比较，并根据不同属性判断从该节点向下的分支，在决策树的叶节点得到结论。所以从根节点就对应着一条析取规则，整棵树就对应一组析取表达式规则。

决策树的核心在于如何选择特征构建出想要的决策树，从而能够更加通用地去进行分类。分类作为一种监督学习方法，要求必须事先明确知道各类别的信息，并且断言所有待分类项都有一个类别与之对应。

决策树构建算法如图 3-6 所示，根据告警进行二次设备故障定位的决策树如图 3-7 所示。

1．ID3 决策树

ID3 决策树是一种对高维数据进行分类的数据挖掘方法，也是风险决策分析的重要方法之一。ID3 决策树提供了由若干节点和分支构成的树状图形，形象直观地描述了可能出现的层次及状态。

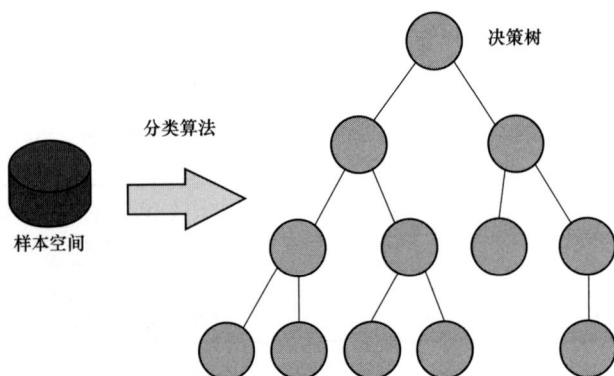

图 3-6　决策树构建算法

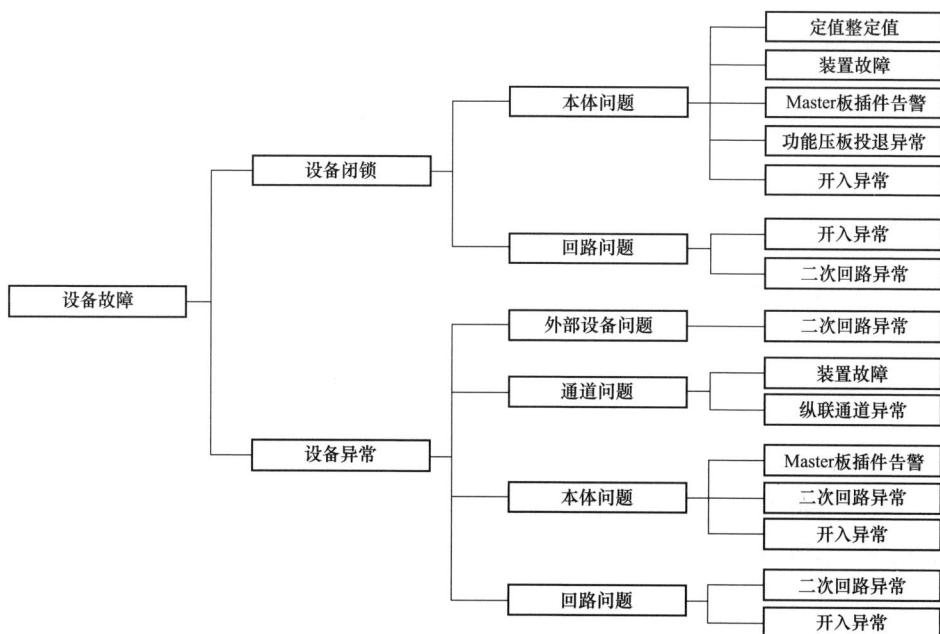

图 3-7 根据告警进行二次设备故障定位的决策树

如图 3-8 所示，决策树的根节点、中间节点、叶节点构建以信息熵为理论基础，通过穷尽搜索，确定最佳分裂点。信息熵描述了变量的不确定性，变量的不确定性越大，其熵值也就越大。信息熵的函数表达式为

$$H(x) = -\sum_{i=1}^{n} P(x_i) \log_2 P(x_i) \tag{3-4}$$

式中：x_i 为代表所有可能的节点，且有 $\sum_{i=1}^{n} P(x_i) = 1$。

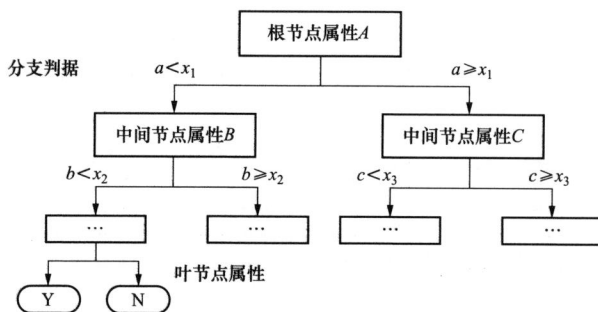

图 3-8 决策树示意图

假设训练集中正例集和反例集的大小分别为 m 和 n，则决策树对训练集做出正确判断所需的信息熵为

$$I(m,n) = -\frac{m}{m+n}\log_2\frac{m}{m+n} - \frac{n}{m+n}\log_2\frac{n}{m+n} \qquad (3\text{-}5)$$

若将属性 S 作为决策树的根，S 具有 k 个值 $\{s_1, s_2, \cdots, s_k\}$，含有正例集和反例集的个数分别为 m 和 n，则以属性 S 作为决策树的根的信息期望函数为

$$E(S) = \sum_{i=1}^{k} \frac{m_i+n_i}{m+n} I(m_i,n_i) \qquad (3\text{-}6)$$

因此，以 S 作为决策树的根的信息增益函数为

$$G(S) = I(m,n) - E(S) \qquad (3\text{-}7)$$

ID3 决策树选择信息增益数值最大的作为决策树的根节点，进而递归形成决策树。决策树的输出表现形式为一棵多叉树，分支的数量由分裂属性包含的取值决定，大多采用二叉树模型。当面对分裂属性取值数目较多的情况，决策树的准确性往往受到影响。为了处理二义性数据节点，引入多状态贝叶斯网络算法。

2．多状态贝叶斯（MSBN-ID3）决策树

为解决传统 ID3 在处理非互斥不完备二义性数据时无法准确提供决策树这一问题，提出识别率更为准确的多状态贝叶斯网络决策树。具体实现方法是在原决策树属性节点之间加入二义性贝叶斯判断节点，如图 3-9 所示。

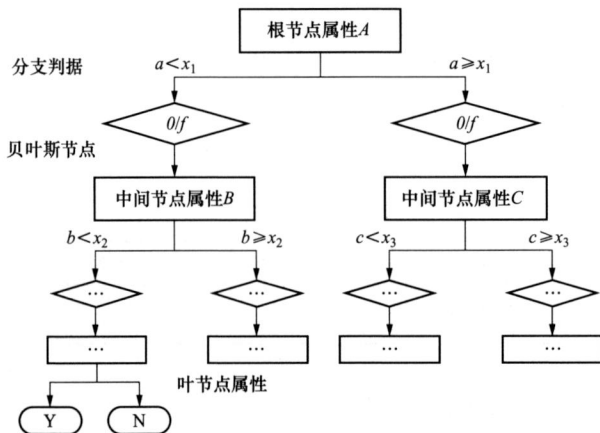

图 3-9　MSBN-ID3 决策树示意图

贝叶斯网络（Bayesian Networks）提供了一种可以直观判断各状态相互联系的带有条件概率的可视化图解方法，贝叶斯条件概率定义式为

$$P(A\,|\,B) = \frac{P(B\,|\,A)P(A)}{P(B)} \tag{3-8}$$

其中：$P(B)$ 为先验概率；$P(A|B)$ 为后验概率。若 A 存在 n 个状态，根据全概率公式可得出

$$P(B) = \sum_{i=1}^{n} P(B\,|\,A = a_i)P(A = a_i) \tag{3-9}$$

贝叶斯网络可以实现双向推理，即不仅可以实现由先验概率推导后验概率的正向推理，也可以由后验概率推导出先验概率。这种特性有助于继电保护系统可靠性评估。以多状态贝叶斯网络为例，如图 3-10 所示。

在图 3-10 所示的多状态贝叶斯网络示意图中，$G_m^{A_m}$、$Q_n^{B_n}$、K^{G_i} 分别代表各节点不同状态。A_m、B_n、K^{G_i}

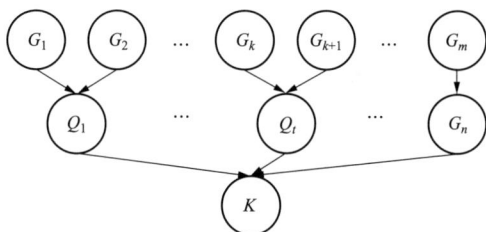

图 3-10　多状态贝叶斯网络有向无环图

分别表示相应节点所选取的状态逻辑值。在节点 G_m 处于运行状态 $G_m^{A_m}$ 的条件下，节点 K 处于故障状态 K^{G_i} 的条件概率为：

$$P\left(K = K^{G_i} \middle| G_m = G_m^{A_m}\right) = \frac{P(G_m = G_m^{A_m}, K = K^{G_i})}{P\left(G_m = G_m^{A_m}\right)} \tag{3-10}$$

后验概率为：

$$P\left(G_m = G_m^{A_m} \middle| K = K^{G_i}\right) = \frac{P\left(G_m = G_m^{A_m}, K = K^{G_i}\right)}{P(K = K^{G_i})} \tag{3-11}$$

3．多状态贝叶斯决策树算法流程图

根据多状态贝叶斯网络构建算法，得到 MSBN-ID3 决策树算法流程图，如图 3-11 所示。

MSBN-ID3 决策树算法具体流程是：①开始创建 MSBN-ID3 决策树；②采集输入样本；③判断样本是否属于同一类；④如果是，创建叶节点；⑤标记为样本中最普遍属性类别；⑥如果不是，进入数据二义性判断；⑦如果是，计算贝叶斯网络后验概率；⑧选择后验概率值最大的一类作为该属性的分类结果；

⑨创建分支；⑩如果不是，计算各属性信息增益；⑪取信息增益最高的属性作为中间节点；⑫创建分支；⑬判断是否有属性可以进行下一步递归；⑭如果是，回到步骤③；⑮如果不是，得到 MSBN-ID3 决策树，结束。

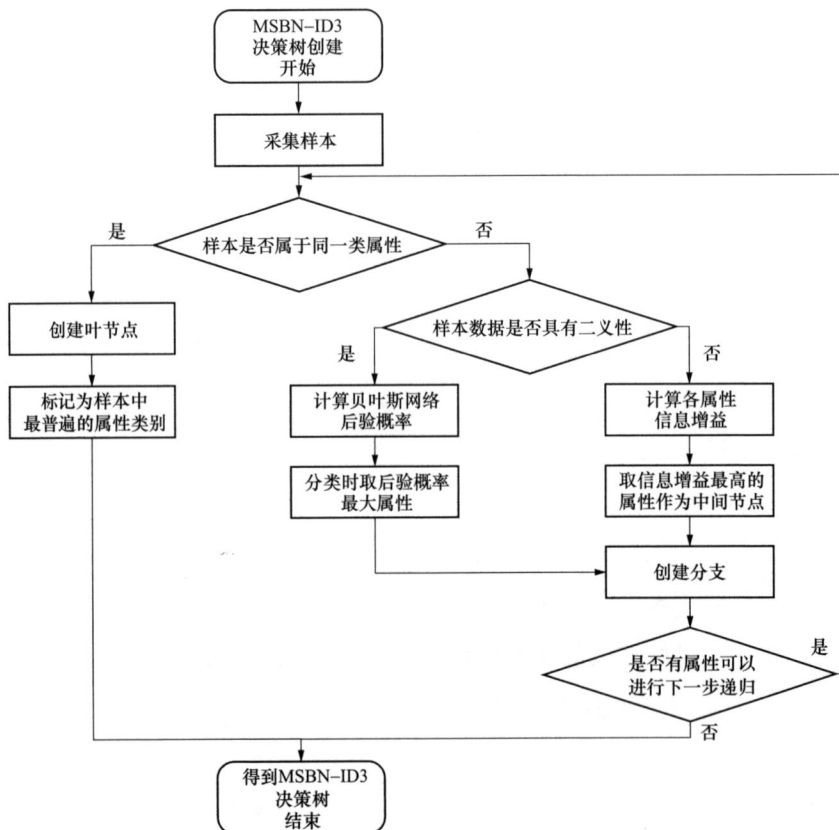

图 3-11　MSBN-ID3 决策树算法流程图

第二节　基于自检信息的继电保护检验方法

继电保护设备具备强大的自检功能，能够在运行过程中对设备自身的异常进行自诊断，对发现的异常能够用自检的方式给出告警，实现了在线对继电保护"功能失效"环节进行检测，因此自检信息可作为继电保护检验的重要判据。但是具体自检告警信号的描述因各设备制造企业采用的逻辑原理及算法的差异各自不同，导致这些信号专业性强，非继电保护专业人员无法有效识别告警描述含义，造成设备缺陷无法被及时处理，给电网安全运行带来隐患。因此需将自检告警信号映射为具体的故障性质、影响范围及告警原因,实现继电保护设备故障的有效识别。

决策树(Decision Tree)是以实例为基础的归类学习算法,它着眼于从一组无次序、无规则的实例中推理出决策树表示形式的分类规则,适用于继电保护自检信息映射为其所描述的故障性质等要素。在机器学习中,决策树是一个预测模型,其代表的是对象属性与对象值之间的一种映射关系。树中每个节点表示某个对象,而每个分叉路径则代表某个可能的属性值,而每个叶节点则对应从根节点到该叶节点所经历的路径所表示的对象的值。

从数据产生决策树的机器学习技术称为决策树学习。决策树学习是数据探勘中一个普通的方法,每个决策树都表述了一种树型结构,由它的分支来对该类型的对象依靠属性进行分类。所谓分类,简单来说,就是根据文本的特征或属性,划分到已有的类别中。分类作为一种监督学习方法,要求必须事先明确知道各个类别的信息,并且断言所有待分类项都有一个类别与之对应。决策树的构建可以依靠对样本数据的分割进行数据测试,这个过程可以递归式的对树进行修剪。当不能再进行分割或一个单独的类可以被应用于某一分支时,就完成了决策树的构建。

以下介绍基于决策树的二次设备故障诊断方法。

一、告警分类

由告警数据产生决策树的基础是对继电保护告警信息进行分类,按照各类告警数据的故障性质和影响范围可将告警信息分为以下两类。

1. 保护运行异常

对于普通告警(保护运行异常),发出信号提示运行人员注意检查处理。普通告警包括以下 8 种。

(1)保护功能告警:不闭锁保护或只闭锁部分保护功能,包括二次回路异常、纵联通道异常、定值整定错误、开入异常、功能压板投退异常等。

(2)交流异常:如 TV 断线告警,会闭锁距离保护、带方向的零序保护等,差动保护只计算电流,TV 断线对差动保护没有影响,不闭锁差动保护。

(3)保护功能告警:如报"通道一环回错"告警,需要检查通道一的接线回路。

（4）定值整定错误：如"重合闸控制字错"告警，需要检查自动重合闸控制字，如果检同期、检无压两种方式同时投入，则告警。

（5）开入告警：如"远方跳闸开入异常"，检查开入信号是否长期存在。

（6）功能压板投退异常：如"差动压板不一致"，应是两侧差动压板不一致，一侧投入、一侧退出。

（7）通信异常：Master 插件实时监视 CPU 插件情况，CPU 插件与 Master 插件不通信、两块 CPU 插件设置不一致、对时异常等情况，会发出告警。

（8）操作回路异常。

2. 装置故障告警

装置故障告警，主要是通过保护装置的自检，发现装置的硬件出现异常，明确导致保护不能继续正常工作的原因。对于危及保护安全性和可靠性的严重告警（装置故障告警），发出信号的同时闭锁保护出口。常见的装置故障告警包括 CPU 插件异常、定值异常、开出告警、压板异常、模拟量采集错误等。

告警可能影响范围包括装置（如 CPU、Master、电源、开入、开出、交流等），回路（如交流、直流、控制、开入、开出、对时等），纵联通道等。

二、决策树构建

1. 决策树的生成

决策树构建采用自顶向下的递归方式，在决策树的内部节点进行属性值的比较，并根据不同属性判断从该节点向下的分支，在决策树的叶节点得到结论。所以从根节点就对应着一条析取规则，整棵树就对应一组析取表达式规则。

决策树的核心在于如何选择特征构建出想要的决策树，从而能够更加通用的去进行分类。分类作为一种监督学习方法，要求必须事先明确知道各个类别的信息，并且断言所有待分类项都有一个类别与之对应。

ID3 算法的核心思想就是以信息增益度量属性选择，选择分裂后信息增益最大的属性进行分裂。该算法采用自顶向下的贪婪搜索遍历可能的决策树空间。

设 $E=D_1D_2\cdots D_n$ 是有穷向量 n 维空间，其中 D_j 是有穷离散符号集，E 中的元素 $e=\{v_1, v_2, \cdots, v_n\}$ 叫做例子，其中 $v_j \in D_j$，$j=1, 2, 3, \cdots, n$。设 $S_1, S_2, \cdots, S_m$ 是 E 的 m 个例子集。假设向量空间 E 中的这 m 个例子集的大小分别为 $|S_i|$，

ID3 基于下面两个假设：①在向量空间 E 上的一棵正确决策树对任意例子的分类概率同 E 中的这 m 个例子的概率一致；②一棵决策树能以例子作出正确类别判断所需的期望信息比特为

$$I(S_1, S_2, \cdots, S_m) = -\sum p_i \log_2{}^{p_i} \quad (i=1, 2, \cdots, m) \qquad (3\text{-}12)$$

其中 $p_i \approx \dfrac{|S_i|}{|S|}$。

如果以属性 A 作为决策树的根，A 具有 v 个值，它将 E 分成 v 个子集 $\{E_1, E_2, \cdots, E_v\}$，假设 E_i 中含有 S_i（$i=1, 2, \cdots, m$），那么子集 E_i 所需的期望信息是 $E(A)$：

$$E(A)=\sum |S_{1j} + S_{2j} + \cdots + S_{mj}|/|S| \times I(S_{1j}, S_{2j}, \cdots, S_{mj}) \qquad (3\text{-}13)$$

因此，以属性 A 为根所需的期望信息是

$$gain(A)=I(S_1, S_2, \cdots, S_m)-E(A) \qquad (3\text{-}14)$$

ID3 选择 gain（A）最大的属性 A 作为分枝属性，这种方法使生成的决策树平均深度最小，从而有较快的速度，这样就生成了一棵决策树。

2．决策树的截枝

（1）截枝方法。为了避免决策树"过拟合"样本，需要对树进行截枝。树的截枝有两种方法：

1）预先截枝：在树生成的过程中根据一定的准则（如树已经达到某高度，节点中最大的样本的比列达到设定阈值）来决定是否继续扩张树。

2）后截枝：待决策树完全生成后进行截枝。

（2）截枝数据集的选择。选择与生成决策树数据集不同的数据进行截枝，例如使用训练集 2/3 的数据生成树，另外 1/3 的数据用做截枝（代价复杂性算法）。但是当训练数据集较小时，这样容易导致过学习。当缺乏独立截枝数据集时，可以采用交叉有效性来判断决策树的有效性。

所以，ID3 的算法思想可表述为：

（1）自顶向下的贪婪搜索遍历可能的决策树空间构造决策树。

（2）从"哪一个属性将在树的根节点被测试"开始。

（3）使用统计测试来确定每一个实例属性单独分类训练样例的能力，分类能力最好的属性作为树的根节点测试。

（4）为根节点属性的每个可能值产生一个分支，并把训练样例排列到适当

的分支（也就是说，样例的该属性值对应的分支）之下。

重复这个过程，用每个分支节点关联的训练样例来选取在该点被测试的最佳属性。这形成了对合格决策树的贪婪搜索，也就是算法从不回溯重新考虑以前的选择。

根据上节中所述的继电保护自检告警信息的分类方法，将所有告警信号作为一个根节点，依据 ID3 算法按照故障性质、故障范围、故障原因三种规则进行树的分支，最终可形成如图 3-12 所示的决策树。

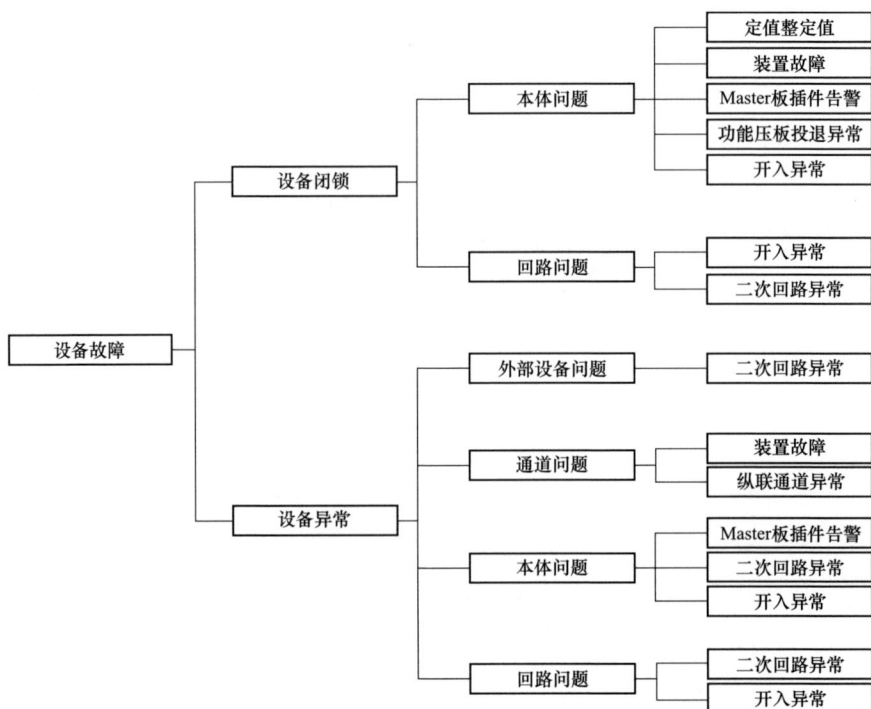

图 3-12　根据告警进行二次设备故障定位的决策树

三、检修专家知识库

继电保护告警信息决策树构建完成后，可实时识别告警信息的故障位置及故障性质，但对于故障的原因及如何处理故障，仍需建立相应专家经验知识库，从而针对故障原因给出较为详细的推荐处理措施。专家知识库的建立，需要收集继电保护研发及运行专家对于继电保护故障处理方法，综合分析提炼，形成继电保护故障处理专家知识库。专家库的组成要素包括告警描述、告警原因、处理措施等。

　　将各厂家继电保护的故障原因及处理方式信息收集整理后，进行信息的合并与整理，形成专家库，供后续系统功能使用。

四、继电保护设备故障诊断

　　在建立起告警决策树及专家知识库后，就可依据实时运行中产生的告警信息对继电保护继电设备进行故障诊断。继电保护设备故障诊断是在建立起告警多维度分类模型（见表 3-7）并建立告警原因及处理办法专家知识库的前提下，以各种一次和二次告警事件为触发条件，按照决策树路径定位故障产生的位置，从而实现二次设备故障诊断，并在此基础上实现告警的辅助决策。其工作流程为：在收到二次设备告警后，依据其告警信息点的告警多维度分类模型、告警原因及处理办法知识库快速确定告警的严重程度、影响范围等，并获得告警产生的原因及处理办法，从而形成告警的辅助决策报告；依据此报告确定告警处理的时间计划、处理方式等，从而实现状态检修。

表 3-7　　　　　　　　　　　告 警 分 类 维 度 表

维度	分　　类	说明
对装置影响程度	危急/严重/一般	按照国家电网公司规定对缺陷分级进行定义，兼容南方电网公司规定。与之前相比，扩展了"危急"分类
告警类型	CPU 插件异常，定值异常，开出告警，压板异常，模拟量采集错，开入告警，交流异常，保护功能告警，通道异常，通信异常，操作回路异常，其他	以北京四方继保自动化股份有限公司的保护为基础，对保护告警的类型进一步细分，方便对告警进行各类统计，方便有针对性地制定检修策略
影响范围	装置：CPU、master、电源、开入、开出、交流 回路：交流、开入、开出、对时、直流/控制回路 通道：纵联通道 系统：过负荷、差流越限、零序过压、轻瓦斯	以北京四方继保自动化股份有限公司的保护为基础，对保护告警按照波及范围进行分类

　　在事件分析过程中，对上述各类告警信息，根据专家知识库结合相关的定量分析，进行逻辑推理，判断出引起二次设备告警的具体原因，例如是设备本体故障，还是外围设备故障导致的本体设备的保护装置作为后备保护动作，并对二次设备故障的原因实现精确描述。

　　在建立了告警多维度分类模型并建立告警原因及处理办法专家知识库后，可以很容易地实现告警的辅助决策，并借此实现状态检修，如图 3-13 所示。

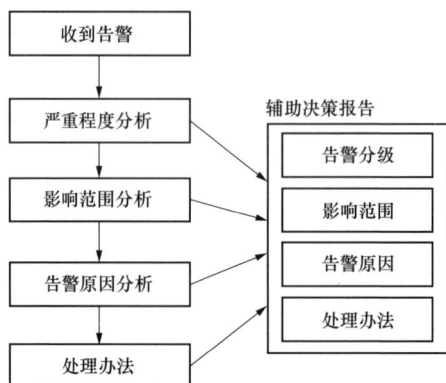

图 3-13　告警处理流程图

辅助决策的实现包括两个方面：①装置状态监视可视化界面，可列出装置当前的告警状态、影响范围、原因及处理办法；②基于告警产生缺陷记录，并展示缺陷的原因及处理办法。

第三节　基于同源信息的继电保护检验方法

微机保护和微机自动装置自诊断技术的发展为保护设备的状态监测奠定了技术基础。虽然，数字式保护装置本身具备状态监测的实施基础，但作为电网安全屏障的继电保护除装置本身，还包含交流输入、直流回路、操作控制回路等，状态监测范畴如果仅仅局限在装置本身，将很难全面反映继电保护系统的可靠性。因此，对于保护的状态监测必须作为一个系统性的问题来考虑，或者说保护的状态监测环节如果能包含交流输入、直流、操作回路等，在此基础上实现的设备运行状态评价就比较有可能在实际应用中得到推广。所以对保护设备在线监测还应包括：①交流测量系统，包括二次回路完整，测量元件的完好；②直流系统，包括直流动力、操作及信号回路完整；③逻辑判断系统，包括硬件逻辑判断回路和软件功能。

从变电站运行的角度来看，因高电压等级保护双重化配置，以及继电保护双 AD 配置等原因，变电站中存在大量的二次设备冗余量测信息，这些量测数据直接反映了继电保护采样、开入回路的运行情况。将这些冗余信息进行相互校验，可以发现二次回路以及对应的二次设备组件的隐藏故障。

一、同源数据比较原理

利用变电站层数据中心收集的大量二次设备冗余量测信息，对各二次回路的量测量和状态量信息进行比较，可发现二次回路以及对应的二次设备组件的隐藏故障，并对运行人员给出主动提醒。冗余信息可来自于设备的保护、测控等不同量测回路，也可从人工诊断设备获取。

因电流、电压等测量点值在一定范围波动，用断面数据比较可能差异较大，因此比对算法需采用积分的方法进行计算。以模拟量的同源数据比对为例，设同源的两个数据点 A、B，其随时间的变化规律如图 3-14 所示。

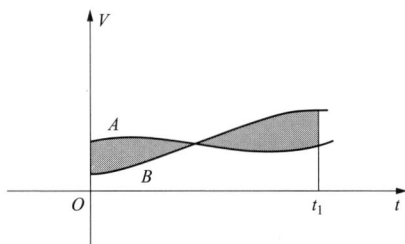

图 3-14 同源冗余数据变化规律图

则 $0 \sim t_1$ 时间段内，A、B 两个量值之间的差异可用其对应曲线间的面积来表示：

$$diff = \int_0^{t_1} |y_A(t) - y_B(t)| \, \mathrm{d}t / \int_0^{t1} |y_A(t)| \, \mathrm{d}t = \sum_{i=0}^{n} \Delta t \cdot |y_A(t_i) - y_B(t_i)| / \sum_{i=0}^{n} \Delta t \cdot |y_A(t_i)| \quad （3-15）$$

其中：分子表示 A、B 两条曲线间的面积，分母为曲线 A 与横坐标间的面积（也可用曲线 B 与横坐标间的面积）；Δt 表示采样间隔（即从实时库获取模拟量的间隔，为简化这里取等间隔），t_1 则表示计算差异的时间区间，考虑到保信主子站规约中模拟量获取的频度及电气量有效值实际的变化速度，Δt 可取 2min，t_1 可以取 10min。

$y_A(t_i)$、$y_B(t_i)$ 分别表示 A、B 的采样值。

当 $diff$ 大于给定值时（如 10%），认为数据存在差异。

采用积分的方式可以避免数据短时间突发变化带来的影响。另外为了避免数据很小时零漂带来的影响，可对比较的触发条件进行限制，必须满足下述条件时才进行比较

$$\sum_{i=0}^{n} \Delta t \cdot |y_A(t_i)| > k_1 t_1 \cdot |y_{Ae}| \quad （3-16）$$

其中：y_{Ae} 表示 y_A 的额定值；k_1 为门槛系数 1。

此外，为了避免在数据变化剧烈时 A、B 两点采样时间不同步带来的影响，可对比较的条件进行限制：只有数据变化较缓慢时才进行比较。衡量数据变化

快慢可简单用计算期间的最大值、最小值的差来衡量：

$$|\max(y_A) - \min(y_A)| < k_2 y_{Ae}$$

其中，k_2 为门槛系数 2。

开关量可以做类似处理。

对于录波的模拟量波形、开关量波形数据，同样可采用此方法来计算两个波形的差异，并根据启动点位置实现对录波进行零点对齐以及利用插值算法实现采样间隔标准化等处理。

二、同源数据比较方法

收集变电站继电保护设备中保护的遥信、遥测信息，进行一致性比较、计算，实现输入信息在线监测的智能告警和可视化展示。可实现的自诊断功能包括：双重化输入信息不一致监测；双 AD 输入信息不一致监测；自诊断功能配置一致性监测的对象，形成告警信息点、设置告警级别、告警方式；按分类、分级进行告警并可视化展示。

对于任一个同源数据，可根据同源配置获取，取其不同的数据测量点，每隔一定时间（例如 24 小时，可配置）可采集这些点的实时测量值来进行比较。如果差值超出规定的范围，则认为存在差异，此时需发出同源数据差异告警并在界面进行展示，同时将差异信息保存到历史库。

1. 同源数据的选取

同源数据指同一实际数据由不同的设备或信号点采集，通过对这些不同设备或信号点的数据进行比较，可以判断设备是否存在异常。同源数据可能来自于双套保护、同间隔二次设备、来自能量管理系统 EMS 与保信主站的重复数据、同一一次电网故障（或扰动）中的针对同一一次设备的录波暂态数据等。本书选取的同源数据定义如下：

（1）高压线路的双套保护，仅考虑一次设备电气量数据，如一次设备的模拟量（三相电压、三相电流、零序电流等）、状态量（开关、刀闸位置）；

（2）同间隔下的不同二次设备，仅考虑一次设备电气量数据，如一次设备的模拟量（三相电压、三相电流、零序电流等）、状态量（开关、刀闸位置）；

（3）电网故障（或扰动）中的不同设备的录波数据，仅考虑同间隔下的不同保护设备的录波数据。

2．建立同源数据逻辑关系

新建同源数据表，将定义为同源数据的相关数据写入模型表，建立同源数据逻辑关系，作为比较的数据基础。

3．同源数据比对

根据步骤 2 中建立的同源数据逻辑关系，将同源数据模型表中的实时值按照上述算法周期性地进行比对，如发现异常则给出告警提示。

同源冗余数据对比流程如图 3-15 所示。

三、基于录波数据的同源数据对比

继电保护的录波数据，包含了录波记录期间的模拟量和开关量变化情况，可用于对回路的检测。对于区外故障，可根据双套保护录波各通道模拟量的采样点分别进行比对，若有差别，则可说明某套保护设备模拟量相关回路异常。同理，对双套保护开入量通道进行比对，可发现某套保护设备开入量相关回路异常。对于区内故障，还可通过比对双套保护的跳闸、重合、跳位等通道状态判别跳合闸回路是否正常。

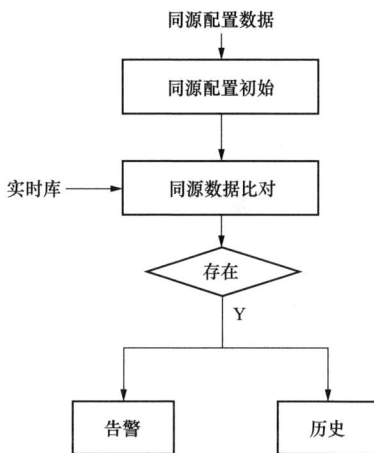

图 3-15　同源冗余数据对比流程图

1．区外故障录波数据分析

继电保护正常运行时，在区外故障、开关操作、负荷波动等情况下会启动，并保存、上送相应启动报文及启动录波数据。采用双套保护同源数据比对方法，对比双套保护录波各通道模拟量的采样点分别进行比对，若有差别，则可说明某套保护设备模拟量相关回路异常。同理，对双套保护的同源开入量通道进行比对，可发现某套保护设备开入量相关回路异常。分析启动录波数据可实时监控二次保护设备二次电流、电压等模拟量采样回路及开入输入回路的完好性。

2．区内故障录波数据分析

在系统发生区内故障时，二次保护设备会动作，并保存相应动作报文及动作录波数据。结合对一次系统故障的分析，通过分析动作录波数据，比较相关通道的数据变化是否与实际情况一致，可验证二次保护设备二次电流、电压等模拟量采样回路及开入输入回路、开出跳闸回路的完好性。

通过故障录波，可以分析保护跳闸回路的正确性，其判据为：接到主一或主二保护录波数据后，录波开关量有该相跳令、该相电流小于 $0.1I_n$、有该相跳位，可判别该相跳闸回路正常。可用于分别判别 A、B、C 相。

除对比双套保护模拟量和开入量通道外，故障录波还可对比跳闸、跳位通道情况来相互校验双套保护的跳闸回路，如存在一台启动、一台动作，可给出行为不一致的告警提示。

对于将要达到常规定检周期且一直没有动作过的跳闸回路，可作为发起检测的依据。

3．零序回路检测

（1）线路保护零序回路的检测方案。保护装置对交流电压、电流回路具有检测功能，但目前对零序电路流回路断线情况还不能有效识别。现场发生过 IN 断线的情况，在正常运行中，因没有零序电流，保护不能判断出电流异常，区内单相接地故障时，断线侧仍没有零序电流，保护不能判别出电流异常，故障相电流通过非故障相流回，本侧非故障相电流增大，导致差动保护判别为相间故障，三跳不重合。因此研究零序电流回路的检测方法有现实的意义。本节提出了通过接地故障录波报告检测零序电流回路的方法。

保护装置对交流回路的检测及通过故障录波报告检测零序电流回路的方法如下：

1）保护装置对交流电压、电流回路检测分析。接地系统，以 220kV 双母线接线为例进行分析（500kV 一个半断路器接线分析方法相同），装置的电流、电压接线如图 3-16 所示。

正常运行过程中，保护测量的三相电压约为 57.7V，保护没有启动时，设有以下 TV 断线的告警判据，可以检测出线电压 U_A、U_B、U_C 回路的异常情况：

三相电压之和不为零：若 $|\dot{U}_a + \dot{U}_b + \dot{U}_c| > 7V$（有效值），可以用于检测一相或二相断线；

TV 在母线时，若 $|U_a|$、$|U_b|$ 及 $|U_c|$ 任一相电压小于 8V，判为 TV 断线；TV 在线路时，在任一相电流大于 0.04 倍额定电流或断路器在合位（检跳闸位置开入）时，若 $|U_a|$、$|U_b|$ 及 $|U_c|$ 任一相电压小于 8V，判为 TV 断线。

在重合闸投入三重或综重方式的情况下，整定为检同期或检无压方式，无跳位开入或线路有电流，表明开关处于合闸状态，此时若开关两侧电压不满足整定的同期条件，报告"检同期电压异常"，可以检测出 U_X、U_X' 检同期电压回路的异常情况。

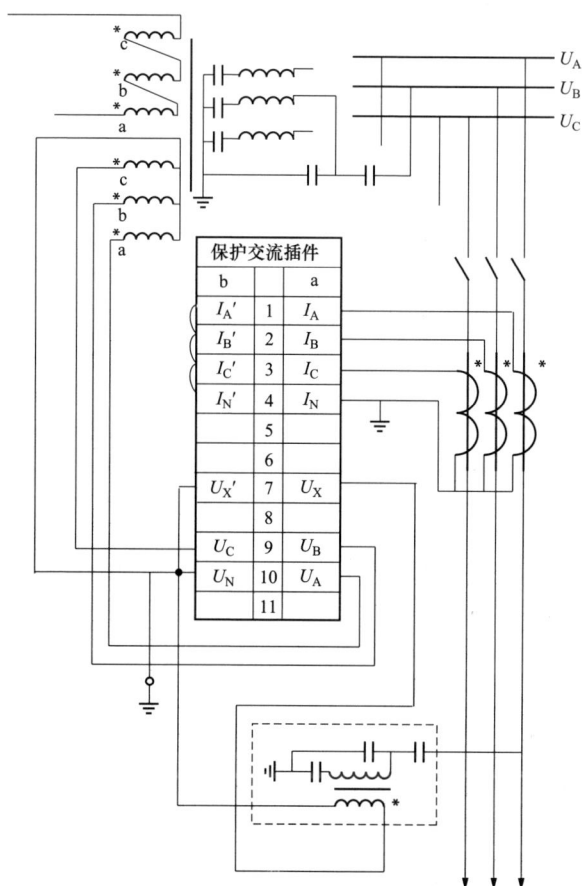

图 3-16　线路保护装置的电流、电压接线示意图

正常运行过程不产生零序电压。保护可以通过以下方法判别出 U_N 断线：当中线 U_N 断线后，保护装置在 U_A、U_B、U_C 中均产生了较大三次谐波，在三相电压中的三次谐波方向相同，在自产 $3\dot{U}_0 = \dot{U}_A + \dot{U}_B + \dot{U}_C$ 中含有更大三次谐波。保护装置可以利用三次谐波的大小特征来判别中线是否断线，判出 U_N 断线后发出告警信息。

运行过程中，二次电压为额定值，保护装置能够有效判别三相电压相序情况，不正确时发告警信息。

因此，保护装置可以检测出各电压回路的异常情况。

保护装置设有测量零序电流的小 TA，通过 I_N、I'_N 的接线可以采集到外界零序电流 $3I_0$。自产零序电流为相电流 I_A、I_B 和 I_C 的相量和。正常情况下，外接零序电流和自产零序电流应相同，即 $3\dot{I}_0 = \dot{I}_A + \dot{I}_B + \dot{I}_C$。

正常运行过程中，三相电流基本平衡，没有零序电流。接地故障或单跳后的非全相期间会出现零序电流。

若 I_A 或 I'_A 断线会产生零序电流；同样 I_B、I'_B、I_C、I'_C 断线时，也会产生零序电流，保护装置可以判出 TA 断线。

如有进入保护装置的 A 相、B 相、C 相电流被旁路，有负荷电流时，会有自产零序电流，但外接零序电流仍为 0，因此会出现外部零序电流和自产零序电流不相等的情况；外接零序电流未接或极性接反，也会出现外部零序电流和自产零序电流不相等的情况。对上述两种情况，保护可以发出告警信息。

有负荷电流时，保护装置能够判别三相电流相序情况，不正确时发出告警信息。

一侧有 TA 断线，还可以通过纵联差动保护判别长期有差流，发出告警信息。

但正常运行过程中，I_N 或 I'_N 断线时，三个相电流仍构成了回路，不会产生自产或外接零序电流，保护装置不能告警。

2）通过故障录波报告检测零序电流回流的方法。两套不同保护的零序通道数据比对：对于双套保护，也可通过对比双套保护的外接零序电流数值，相互校验双套保护的零序回路。若有不同，提示"零序回路异常"。可以检测出 I_N 或 I'_N 断线时的异常情况。

保护自产和外接的零序比对：零序回路的检查判据为接到主一或主二保护录波数据后，若 $|\dot{I}_A + \dot{I}_B + \dot{I}_C - 3\dot{I}_0| > 0$，提示"零序回路异常"，可以检测出自产零序电流和外接零序电流不相等的 TA 回路异常情况。

（2）变压器保护零序回路的检测方案。对于变压器保护单装置来说，因为正常运行中负荷电流平衡，不存在零序电流及零序电压，而零序电流及零序电压回路发生断线时的特性也是没有采样值，故零序回路断线时保护没有有效的判据可以与正常运行状态相区别；零序电流的极性错误时，也存在没法检测的问题；还有三相电流的 N 线断线时，正常运行状态下，三相电流仍然平衡，保护也检测不到。对于单装置来说，运行中零序回路断线属于检测盲点，目前还没有简单可靠的有效判据可以利用。

基于运行信息在线检测中的同源数据比对，可以很好地解决装置的这一检测盲点，极大提升装置及其二次回路的健康运行水平。系统发生的故障中，接地故障占大多数，在变压器区外发生接地故障时，变压器保护因电流发生变化会启动并存储录波。对于双重化的变压器保护装置，通过对两台装置启动录波中的零序通道回路数据进行同源数据比对，能够及时发现零序通道回路断线等异常情况。对于三相电流的 N 线断线的情况，因为此时三相电流特性有别于 N 线正常的时候，故通过比对也可以给出提示。结合装置录波数据中自产与外接零序的比对，可以进一步确认回路故障类型。

（3）母线保护零序电流回路的检测方案。母线保护的零序电流为自产零序，无外接零序回路，但仍可以通过同源对比的方法，通过相电流的正确性来检测零序电流回路。

第四节　基于运行信息的保护智能告警辅助决策

基于运行信息的保护智能告警辅助决策功能可以实现对保护装置自检结果的采集与管理，通过保护设备的输入输出系统和直流绝缘监视装置对直流回路、操作控制回路和绝缘状态进行监视，通过同源对比对保护系统中的交流电压、交流电流回路进行监视，对直流回路、操作控制回路、交流回路中的"盲区"给出提示，从而实现对继电保护的全面监测与运维。

继电保护信息联网系统已实现了对继电保护在线运行信息的采集，基于保信系统研发继电保护运检辅助决策系统，通过对继电保护在线运行信息进行分析，可发现继电保护设备、采样和开入等二次回路的异常，实现对继电保护装置全面的状态评估及潜在风险辨识，做出检修辅助决策。

一、系统结构和框架

继电保护状态检修辅助决策系统，为不停电检修提供了技术支撑。根据变电站自动化系统建设结构，继电保护状态检修辅助决策系统应分布式部署，包括主站和子站两部分，子站负责接入变电站保护设备，主站接入各变电站子站数据，并实现应用功能。系统的总体部署结构和软件功能分别如图 3-17 和图 3-18 所示。

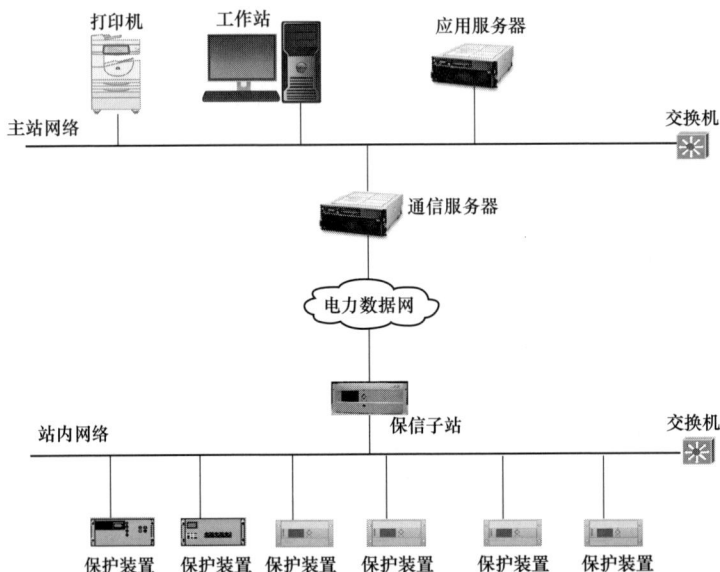

图 3-17 基于运行信息的保护智能告警辅助决策系统架构图

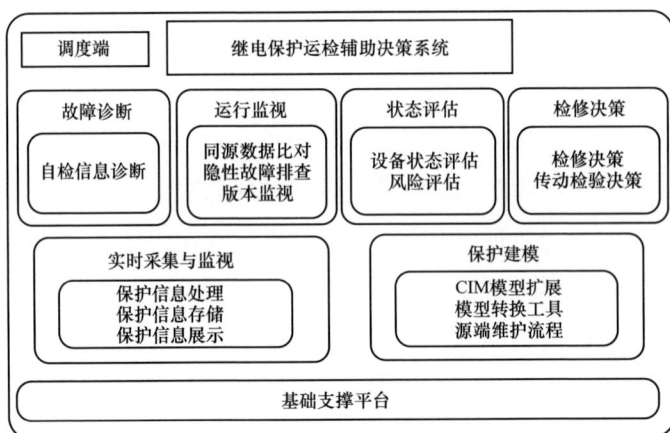

图 3-18 基于运行信息的保护智能告警辅助决策软件功能图

系统整体功能应分为厂站端和调度端两部分。

（1）厂站端实现保护设备状态信息采集功能。保护设备状态信息采集模块在变电站内接收装置的各种信息，包括保护装置工作状态相关信息和保护专业信息。工作状态相关信息主要有保护的各种自检告警、通信状态、设备资源、内部环境、对时状态等。保护专业信息主要有保护动作、告警信息、状态变位、故障录波、故障参数等。厂站端可部署二次设备运维子站，对接入的装置执行同源信息比对，并将比对结果传送至主站端系统。

（2）主站端实现应用功能，包括保护设备状态信息采集、状态监视、状态评价、风险评估和状态检修、综合指标评价等模块。信息采集部分由保信前置系统完成，从保信主站的系统总线上获取实时数据、告警及历史数据等信息，并以此作为基础数据进行应用功能分析。应用功能重点实现保护设备的状态监视、故障诊断模块分析、状态评价和风险评估等。

二、运检辅助决策功能

继电保护状态检修辅助决策系统依托保信主站提供的设备台账、正常运行数据、启动/动作时数据、告警、历史数据等二次设备详细数据，对二次设备的状态进行监测与诊断，在此基础上对其状态进行评估辨识并给出故障诊断报告，进一步指导设备的状态检修决策。

系统功能应主要包括同源数据比对、告警决策分析、隐性故障排查、设备状态评估等模块。

（1）同源数据比对：接收运维子站的同源数据比对结果，综合整理站端保护装置的可疑状态，为运维检修人员提供设备检修决策依据。

（2）告警决策分析：在对告警进行多维度分类的基础上，监视保信子站实时上送的保护告警信息，并依据告警分类及告警原因、告警处理方法知识库对保护设备的状态进行分析，给出严重程度判断及故障处理措施。

（3）隐性故障排查：对保信主站记录的保护历史数据（告警、动作等）进行分类统计及分析，进一步从统计、个体等多方面找出保护可能存在的问题或隐患，如家族性缺陷、故障分布规律，也可根据保护动作记录找出长期未动作的继电保护装置等。

（4）状态评估与辨识：综合上述各种分析结果，对保护设备的状态进行全面综合评估，得出保护当前的运行水平。

（5）故障诊断报告：进一步根据状态评估结果，对保护设备运行状态进行全面评价，给出保护当前所处的运行状态，存在的问题及故障原因，并给出检修的策略及故障排除方法。

（一）同源信息对比

在变电站部署二次设备运维子站装置，将继电保护在线运行信息中的同源冗余数据建立起逻辑关系，通过实时对比同源的三相模拟量数据，利用基尔霍夫定律对母线电流进行检测，可实现对二次设备的交流回路、开入量回路是否存在异常进行检测。若发现异常在站端进行告警提示，并将信息传送给运维主站端。

（二）告警决策分析

在将继电保护告警信息进行多维度分类的基础上，以 ID3 算法为基础构建决策树，并建立告警原因、告警处理方法知识库，依据决策树实时对继电保护告警进行分析，给出继电保护状态异常的严重程度判断及故障处理措施，便于对继电保护故障进行定位和检修。

通过收集继电保护设备告警信号与故障原因的对照关系，建立检修知识专家库（以线路保护 CSC103 为例）。

1．装置故障告警

装置故障告警见表 3-8。

表 3-8　　　　　　　　　　装　置　故　障　告　警　表

事件序号	报文名称	告警原因及处理方法
1	模拟量采集错	检查电源输出情况、更换保护 CPU 插件
2	设备参数错	重新固化设备参数，若无效，更换保护 CPU 插件
3	ROM 和校验错	更换保护 CPU 插件
4	定值错	重新固化保护定值及装置参数，若仍无效，更换保护 CPU 插件
5	定值区指针错	切换定值区，若仍无效，更换保护 CPU 插件
6	开出不响应	检查是否有其他告警Ⅰ导致闭锁 24V+失电，否则更换相应开出插件
7	开出击穿	更换相应开出插件
8	软压板错	进行一次软压板投退
9	开出 EEPROM 出错	更换相应开出插件

2．运行异常告警

运行异常告警见表 3-9。

表 3-9　　　　　　　　　　运　行　异　常　告　警　表

事件序号	告警报文	可能原因及处理措施
1	TA 变比差异大	若两侧 TA 一次额定电流相差 5 倍及以上，装置报 "TA 变比差异大" 告警。
2	SRAM 自检异常	检查芯片是否虚焊或损坏，更换 CPU 板
3	FLASH 自检异常	检查芯片是否虚焊或损坏，更换 CPU 板

续表

事件序号	告警报文	可能原因及处理措施
4	低气压开入告警	长期有低气压闭锁重合闸开入，检查外部开入
5	通道检修差动退出	如果运行通道同时退出且差动压板投入，则延时 1min 告警
6	电流不平衡告警	检查交流插件、端子等相关交流电流回路
7	系统配置错	重新下载保护配置
8	闭锁三相不一致	非全相已经动作，但仍有不一致开入；或长期有不一致开入
9	不一致动作失败	三相不一致保护动作后，仍有三个分相跳位不一致
10	纵联压板不一致***	当两侧保护，其中一侧投入差动功能压板，另一侧投入纵联功能压板时，两侧保护 10min 后均告警 "差动压板不一致" "纵联压板不一致"，闭锁两侧的差动保护和纵联距离保护
11	纵联差动压板投错***	一侧保护纵联距离和差动功能压板同时投入时，5min 后告警，此时保护按光纤纵联距离保护逻辑处理。
12	开入配置错	重新下载保护配置
13	开出配置错	重新下载保护配置
14	开入通信中断	检查开入插件是否插紧，更换开入插件
15	开出通信中断	检查开出插件是否插紧，更换开入插件
16	传动状态未复归	开出传动后没有复归，按复归按钮
17	开入击穿	检查开入情况，更换开入插件
18	开入输入不正常	检查装置的电源 24V 输出情况，或更换开入插件
19	双位置输入不一致	建议查看 24V 电源或更换开入插件
20	开入自检回路出错	检查或更换开入插件
21	开入 EEPROM 出错	更换相应开入插件
22	TV 断线告警	查看循环显示、打印采样值，按运行规程执行，检查电压回路接线；若交流插件问题，更换该插件
23	过负荷告警	提示线路过负荷，检查线路负荷或振荡闭锁过流定值
24	纵联通道故障*	1）专用收发信机闭锁式下，保护启信后 300ms 收不到闭锁信号或通道自检时有收信缺口。 2）保护不启动，连续收到闭锁或允许信号 20s。 应检查通信设备和保护之间的连接和纵联通道
25	纵联通道 3DB 告警**	通道自检过程中，收到保护告警信号且有收信
26	纵联通信设备告警*	"通信异常告警"端子有告警开入信号
27	TA 断线告警	查看循环显示、打印采样值，按运行规程执行
28	跳位 A（B、C）开入异常	有"跳位 A（B、C）"开入，且有 A 相电流，则发此告警。检查跳位 A（B、C）开入触点及其开入回路
29	重合闸压板异常	单重、三重、综重、停用四种方式中有任意两种同时投入，则告警。检查重合闸把手及其开入连线
30	检同期电压异常	重合闸投入三重或综重方式的情况下，整定为检同期或检无压方式，系统正常运行时，线路侧电压和母线侧电压不满足整定的同期条件，发告警。检查同期电压回路

事件序号	告警报文	可能原因及处理措施
31	本侧 TA 断线	查看循环显示、打印采样值，按运行规程执行
32	对侧 TA 断线	按运行规程执行，对侧检查电流回路接线
33	长期有差流	检查两侧电流互感器极性
34	同步方式设置出错	检查定值，"本侧识别码"和"对侧识别码"定值应不同； 检查通信通道，通信通道上可能出现环回； 做通道自环试验时，必须将"通道环回试验"控制字投入
35	通道一（二）环回错	在双通道时，其中一个通道出现环回，检查报文指示的那个通道
36	通道一（二）通信中断	检查定值，通信速率、通信时钟是否设置正确； 检查光纤接口是否连接牢固，光功率是否正常； 检查通信通道
37	通道一（二）无采样报文	检查定值，"本侧识别码"和"对侧识别码"定值应不同； 检查通信通道，通信通道上可能出现环回； 做通道自环试验时，必须将"通道环回试验"控制字投入
38	远方跳闸开入异常	检查开入信号是否长期存在，并消除
39	三相相序不对应	正常运行时，如果三相电流或三相电压相序不是正相序，则发此告警。应先查看循环显示模拟量，打印采样值。检查电流或电压回路
40	模拟通道异常	调整刻度时，可能输入值和选择的基准值不一致。重新调整刻度
41	外部停信开入错*	保护未启动时，长期有外部停信开入。则告此警。应检查外部其他保护停信开入
42	外接 $3I_0$ 接反	外接 $3I_0$ 相位和自产 $3I_0$ 相位相反。请检查电流回路接线
43	保护永跳失败	发永跳令后 5s 电流未断，则发此告警。请检查跳闸回路
44	3 次谐波过量告警	系统正常运行时，电压中 3 次谐波过量，则发此告警。请打印采样值，检查电压回路
45	通道环回长期投入	运行时，需将"通道环回试验"控制字置"退出"
46	纵联控制字错**	投入"分相式命令"控制字，二"允许式通道"控制字退出时告警
47	重合闸控制字错	检同期、检无压两种方式同时投入，则告警。 检查自动重合闸控制字
48	差动压板不一致	两侧压板不一致，检查压板
49	纵联保护地址错一（二）***	接收的地址码与"本侧纵联保护地址"、"对侧纵联保护地址"都不相等，报此报文
50	通道一二交叉接错	通道一（二）的收发误接了通道二（一）的收发，报此报文
51	对侧通信异常	对侧通信异常，本侧报此报文
52	工作于调试定值区	30 定值区为调试定值区，运行于 30 定值区时报此报文

注 CSC-103BFN 和 CSC-105BSN 有带"*"处报文，只有 CSC-103BFN 有带"**"处报文，只有 CSC-103BSN 有带"***"处报文。

3．Master 板的告警信息

Master 板的告警信息见表 3-10。

表 3-10 Master 板告警表

序号	汉字代码	说明	解 决 方 法
1	CPU X 异常（CPU X 通信中断）	CPU 与 MASTER 通信中断	CPU 工作不正常或 CAN 网通信异常，可检查各 CPU 是否正常工作，检查背板 CAN 网是否正常
2	设备参数不一致	CPU 冗余设备参数不一致	再一次固化设备参数，并重新上电，应不再报设备参数不一致
3	定值区号不一致	CPU 冗余定值区号不一致	再一次切换定值区号，并重新上电，应不再报定值区号不一致
4	定值不一致	CPU 冗余定值不一致	再一次固化定值，并重新上电，应不再报定值不一致
5	压板不一致	CPU 冗余压板不一致	所有软压板再投退一次，并重新上电，应不再报压板不一致
6	召唤 CPU X 配置无应答	可能是两块 CPU 板地址相同、一块未插或接触不良	
7	GPS 对时异常	对时异常	

通过决策树和专家库的建立，实现了以各种继电保护告警事件为触发条件，按照决策树路径定位故障产生的位置，从而实现继电保护设备故障诊断，并在此基础上实现告警的辅助决策。当收到实时告警后，对告警信息依据决策树进行分析，产生智能告警。

（三）隐性故障排查

投入运行的继电保护设备，部分设备在运行过程中因各种因素会出现故障，通过对整个电网系统中各继电保护设备的历史故障信息进行统计分析，从系统的角度对某型号或某制造商产品在历史上的运行情况进行数据挖掘，可辅助识别分析判断得出某产品是否具备家族性缺陷等异常因素。

通过对历史故障进行多维度分类统计，找出影响二次设备运行的关键因素，为二次设备的检修及维护提供决策依据。统计的内容包括：

（1）按重要性统计：统计危急告警、重要告警、一般告警的次数及占比。

（2）按影响范围统计：包括装置本体、外部回路、通道告警、系统告警等告警次数及占比，进一步还可以按影响范围的详细分类维度进行统计。

（3）按告警详细分类统计：如统计 CPU 插件异常、定值异常、开出告警等的告警次数及占比。

此外，还可以结合其他维度，对上述 3 类指标进一步分类统计。

1）按二次设备厂家：如南瑞、四方、许继、南自、深南瑞等厂家的二次设备平均每装置告警指标（包括重要性指标、影响范围指标、告警详细分类统计指标等，下同）；

2）按装置型号：如 RCS-931、CSC103B 等，统计每种型号平均每装置的告警指标。

全网告警统计、装置告警统计、设备厂家告警统计、设备型号告警统计见表 3-11～表 3-14。

表 3-11　　　　　　　　　全 网 告 警 统 计 表

字　段　名	说　　明	字段类型
ID	ID	int32
NAME	公司名称	char（64）
MONTH	月份	int32
TOTALWITHREPAIR	告警总数（含检修告警）	int32
TOTAL	告警总数（不含检修）	int32
LEVEL0	危急告警数（不含检修）	int 32
LEVEL1	严重告警数（不含检修）	int32
LEVEL2	一般告警数（不含检修）	int32
INTER	装置本体告警数（不含检修）	int32
OUTER	外部回路告警数（不含检修）	int32
CHANNEL	通道告警数（不含检修）	int32
SYSTEM	系统告警数（不含检修）	int32
CATEGORY_CPU	CPU 插件异常告警数（不含检修）	int32
CATEGORY_SET	定值异常告警数（不含检修）	int32
CATEGORY_OUTPUT	开出告警告警数（不含检修）	int32
CATEGORY_PLATE	压板异常告警数（不含检修）	int32
CATEGORY_ANALOG	模拟量采集错告警数（不含检修）	int32
CATEGORY_INPUT	开入告警告警数（不含检修）	int32
CATEGORY_AC	交流异常告警数（不含检修）	int32
CATEGORY_FUNC	保护功能告警告警数（不含检修）	int32

续表

字 段 名	说　　明	字段类型
CATEGORY_CHANNEL	通道异常告警数（不含检修）	int32
CATEGORY_COMM	通信异常告警数（不含检修）	int32
STAVG	平均每站告警数（不含检修）	float
STAVG_LEVEL1	平均每站严重告警数（不含检修）	float
STAVG_LEVEL0	平均每站危急告警数（不含检修）	float
STAVG_INTER	平均每站装置本体告警数（不含检修）	float
STAVG_OUTER	平均每站外部回路告警数（不含检修）	float
STAVG_CHANNEL	平均每站通道告警数（不含检修）	float
STAVG_SYSTEM	平均每站系统告警数（不含检修）	float
STAVG_CATE_CPU	平均每站 CPU 插件异常告警数（不含检修）	int32
STAVG_CATE_SET	平均每站定值异常告警数（不含检修）	int32
STAVG_CATE_OUTPUT	平均每站开出告警告警数（不含检修）	int32
STAVG_CATE_PLATE	平均每站压板异常告警数（不含检修）	int32
STAVG_CATE_ANALOG	平均每站模拟量采集错告警数（不含检修）	int32
STAVG_CATE_INPUT	平均每站开入告警告警数（不含检修）	int32
STAVG_CATE_AC	平均每站交流异常告警数（不含检修）	int32
STAVG_CATE_FUNC	平均每站保护功能告警告警数（不含检修）	int32
STAVG_CATE_CHANNEL	平均每站通道异常告警数（不含检修）	int32
STAVG_CATE_COMM	平均每站通信异常告警数（不含检修）	int32
IEDAVG	平均每装置告警数（不含检修）	float
IEDAVG_LEVEL1	平均每装置严重告警数（不含检修）	float
IEDAVG_LEVEL0	平均每装置危急告警数（不含检修）	float
IEDAVG_INTER	平均每装置装置本体告警数（不含检修）	float
IEDAVG_OUTER	平均每装置外部回路告警数（不含检修）	float
IEDAVG_CHANNEL	平均每装置通道告警数（不含检修）	float
IEDAVG_SYSTEM	平均每装置系统告警数（不含检修）	float
IEDAVG_CATE_CPU	平均每装置 CPU 插件异常告警数（不含检修）	int32
IEDAVG_CATE_SET	平均每装置定值异常告警数（不含检修）	int32
IEDAVG_CATE_OUTPUT	平均每装置开出告警告警数（不含检修）	int32
IEDAVG_CATE_PLATE	平均每装置压板异常告警数（不含检修）	int32

字　段　名	说　　明	字段类型
IEDAVG_CATE_ANALOG	平均每装置模拟量采集错告警数（不含检修）	int32
IEDAVG_CATE_INPUT	平均每装置开入告警告警数（不含检修）	int32
IEDAVG_CATE_AC	平均每装置交流异常告警数（不含检修）	int32
IEDAVG_CATE_FUNC	平均每装置保护功能告警告警数（不含检修）	int32
IEDAVG_CATE_CHANNEL	平均每装置通道异常告警数（不含检修）	int32
IEDAVG_CATE_COMM	平均每装置通信异常告警数（不含检修）	int32
STSUM	变电站个数	int32
IEDSUM	装置个数	int32
LASTTIME	最后统计记录的接收时间	DATETIME

表 3-12　　　　　　　　　装　置　告　警　统　计　表

字　段　名	说　　明	字段类型
ID	ID	int32
NAME	装置名称	cahr（64）
SUBSTATION_ID	变电站 ID	int32
SUBSTATION_NAME	变电站名称	cahr（64）
TOTALWITHREPAIR	告警总数（含检修告警）	int32
TOTAL	告警总数（不含检修）	int32
LEVEL0	危急告警数（不含检修）	int 32
LEVEL1	严重告警数（不含检修）	int32
LEVEL2	一般告警数（不含检修）	int32
INTER	装置本体告警数（不含检修）	int32
OUTER	外部回路告警数（不含检修）	int32
CHANNEL	通道告警数（不含检修）	int32
SYSTEM	系统告警数（不含检修）	int32
CATEGORY_CPU	CPU 插件异常告警数（不含检修）	int32
CATEGORY_SET	定值异常告警数（不含检修）	int32
CATEGORY_OUTPUT	开出告警告警数（不含检修）	int32
CATEGORY_PLATE	压板异常告警数（不含检修）	int32
CATEGORY_ANALOG	模拟量采集错告警数（不含检修）	int32

续表

字　段　名	说　　明	字段类型
CATEGORY_INPUT	开入告警告警数（不含检修）	int32
CATEGORY_AC	交流异常告警数（不含检修）	int32
CATEGORY_FUNC	保护功能告警告警数（不含检修）	int32
CATEGORY_CHANNEL	通道异常告警数（不含检修）	int32
CATEGORY_COMM	通信异常告警数（不含检修）	int32

表 3-13　　　　　　　　　　设备厂家告警统计表

字　段　名	说　　明	字段类型
ID	ID	int32
NAME	厂家名称	char（64）
MONTH	月份	int32
TOTAL	告警总数（不含检修）	int32
LEVEL0	危急告警数（不含检修）	int 32
LEVEL1	严重告警数（不含检修）	int32
LEVEL2	一般告警数（不含检修）	int32
INTER	装置本体告警数（不含检修）	int32
OUTER	外部回路告警数（不含检修）	int32
CHANNEL	通道告警数（不含检修）	int32
SYSTEM	系统告警数（不含检修）	int32
CATEGORY_CPU	CPU 插件异常告警数（不含检修）	int32
CATEGORY_SET	定值异常告警数（不含检修）	int32
CATEGORY_OUTPUT	开出告警告警数（不含检修）	int32
CATEGORY_PLATE	压板异常告警数（不含检修）	int32
CATEGORY_ANALOG	模拟量采集错告警数（不含检修）	int32
CATEGORY_INPUT	开入告警告警数（不含检修）	int32
CATEGORY_AC	交流异常告警数（不含检修）	int32
CATEGORY_FUNC	保护功能告警告警数（不含检修）	int32
CATEGORY_CHANNEL	通道异常告警数（不含检修）	int32
CATEGORY_COMM	通信异常告警数（不含检修）	int32
IEDAVG	平均每装置告警数（不含检修）	float

续表

字 段 名	说　　明	字段类型
IEDAVG_LEVEL1	平均每装置严重告警数（不含检修）	float
IEDAVG_LEVEL0	平均每装置危急告警数（不含检修）	float
IEDAVG_INTER	平均每装置装置本体告警数（不含检修）	float
IEDAVG_OUTER	平均每装置外部回路告警数（不含检修）	float
IEDAVG_CHANNEL	平均每装置通道告警数（不含检修）	float
IEDAVG_SYSTEM	平均每装置系统告警数（不含检修）	float
IEDAVG_CATE_CPU	平均每装置CPU插件异常告警数（不含检修）	int32
IEDAVG_CATE_SET	平均每装置定值异常告警数（不含检修）	int32
IEDAVG_CATE_OUTPUT	平均每装置开出告警告警数（不含检修）	int32
IEDAVG_CATE_PLATE	平均每装置压板异常告警数（不含检修）	int32
IEDAVG_CATE_ANALOG	平均每装置模拟量采集错告警数（不含检修）	int32
IEDAVG_CATE_INPUT	平均每装置开入告警告警数（不含检修）	int32
IEDAVG_CATE_AC	平均每装置交流异常告警数（不含检修）	int32
IEDAVG_CATE_FUNC	平均每装置保护功能告警告警数（不含检修）	int32
IEDAVG_CATE_CHANNEL	平均每装置通道异常告警数（不含检修）	int32
IEDAVG_CATE_COMM	平均每装置通信异常告警数（不含检修）	int32
IEDSUM	该厂家装置个数	int32

表 3-14　　　　设备型号告警统计表

字 段 名	说　　明	字段类型
RELAYTYPE_NAME	型号名称	char（48）
MONTH	月份	int32
TOTAL	告警总数（不含检修）	int32
LEVEL0	危急告警数（不含检修）	int 32
LEVEL1	严重告警数（不含检修）	int32
LEVEL2	一般告警数（不含检修）	int32
INTER	装置本体告警数（不含检修）	int32
OUTER	外部回路告警数（不含检修）	int32
CHANNEL	通道告警数（不含检修）	int32
SYSTEM	系统告警数（不含检修）	int32
CATEGORY_CPU	CPU插件异常告警数（不含检修）	int32

续表

字　段　名	说　　明	字段类型
CATEGORY_SET	定值异常告警数（不含检修）	int32
CATEGORY_OUTPUT	开出告警告警数（不含检修）	int32
CATEGORY_PLATE	压板异常告警数（不含检修）	int32
CATEGORY_ANALOG	模拟量采集错告警数（不含检修）	int32
CATEGORY_INPUT	开入告警告警数（不含检修）	int32
CATEGORY_AC	交流异常告警数（不含检修）	int32
CATEGORY_FUNC	保护功能告警告警数（不含检修）	int32
CATEGORY_CHANNEL	通道异常告警数（不含检修）	int32
CATEGORY_COMM	通信异常告警数（不含检修）	int32
IEDAVG	平均每装置告警数（不含检修）	float
IEDAVG_LEVEL1	平均每装置严重告警数（不含检修）	float
IEDAVG_LEVEL0	平均每装置危急告警数（不含检修）	float
IEDAVG_INTER	平均每装置装置本体告警数（不含检修）	float
IEDAVG_OUTER	平均每装置外部回路告警数（不含检修）	float
IEDAVG_CHANNEL	平均每装置通道告警数（不含检修）	float
IEDAVG_SYSTEM	平均每装置系统告警数（不含检修）	float
IEDAVG_CATE_CPU	平均每装置 CPU 插件异常告警数（不含检修）	int32
IEDAVG_CATE_SET	平均每装置定值异常告警数（不含检修）	int32
IEDAVG_CATE_OUTPUT	平均每装置开出告警告警数（不含检修）	int32
IEDAVG_CATE_PLATE	平均每装置压板异常告警数（不含检修）	int32
IEDAVG_CATE_ANALOG	平均每装置模拟量采集错告警数（不含检修）	int32
IEDAVG_CATE_INPUT	平均每装置开入告警数（不含检修）	int32
IEDAVG_CATE_AC	平均每装置交流异常告警数（不含检修）	int32
IEDAVG_CATE_FUNC	平均每装置保护功能告警告警数（不含检修）	int32
IEDAVG_CATE_CHANNEL	平均每装置通道异常告警数（不含检修）	int32
IEDAVG_CATE_COMM	平均每装置通信异常告警数（不含检修）	int32
STSUM	变电站个数	int32
IEDSUM	装置个数	int32

统计结果可按照列表、饼图、棒图等方式进行展示。

（四）状态评估

通过对继电保护在线运行数据的分析，对数据进行深入挖掘，可实现对继电保护运行状况的在线评估，给出检修计划建议。通过对继电保护历史运行数据进行统计，对长期未能进行在线检测的检测项目（如跳闸回路等）进行检修建议。

继电保护的运行状态评估体系是检修辅助决策系统的基础，评估以继电保护运行数据为基础，通过数学计算方法将继电保护的运行状况量化，可对继电保护进行针对性的检验和检修。根据量化结果，将保护设备的状态分为正常、注意、异常、严重四个状态。

为实现对设备状态的评估，将设备缺陷定义如下：

（1）设备通信不正常，即"通信率＜阈值"；

（2）设备重要运行参数与标准值不一致；

（3）设备的实时监测数据和同源冗余监测数据对比越限；

（4）设备产生自检告警信号，分为保护故障告警和保护异常告警；

（5）设备工况信息越限异常；

（6）电网发生故障时，保护未正确动作；

（7）人工巡视发现的缺陷；

（8）频繁告警；

（9）运行年限大于标准年限；

（10）产品具有家族性缺陷。

上述对继电保护设备缺陷的定义可归纳为运行实时数据指标、故障告警指标、异常告警指标、历史数据指标四大类。

1．状态评估流程

继电保护状态评估算法是根据继电保护告警数据瞬时突发性和采样量持续性的特点，采用流程化的处理逻辑，实现对保护状态数值的计算，计算结果超越阈值则触发风险预警。其流程如图3-19所示。

（1）系统启动后，将模型数据读入内存，如继电保护设备、运行标准值、同源冗余数据配置等。

（2）周期性检查，定时触发同源冗余数据对比流程，对继电保护采样值、开入量等进行检验，给出运行实时数据指标值。

（3）周期性检查，定时触发历史数据分析程序，从系统的角度对继电保护历史运行情况进行综合分析，给出历史数据指标值。

（4）实时接收系统采集的继电保护自检告警数据，根据自检告警的类型进行继电保护功能影响分析，给出实时告警指标值。

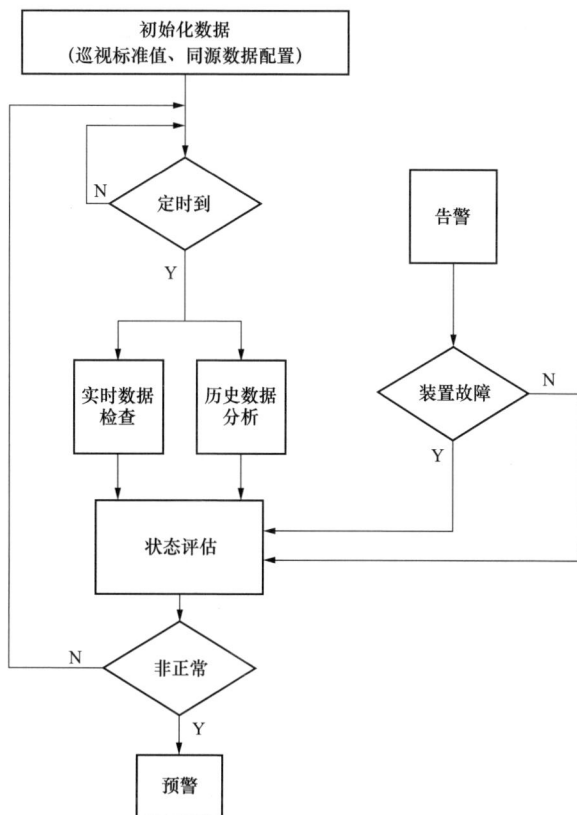

图 3-19　软件流程图

（5）综合以上各指标值，进行继电保护状态评估计算，得出状态评估结果。

2．状态评估指标及算法

根据定义，可以从设备在线监测状态、历史状态两方面对二次设备的状态进行综合评估，见表 3-15。

表 3-15　　　　　　　二次设备状态评估项及基本评估方法表

评估项			基本评估方法
在线监测状态评估	设备通信状态	通信状态	查看设备当前的通信状态
		实时量值校核	对比二次设备的实时量值与标准值 对比内容包括一般模拟量、一般状态量等
		同源数据比对	对比二次设备相关的同源数据
	设备状态监测	量值越限评估	量值越限评价方法
		告警状态评估	告警状态评价方法

续表

评估项		基本评估方法
历史运行水平评价	通信率 — 通信率	一段时间内的通信率是否达标
	历史动作评估 — 历史动作记录	是否有历史动作记录
	历史动作评估 — 动作正确率	保护动作正确性情况
	历史缺陷评估 — 缺陷记录	查询二次设备是否有历史缺陷
	历史缺陷评估 — 家族性缺陷	查询是否存在家族性缺陷

在线监测状态评估依据设备的在线数据（如告警、特征值、运行量值、通信状态、自动化测试等）对设备的当前运行情况进行评估，历史运行水平评价则根据设备的历史信息（如动作记录、动作正确性、缺陷记录等）对设备的历史运行水平进行评价。最终结合在线监测状态评估、历史运行水平两个方面给出二次设备运行状态的综合评价。

在线监测状态算法是：对数字量（表征运行状态特征的模拟量）、逻辑量（告警）进行权重评级，确定基本得分，在此基础上根据各级数字量个数及越限个数、各级逻辑量个数以及数字量、逻辑量的权重进行综合计算，最后得到设备的在线监测状态。由于数字量（表征运行状态特征的模拟量）、逻辑量（告警）仅仅是评估参量的一部分，除此之外还包括了运行量值校核、通信状态、巡检测试等，因此不能直接使用。但对于运行量值校核、通信状态、巡检测试等评估参量，可以通过处理，将其等效为逻辑量，并用这些逻辑量参与评估。其方式见表 3-16。

表 3-16 二次设备状态评估项及权重表

原始参量		转换后的逻辑量	权重
通信状态	当前通信状态监测	通信状态异常	注意（2）
实时量值核对	一般模拟量核对	一般模拟量异常	注意（2）
	一般状态量核对	一般状态量异常	注意（2）
运行参数核对	当前定值区核对	当前定值区与标准值不一致	严重（4）
	定值核对	定值与标准值不一致	严重（4）
	控制字核对	控制字与标准值不一致	严重（4）
	软压板核对	软压板与标准值不一致	异常（3）
	硬压板核对	硬压板与标准值不一致	异常（3）
	时钟核对	时钟异常	注意（2）
同源数据比对	同源的数据点量值是否一致	同源数据比对不一致	注意（2）

表 3-16 中的权重可根据需要修改。此外，对于信息细分的粒度，保护装置中有定值错、定值区指针错、设备参数错、软压板错、开入异常等信息点。因此按照表 3-16 中的划分，其粒度是比较合适的。

通过等效处理后，通信状态监视信息、实时量值核对结果、运行参数核对结果、同源数据比对结果、巡检测试结果等多种参量与装置告警一样都被当成逻辑量参与评估。

历史状态评估的指标如图 3-20 所示。

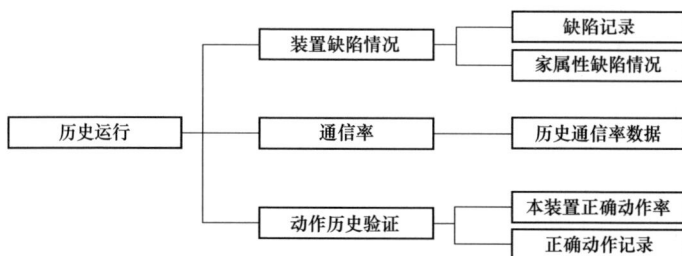

图 3-20　历史状态评估指标图

历史因素评价算法如下：

$$S = 10 \times \sum_{j=1}^{m} \left[a_j \times \sum_{k=1}^{l} (a_k \times P_k) \right] \qquad (3-17)$$

其中：a_j、a_k 同样通过层次分析法确定；P_K 为状态项得分。

历史状态评价得分根据保信主站可提供的功能进行设计，评估项及评价标准见表 3-17。

表 3-17　　　　　　　　历史状态评估项及评价标准表

评价内容	评 价 指 标	评 价 标 准	评分
装置缺陷情况	本评价周期内的缺陷情况（70%） （该项满分为 10 分，扣至 0 分为止） （自动获取本次评价时间和上次评价时间内设备有无缺陷记录、缺陷级别）	无缺陷情况，记 10 分	
		每出现 1 次一般缺陷，扣 2 分	
		每出现 1 次重大缺陷，扣 4 分	
		每出现 1 次紧急缺陷，扣 10 分	
	上一个评价周期及以前的缺陷情况（30%） （该项满分为 10 分，扣至 0 分为止） （自动获取上一个周期内设备有无缺陷记录、缺陷级别）	无缺陷情况，记 10 分	
		每出现 1 次一般缺陷，扣 2 分	
		每出现 1 次重大缺陷，扣 4 分	
		每出现 1 次紧急缺陷，扣 10 分	
家族性资料	本评价周期内的同型号缺陷情况（70%） （该项满分为 10 分，扣至 0 分为止）	无缺陷情况，记 10 分	
		每出现 1 次一般缺陷，扣 1 分	

续表

评价内容	评价指标	评价标准	评分
家族性资料	本评价周期内的同型号缺陷情况（70%） （该项满分为10分，扣至0分为止）	每出现1次重大缺陷，扣2分	
		每出现1次紧急缺陷，扣4分	
家族性资料	上一个评价周期及以前的同型号缺陷情况（30%） （该项满分为10分，扣至0分为止）	无缺陷情况，记10分	
		每出现1次一般缺陷，扣1分	
		每出现1次重大缺陷，扣2分	
		每出现1次紧急缺陷，扣4分	
装置正确动作率	本装置正确动作率 （满分10分）	装置动作，且正确动作率为100%，记10分	
		无动作记录，记5分	
		正确动作率低于100%，记0分	
动作历史验证	装置正确动作记录 （该项满分为10分，扣至0分为止） [50%]	有区内正确动作记录，且有A、B、C相正确动作记录，记10分 （母线保护、主变保护、其他保护设备仅评价区内正确动作记录）	
		无区内正确动作记录： ①线路保护该项扣7分； ②母线保护、主变保护、其他保护扣10分	
		无A相故障正确动作记录，扣1分 （仅线路保护考核该项）	
		无B相故障正确动作记录，扣1分 （仅线路保护考核该项）	
		无C相故障正确动作记录，扣1分 （仅线路保护考核该项）	
	若有发生误动或拒动记录，"动作历史验证"项直接记0分		

根据状态评估结果，对处于非正常态的继电保护设备按照严重程度安排检修计划。

3．状态评估数据组织与展示

对纳入继电保护状态评估指标体系的数据，建立数据表，用于进行状态评估计算。相关的数据表设计如表3-18～表3-20所示。

表3-18　　　　　　　　设 备 监 测 数 据 表

域名	数据类型	含义	备 注
SUBTYPE	short/number（5）	模拟量子类型	存放模拟量的子类型，方便界面展示、分析等应用，该字段入实时库
EVAFLAG	int 8	本模拟量是否参与评价，及量值范围有效性	bit0：本模拟量不参与量值越限评价

域名	数据类型	含义	备　注
EVAFLAG	int 8	本模拟量是否参与评价，及量值范围有效性	bit1：正常范围下限有效 bit2：正常范围上限有效 bit3：注意范围下限有效 bit4：注意范围上限有效 bit5：异常范围下限有效 bit6：异常范围上限有效 默认为 0，标识本模拟量不参与评价
STANDERDVALUE	float	模拟量标准值	模拟量标准值，用于状态评估，该字段入实时库
NORMALVALUE_D	float	正常范围阈值下限	正常范围阈值下限，用于状态评估，该字段入实时库
NORMALVALUE_U	float	正常范围阈值上限	正常范围阈值上限，用于状态评估，该字段入实时库
NOTICEVALUE_D	float	注意范围阈值下限	注意范围阈值下限，用于状态评估，该字段入实时库
NOTICEVALUE_U	float	注意范围阈值上限	注意范围阈值上限，用于状态评估，该字段入实时库
UNNORMALVALUE_D	float	异常范围阈值下限	异常范围阈值下限，用于状态评估，该字段入实时库
UNNORMALVALUE_U	float	异常范围阈值上限	异常范围阈值上限，用于状态评估，该字段入实时库，
SERIOUSVALUE_D	flaot	严重范围阈值下限	严重范围阈值下限，用于状态评估，该字段入实时库
SERIOUSVALUE_U	float	严重范围阈值上限	严重范围阈值上限，用于状态评估，该字段入实时库

表 3-19　　　　　　　　逻 辑 量 定 义 表

字段名	名　称	类型	说　明
analogErr	一般模拟量异常	int 8	2 为异常，入实时库
statusErr	一般状态量异常	int 8	2 为异常，入实时库
zoneErr	当前定值区与标准值不一致	int 8	2 为异常，入实时库
settingErr	定值与标准值不一致	int 8	2 为异常，入实时库
ctrlWordErr	控制字与标准值不一致	int 8	2 为异常，入实时库
softPlateErr	软压板与标准值不一致	int 8	2 为异常，入实时库
hardPlateErr	硬压板与标准值不一致	int 8	2 为异常，入实时库
timeErr	时钟异常	int 8	2 为异常，入实时库
sameSourceErr	同源数据比对不一致	int 8	2 为异常，入实时库
callErr	量值无法召唤	int 8	2 为异常，入实时库

表 3-20   状 态 评 估 结 果 表

域名	数据类型	含义	备　注
HEALTHSTATUS	short/number（5）	状态评估的状态等级	0：正常状态； 1：注意状态； 2：异常状态； 3：严重状态 该字段入实时库
HEALTHSCORE	float	状态评估的状态分	该字段入实时库
HEALTHSCORE_RUN	float	状态评估的在线监测状态分	该字段入实时库
HEALTHSCORE_HIS	float	状态评估的历史评估状态分	该字段入实时库
DEDUCT_REASON	char[256]	扣分主要原因	简要描述扣分的主要原因,不入实时库

（五）故障诊断智能报告

通过构建上述继电保护设备状态检修辅助决策系统,充分挖掘继电保护运行数据及历史数据,在线对模拟量、开入量、开出量的同源数据比对和基于决策树的保护自检信号分析,以及对继电保护设备历史数据的统计分析,对继电保护运行状态进行综合评价,可实时生成继电保护设备的运行体检报告,同时对该继电保护检验内容上是否有遗漏之处给出检验提示,全方位地反映继电保护设备的运行状况。

报告内容包括设备基本信息、软硬件、运行状况、健康水平、可监视的回路状况、历史定检、历史跳闸等诸多信息。

（六）版本信息管理

通过在厂站端或者主站端增加保护设备的关键元器件（插件）的版本信息管理模块,来实现对保护设备的管控,需要对所管理的保护设备进行台账管理,展示设备台账、板卡插件等数据信息。

（七）检修辅助决策

根据继电保护设备运行期间产生的运行数据,可对继电保护进行全功能的检验检测,依据检测结果给出需进行设备停运检修的提示。但对于长期无跳闸出口的继电保护设备,基于运行信息无法对其跳闸回路进行检验。为解决此问题,可利用数据统计方法,给出检验周期内需进行跳闸回路检验设备的清单,提示进行相应检验。

根据系统中已经完成的检测项目和检测结果，系统可周期性地生成继电保护设备检测情况汇总表，给出设备检测情况和设备未能检测到的项目，为检修人员制定检修计划提供数据支撑。

第五节　基于录波信息的电网故障智能诊断

电网每年产生大量的故障录波数据和继电保护信息，充分反映了电网实际故障前后的稳态和暂态特性，是分析、评价、研究电网的宝贵资料。现阶段故障录波数据的应用仅限于继电保护专业的故障分析、排查，应用深度浅，应用范围窄，应用自动化水平低。基于海量故障录波数据和继电保护信息可实现电网自动故障诊断、故障推演、特征提取、参数辨识，为继电保护、电网运行及设备检修等专业提供技术支撑，提高电网智能化运行水平。

电网故障智能诊断从保护信息分析平台获取保护信息及 SCADA、WAMS 等系统的模型数据、实时数据、分析结果数据，系统性实现基于全网录波数据的电网运行风险分析、电网故障分析、设备监控预警等电网安全运行支撑功能，实现继电保护动作智能分析评价，实现基于多变电站录波数据的电网复杂故障快速自动故障诊断，实现故障录波数据多维度分类存储，实现基于多变电站故障录波数据的电网故障推演，实现基于故障录波数据的线路参数辨识与校核，建立继电保护复杂电网故障快速诊断系统。

一、基于机器学习技术的故障原因智能辨识

目前电网中存在的大量录波数据，一般都用来对电网故障进行事后分析，分析手段也以手动分析为主，缺乏将大量历史录波数据综合分析的方法。大量的历史数据没有形成能帮助运行人员理解电网状态的知识，运行人员不能及时识别故障原因及采取相应的措施进行应对，甚至进行预测以便制定必要的预防措施。

在此背景下，针对电网中多个变电站、电厂的历史录波数据，提出一种基于支持向量机 SVM 的线路故障智能辨识方法，利用历史上收集的故障录波数据，自动探索大量录波数据中蕴含的规律与模式，并将此规律和模式形成预测模型，结合实时录波数据，利用机器学习方法对电网故障原因进行在线判定。

所采用的支持向量机 SVM 是一种二分类模型，它的基本模型是定义在特征空间上的间隔最大的线性分类器，间隔最大使它有别于感知机；支持向量机还包括核技巧，这使它成为实质上的非线性分类器。支持向量机的学习策略就是间隔最大化，可形式化为一个求解凸二次规划问题，也等价于正则化的合页损失函数的最小化问题。支持向量机的学习算法是求解凸二次规划的最优化算法。

（一）模型构建

支持向量机学习方法包含构建由简到繁的模型，即线性可分支持向量机、线性支持向量机及非线性支持向量机。当训练数据线性可分时，通过硬间隔最大化，学习一个线性分类器，即线性可分支持向量机；当训练数据近似线性可分时，通过软间隔最大化，学习一个线性分类器，即线性支持向量机；当训练数据线性不可分时，通过使用核技巧及软间隔最大化，学习非线性支持向量机。

1．二分类线性可分

支持向量机的分界面如图 3-29 所示，设两类问题的线性可分样本集为 $\{(x_1,y_1),\cdots,(x_N,y_N)\}$，其中 $x_i \in R^d$ （即数据为 d 维），类别标号 $y_i \in \{-1,+1\}$，$i \in [1,N]$，则该 d 维输入空间的线性判别函数的一般形式为

$$y(\boldsymbol{x}) = \boldsymbol{\omega}^T \boldsymbol{x} + b \qquad (3-18)$$

其中，$\boldsymbol{\omega}$ 为 d 维向量，b 为常量。

如图 3-21 所示的最大分类间隔为 M，所取得的分界面需要满足以下不等式：

$$\boldsymbol{\omega}^T \boldsymbol{x} + b \begin{cases} > \dfrac{M}{2} & \text{for } y_i = +1 \\[2mm] < -\dfrac{M}{2} & \text{for } y_i = -1 \end{cases} \qquad (3-19)$$

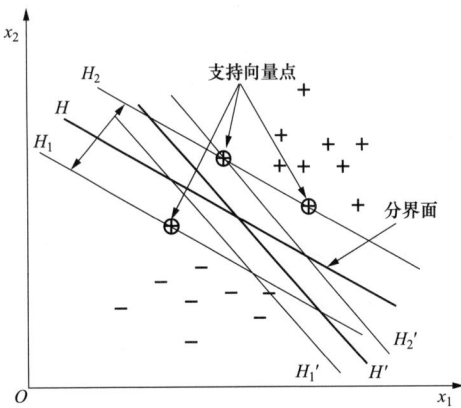

图 3-21　支持向量机分界面示意图

将上述不等式归一化，使所有样本都满足 $|y(\boldsymbol{x})| \geq 1$，并且距离分界面最近的样本满足 $|y(\boldsymbol{x})| = 1$，因此有

$$y_i(\boldsymbol{\omega}^T \boldsymbol{x}_i + b) \geq 1 \qquad \text{for } i = 1, \cdots, N \qquad (3-20)$$

据此得到的分类间隔 $M = \dfrac{2}{\|\boldsymbol{\omega}\|}$。因此，要使得分类间隔最大，就必须使得 $\|\boldsymbol{\omega}\|$ 最小。同时，为了使目标函数成为二次规划问题，将最值问题记为

$$\min_{\boldsymbol{\omega},b}\frac{1}{2}\boldsymbol{\omega}^T\boldsymbol{\omega}$$

$$\text{s.t.}\quad y_i(\boldsymbol{\omega}^T\boldsymbol{x}_i+b)\geqslant 1\quad \text{for }i=1,\cdots,N \tag{3-21}$$

利用 Lagrange 方法，将上述带约束的最值问题转化为无约束的最值问题

$$L(\boldsymbol{\omega},b,\boldsymbol{\alpha})=\frac{1}{2}\boldsymbol{\omega}^T\boldsymbol{\omega}-\sum_{i=1}^{N}\alpha_i(y_i(\boldsymbol{\omega}^T\boldsymbol{x}_i+b)-1) \tag{3-22}$$

与之对应的对偶问题为

$$\min_{\boldsymbol{\alpha}}\frac{1}{2}\alpha_i\alpha_j y_i y_j \boldsymbol{x}_i^T \boldsymbol{x}_j-\sum_{i=1}^{N}\alpha_i$$

$$\text{s.t.}\quad \sum_{i=1}^{N}y_i\alpha_i=0\quad \alpha_i\geqslant 0\quad \text{for }i=1,\cdots,N \tag{3-23}$$

其中，α_i 为 Lagrange 乘子。求解该问题后得到最优解 $\boldsymbol{\alpha}^*=\left[\alpha_1^*,\cdots,\alpha_N^*\right]^T$，即可获得最优超平面

$$y(\boldsymbol{x})=\sum_{i=1}^{N}\alpha_i y_i\langle \boldsymbol{x},\boldsymbol{x}_i\rangle+b \tag{3-24}$$

其中，$b=y_j-\sum_{i=1}^{N}y_i\alpha_i^*\langle \boldsymbol{x}_i,\boldsymbol{x}_j\rangle$，这里的 y_j 对应于 $\boldsymbol{\alpha}^*$ 的任意一个正分量 α_j^*，该超平面对应的决策函数为 $g(\boldsymbol{x})=\text{sign}(y(\boldsymbol{x}))$。很显然，只有 $\boldsymbol{\alpha}^*$ 中那些大于零的分量对应的样本集才对构造超平面或决策函数具有实际意义，这些样本就是支持向量（如图 3-29 中用圆圈圈住的 3 个支持向量点）。

式（3-6）描述的是线性可分情况，而实际需要处理的往往为线性不可分数据集，即非线性可分问题。为此，目前主要有两种方式解决此类问题：一是通过非线性变换（核技巧）将输入空间的非线性可分问题映射为更高维的特征空间的线性可分问题；二是通过引入松弛因子 ξ_i 来调整分类面，允许分类过程存在一定的错分样本，并使用惩罚因子 C 控制错分的损失。详细过程可参阅相关文献，此处不再详细介绍。

2．二分类近似线性可分

当出现训练集并没有清晰的分界线，在运用一个超平面进行划分时，大部分样本可划分正确，而存在较少样本划分错误，这类问题称为近似线性可分问题。对于这种情况的处理，往往在线性可分的基础上引入松弛因子 $\xi_i\geqslant 0$，此时约束式变为：

$$y_i(\boldsymbol{\omega}^T\boldsymbol{x}_i+b)-1+\xi_i\geqslant 0\quad \xi_i\geqslant 0,i=1,\cdots,N \tag{3-25}$$

相应地，目标函数变成：

$$\min_{\boldsymbol{\omega},b}\frac{1}{2}\boldsymbol{\omega}^T\boldsymbol{\omega}+C\sum_{i=1}^{N}\xi_i \tag{3-26}$$

其中，$C>0$ 称为惩罚因子，用来平衡分类误差及最大分类间隔，在此基础上寻求广义最优分类面。问题同样为一个二次规划问题，建立 Lagrange 函数，寻求最小值点：

$$L(\boldsymbol{\omega},b,\boldsymbol{\alpha})=\frac{1}{2}\boldsymbol{\omega}^T\boldsymbol{\omega}+C\sum_{i=1}^{N}\xi_i-\sum_{i=1}^{N}\alpha_i(y_i(\boldsymbol{\omega}^T\boldsymbol{x}_i+b)-1+\xi_i)-\sum_{i=1}^{N}\beta_i\xi_i \tag{3-27}$$

3．二分类线性不可分

对于线性不可分的样本分类问题，支持向量机算法是通过非线性变换方法将低维空间中的输入变量映射到高维特征空间，即 $\varphi:\boldsymbol{x}\rightarrow\varphi(\boldsymbol{x})$，使得样本在这个高维特征空间中能够实现线性可分，求出最优分类超平面。过程中，无需知道由低维空间映射到高维空间的具体的变换样式，而仅了解高维空间的内积函数运算即可，而且只要将原低维空间的信息直接代入内积运算，即使变换空间维数增多，也不会明显增加运算的复杂程度。

通过核函数来替代高维空间内积运算后的目标函数为：

$$\min Q(\boldsymbol{\alpha})=\frac{1}{2}\sum_{i=1}^{N}\sum_{j=1}^{N}\alpha_i\alpha_jy_iy_j\boldsymbol{K}(\boldsymbol{x}_i,\boldsymbol{x}_j)-\sum_{i=1}^{N}\alpha_i$$
$$\text{s.t.}\quad\sum_{i=1}^{N}y_i\alpha_i=0\quad C\geq\alpha_i\geq0\quad\text{for } i=1,\cdots,N \tag{3-28}$$

其中，非零 α_i 对应的样本数据为支持向量，对应的最优分离超平面为：

$$F(\boldsymbol{x})=\sum_{i=1}^{N}\alpha_iy_i\boldsymbol{K}(\boldsymbol{x},\boldsymbol{x}_i)+b \tag{3-29}$$

与该超平面对应的决策函数为 $g(\boldsymbol{x})=\text{sign}(F(\boldsymbol{x}))$。

常见的核函数有：

（1）线性（Linear）核函数：$\boldsymbol{K}(\boldsymbol{x},\boldsymbol{y})=\langle\boldsymbol{x},\boldsymbol{y}\rangle$，即原始空间的内积。

（2）多项式（Polynomial）核函数：$\boldsymbol{K}(\boldsymbol{x},\boldsymbol{y})=[\gamma\langle\boldsymbol{x},\boldsymbol{y}\rangle+r]^d$，称为 d 阶多项式核函数。

（3）径向基（RBF）核函数：$\boldsymbol{K}(\boldsymbol{x},\boldsymbol{y})=\exp[-\gamma\|\boldsymbol{x}-\boldsymbol{y}\|^2]$。

（4）双曲正切（Sigmoid）核函数：$\boldsymbol{K}(\boldsymbol{x},\boldsymbol{y})=\tanh[\gamma\langle\boldsymbol{x},\boldsymbol{y}\rangle+r]$。

现有文献表明，径向基核函数具有很高的灵活性，能够较好处理非线性分类问题且应用最为广泛，为此，本节在后续仿真应用部分也采用了 RBF

核函数。

（二）多类问题

由于经典的支持向量机分类算法是针对两类问题提出的，理论已经比较完善，而在实际应用中，一般要解决的是多类问题，为此，需要将支持向量分类机进行推广。目前，在统计学习领域，多类支持向量机分类器的设计仍是一个难点，现有文献中应用较为广泛的处理方式是二类组合法，即一对多（One-Against-All）和一对一（One-Against-One）。

1. 一对多

顾名思义，一对多的决策函数构造策略是在训练时依次将第 $i(i=1, \cdots, N_c)$ 类样本作为正类，而其余类别样本皆归为负类，然后训练得到对应的决策函数 $g_i(x)$。因此，便可基于训练集构造出 N_c 个决策函数，即 N_c 个二值分类器。在具体分类时，将待分类样本 x 代入决策函数 $g_i(x)$，若 $g_i(x) > 0$ 且 $g_i(x) < 0(j \neq i, j = 1, \cdots, N_c)$，则将其归为 i 类。但是，如果遇到多个决策函数均大于零，则将其归类为使得最优超平面函数最大值所对应的类别，即

$$label(\boldsymbol{x}) = \arg \max_{i=1,\cdots,N_c} (g_i(\boldsymbol{x})) \tag{3-30}$$

2. 一对一

与一对多决策函数构造策略不同的是，一对一法是在任意两类样本之间构造一个二值分类器，若数据集中有 N_c 个类别的样本，则需要构造 $\dfrac{N_c(N_c-1)}{2}$ 个二值分类器。设类别 i，j 之间的决策函数为 $g_{ij}(\boldsymbol{x})(i \neq j, i, j = 1, \cdots, N_c)$，若 $g_{ij} > 0$ 则认为样本属于类别 i，反之归属于类别 j。对一个样本 x 进行决策时，计算

$$g_i(\boldsymbol{x}) = \sum_{j \neq i, j=1,\cdots,N_c} g_{ij}(\boldsymbol{x}) \tag{3-31}$$

然后，将样本 x 归为取得最大值 $g_i(\boldsymbol{x})$ 所对应的类别 i。这个决策过程实际上就是一个投票过程，哪个类别得到的票数最多就将样本归为该类别。

一对多和一对一是使用二值分类器构造多类分类器时最为常用的方法，其中，前者虽然所需要构造的分类器在数量上远小于后者，但每个分类器在训练时需要整个训练集都参与；后者尽管所需要构造的分类器在数量上远大于前者，但每个分类器在训练时仅需要两类样本参与。实际中，应根据具体应用场景综合样本规模和计算效率等因素进行选择。

（三）主要步骤

基于机器学习技术的故障原因推断方法，包括数据抽取、训练样本数据构造、多类别的故障原因模型训练和故障原因推断等关键步骤。

如图 3-22 所示，基于机器学习技术的电网故障原因推断方法，从步骤上分为数据抽取、数据探索与预处理、建模与推断、结果与反馈等步骤。在每个步骤，根据应用的层级分为离线建模和在线实时应用两个层次，两个层次在每个步骤中处理方式有细微的差别。

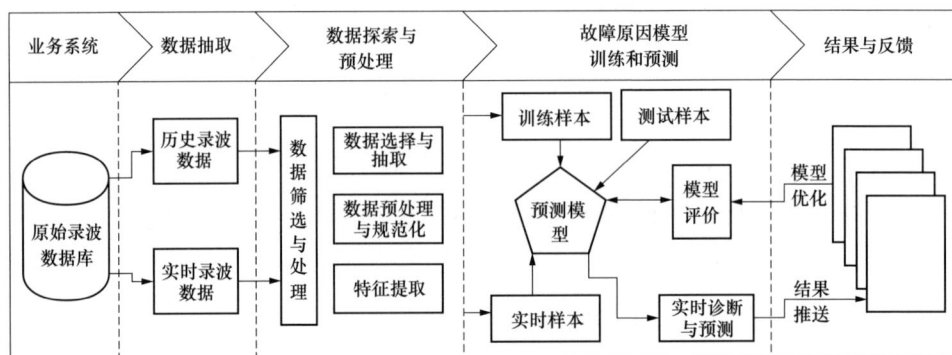

图 3-22　基于机器学习技术的电网线路故障原因推断方法流程图

1．数据抽取

数据抽取步骤从与应用端的保信软件系统的历史录波数据库中，取到原始的录波数据，并取得录波数据相关的信息，包括录波来源线路、厂站、时间、事后确认数据，而对于实时部分，则从保护装置取得定时或条件触发的录波数据。

2．数据预处理与规范化

（1）数据质量检查。对数据样本进行探索分析，对关键字缺失的数据进行筛除，根据算法对数据质量的要求，对原始数据进行判定，筛除质量较低的原始样本。

（2）故障相关原始数据提取。提取出与故障相关联的电流电压通道，U_a、U_b、U_c、I_a、I_b、I_c。

（3）故障时间点、故障相别判定。利用故障录波分析库，进行故障点判定。相关数据经过预处理形成类似表 3-21 所示的历史样本集。

表 3-21 历 史 样 本 集

厂站 ID	时间	录波数据	数据采样频率（Hz）	故障点（数据个数）	故障相别	故障通道号 $<U_a\ U_b\ U_c>$ $<I_a\ I_b\ I_c>$	故障原因
1156862160991 68301	2015-02-13 18:39:45.0	SSH491.CFG	5000	360	B	$<1\ 2\ 3>$ $<9\ 10\ 11>$	山火
1156862160991 68302	2015-02-13 18v39:45.0	SSH235.CFG	10000	621	C	$<1\ 2\ 3>$ $<13\ 14\ 15>$	雷电
1156862160991 68304	2015-02-13 18:39:45.0	SSH127.CFG	2000	132	A	$<5\ 6\ 7>$ $<9\ 10\ 11>$	山火
1156862160991 68312	2015-02-13 18:39:45.0	SSH264.CFG	50000	402	A	$<1\ 2\ 3>$ $<9\ 10\ 11>$	异物
…	…	…					…

3．特征提取

因为原始数据为生数据，在进行模型训练前，需要将生数据转换为熟数据，即特征数据，如图 3-23 所示。将故障相关的电压电流通道的时间序列数据，从原始数据中提取出来，作为原始数据。选择小波变换、傅里叶变换、符号化拟合方法，将原始时间序列数据转换为离散向量，形成挖掘输入样本集。

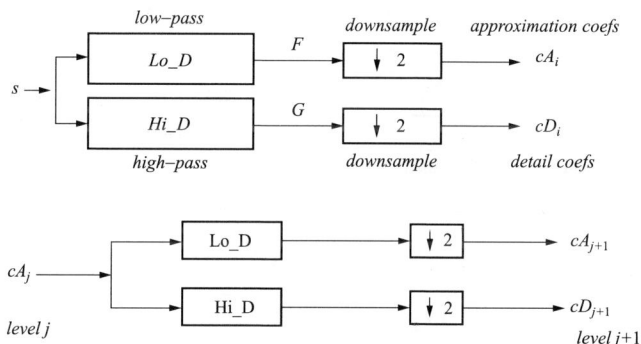

图 3-23　特征提取方法

（1）窗口傅里叶变换方法。一般傅里叶变换更适合于分析平稳信号，而对非平稳信号，它只能给出一个总的平均效果。对于非平稳信号，用一个平移的窗函数对信号进行加窗，对这段信号进行傅里叶变换就获得了这段信号的时频联合分析信息，对扰动在频域方面的特点有整体把握。

（2）小波多分辨分析方法。故障电弧信号进行频域分析后可以得到其频域特征，但却无法得到时域电流波形中"电流零休、电流突变、电流波动、脉冲"

等电弧信号的典型特征，所以单纯使用传统频域分析方法作为故障电弧的检测方法作用有限。

小波分析在时域和频域同时具有良好的局部化性质，而且，由于对高频成分在时域中采用逐渐精细的分析步长，对低频成分则采用较粗的分析，因此对此类数据能够表现出一定的自适应能力。

由于不同尺度下的小波分量是正交的，这就提供了带通滤波的良好工具，因此利用小波的分频性能，可以提取相邻频带的不同信息。由于各频带内的信息相互正交，没有冗余信息，避免了因小波变换结果之间的关联造成的分析困难，因而能够实现较宽范围的带通分量处理。对于故障电流信号，利用小波分析可以实现时域和频域的同时定位，有效提取出故障电流波形中电流突变和波动及高频谐波的特征。

模型训练。在进行分类的时候，每一个训练样本由一个特征向量和一个分类标记组成，即

$$D_i = (x_i, y_i) \tag{3-32}$$

其中，x_i 是特征向量（维数一般较高）；y_i 是分类标记。

在样本集训练过程中，核函数算法的选取对故障推断模型的准确度有很大的影响，不同的核函数可以构造实现输入空间中不同类型的非线性决策面的学习模型。选取不同的核函数对于不同的样本差异很大，所以通过实验进行核函数的选取。

模型推断。基于机器学习技术的故障原因模型的推断与训练的预处理过程类似，同样是采用特征提取算法，将原始数据转化为与模型训练输入相同属性的特征向量。故障原因模型将此特征向量作为输入，最终给出属于每个类别的概率：

$$P(C_1, C_2, \cdots C_n) = f(x_1, x_2, \cdots, x_n) \tag{3-33}$$

基于机器学习的故障推断方法，不仅针对单个录波文件独立进行分析，而且将所有录波数据整体上进行考虑，深度洞察隐藏于海量录波文件中确定性的规律和模式，便于辅助电网运行人员快速判定故障异常相位及故障原因，以及时采取对应的保护措施。

（四）实验结果分析

实验中，将样本数为 122 的数据集拆分为训练集和测试（分配比例 3:1），

训练集样本数为 91，测试集样本数为 31，对测试集的预测结果见表 3-22，与
之相应的混淆矩阵和 ROC 曲线分别见图 3-24 和图 3-25。注意：因本书 SVM
采用的是均衡模式，最终输出的预测类别为概率较大且大于训练集中该类所占
比例的对应类别。

表 3-22　　　　　　　　　　　预测集上模型的应用效果

编号	真实类别	预测类别	外力破坏概率	对树木放电概率	山火概率	异物概率	雷击概率
0	树木放电	树木放电	0.187	0.196	0.140	0.205	0.272
1	雷击	雷击	0.056	0.017	0.110	0.033	0.784
2	雷击	雷击	0.106	0.062	0.071	0.029	0.732
3	雷击	雷击	0.102	0.065	0.086	0.043	0.704
4	外力破坏	雷击	0.093	0.039	0.151	0.052	0.664
5	异物	异物	0.033	0.102	0.149	0.603	0.113
6	雷击	雷击	0.099	0.042	0.109	0.044	0.707
7	雷击	雷击	0.051	0.027	0.113	0.034	0.775
8	山火	雷击	0.111	0.045	0.099	0.114	0.630
9	雷击	雷击	0.080	0.028	0.048	0.021	0.823
10	雷击	雷击	0.066	0.046	0.076	0.039	0.773
11	雷击	山火	0.057	0.029	0.248	0.089	0.576
12	外力破坏	外力破坏	0.175	0.077	0.069	0.046	0.633
13	雷击	雷击	0.083	0.030	0.066	0.016	0.806
14	雷击	雷击	0.044	0.020	0.1230	0.051	0.762
15	外力破坏	雷击	0.032	0.020	0.198	0.048	0.702
16	雷击	雷击	0.069	0.023	0.101	0.038	0.770
17	雷击	树木放电	0.150	0.174	0.152	0.081	0.443
18	雷击	雷击	0.038	0.025	0.050	0.048	0.839
19	外力破坏	雷击	0.099	0.031	0.032	0.030	0.808
20	山火	山火	0.073	0.037	0.300	0.064	0.526
21	雷击	雷击	0.083	0.023	0.084	0.021	0.789
22	雷击	雷击	0.073	0.028	0.089	0.029	0.780
23	雷击	雷击	0.102	0.019	0.054	0.032	0.794
24	山火	山火	0.071	0.042	0.349	0.043	0.495
25	雷击	雷击	0.062	0.024	0.073	0.058	0.782

续表

编号	真实类别	预测类别	外力破坏概率	对树木放电概率	山火概率	异物概率	雷击概率
26	雷击	雷击	0.055	0.042	0.085	0.047	0.770
27	雷击	雷击	0.093	0.035	0.092	0.027	0.754
28	异物	雷击	0.088	0.034	0.061	0.092	0.725
29	异物	异物	0.100	0.034	0.065	0.034	0.768
30	外力破坏	外力破坏	0.125	0.047	0.118	0.090	0.620

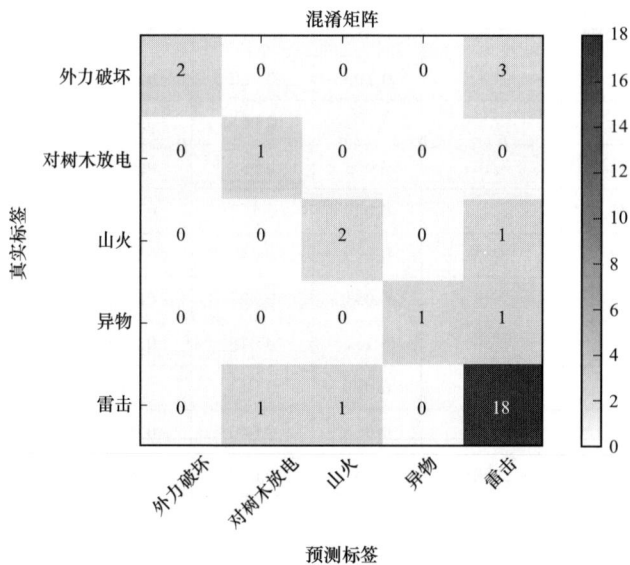

图 3-24　混淆矩阵示例

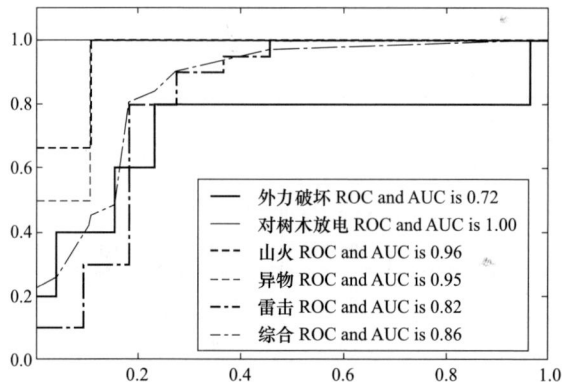

图 3-25　ROC 曲线示例

混淆矩阵作为监督式学习的一种可视化工具，比较了分类器预测结果与真实信息的差异。由表 3-22、图 3-24 可见，该次试验中有 3 个异物，1 个山火和 1 个异物分别被误辨识为雷击，2 个雷击分别为误辨识为树木放电和山火。图 3-25 给出了各类别的 ROC 曲线及 AUC 指标，其中的"综合 ROC"是将各类的 ROC 曲线分别按照各类在测试集中占比进行加权后的结果。从图中可见，最差类外力破坏的 AUC 为 0.72，多类别综合后的 AUC 为 0.86，性能较好。

以上以高压输电线路故障积累的录波样本为例，详细论述了从数据收集到模型应用的完整流程。通过收集和整理样本得到原始数据库，然后应用本节所述的波形特征提取方法获得可供机器学习算法直接使用的专家数据库，进而有选择地结合特征选择算法及 SVM 分类挖掘算法构建了故障原因辨识模型。仿真研究表明所建模型均能获得 AUC 约 80%的分类效果。但由于目前收集的样本规模太小，所述的研究成果距离应用于实践仍有相当的距离，需要进一步丰富样本以提升模型的鲁棒性。

二、基于数据关联分析的设备故障诊断与预测

在电力行业，有一些设备是维持电网运行的大型设备，如变电站的变压器，发电站的汽轮机、发电机、励磁系统等，这些设备是电力企业的核心设备，如果发生故障，不但会影响企业生产的正常进行，还将造成巨大损失。国内外发生的大型汽轮机严重事故就是典型实例。因此，为了及时采取预防措施，避免不必要的损失，对这些核心设备进行故障预测具有非常重要的意义。

传统的时间序列预报是用线性模型来拟合数据序列，对线性系统有较好的结果，但不适合对非线性系统的预报。在实际中，由于核心设备与周边设备的拓扑结构复杂，关键核心设备的故障具有突发性，引起其故障的原因可能是外部的冲击或是本体的原因。在当前的研究中经常是通过故障发生时产生的暂态数据，如录波文件、告警等，进行较为独立的单一分析，较难实现对这些故障、冲击的预测。以下基于多维时间序列历史数据，提出一种设备故障预测的方法，可有效综合利用设备拓扑网上传感器历史监测数据，对其中的信息进行抽样与挖掘，形成准确的预测模式，以达到对核心设备进行在线预测的目的。

通过对电力设备的故障点时间序列采样数据及故障点前的历史监测时间序列数据的分析，捕获周边设备、装置发生故障前的变化情况，建立一种通用的

基于多维时间序列的分析挖掘方法,通过挖掘捕获关键核心设备发生故障之前,与此故障有关联关系的其他设备的变化特征,即"前兆事件",达到对故障或冲击进行预测的目标。由于电力系统中的时间序列数据是一种高密度采样数据,采样标准存储方式等各有不同,并且历史时序数据量比较庞大,当前的时序分析算法不能满足当前对故障预测等高级应用的需求,下面提出一种基于多维时间序列的设备故障预测方法中的三个关键步骤:历史时间序列训练数据建立与时间序列分解、特征事件生成和基于关联规则的故障关联关系挖掘。

(一)历史时间序列训练数据建立与时间序列分解

时间序列是一种具有时间信息、并且每一个时间点都由单个或多个变量构成的序列。从时间序列的角度来看,每个数据单元可以被抽象为一个二元组(v,t)。其中:t 为时间变量;v 为数据变量,反映数据单元的实际意义,如开关的状态、模拟量的值等。时间序列为一个有限集{(v_0,t_0),(v_1,t_1)…},由多个设备多个测量项构成的时间序列数据为多维时间序列。

建立多维时间序列数据需要对现有的测量数据进行一定的数据转换与规范化。在规范化方面,需要进行时间间隔的统一,如将电力历史中基于旋转门算法压缩的数据插值为时间、与采样间隔对齐的数据。另外根据设备之间的拓扑关系,如图 3-26 所示,将设备的历史数据按照物理连接关系进行逐层分类,分

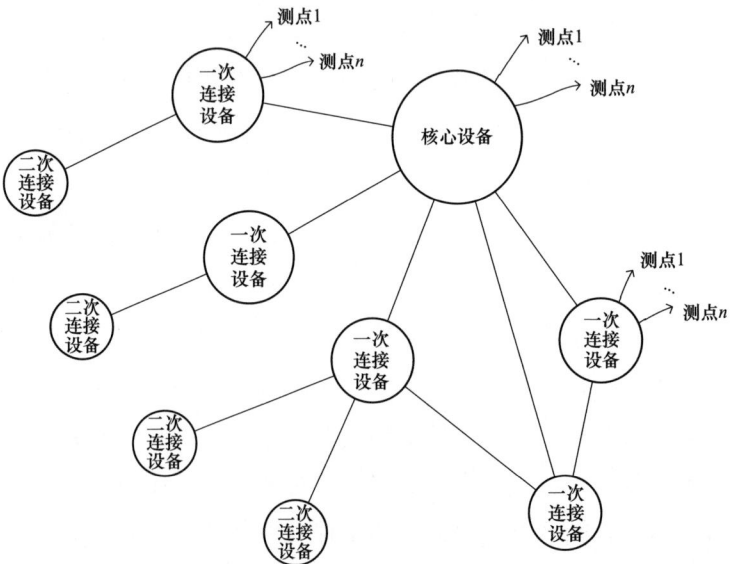

图 3-26 设备之间的拓扑关系图

为一次连接，二次连接…n次连接设备。将迭代的范围和时间窗口共同作为迭代调节参数，在训练阶段进行迭代挖掘计算，从而获得满足要求的训练模型。时间窗口 w 需要根据实际情况进行多次尝试设定，但至少要大于所有设备正常状态的循环周期，以便对设备的指标变化进行判断。

电力系统中传感器所采集的时间序列数据的变化受到趋势因素、周期变动因素和不规则扰动因素这三个因素的影响，如图 3-27 所示。

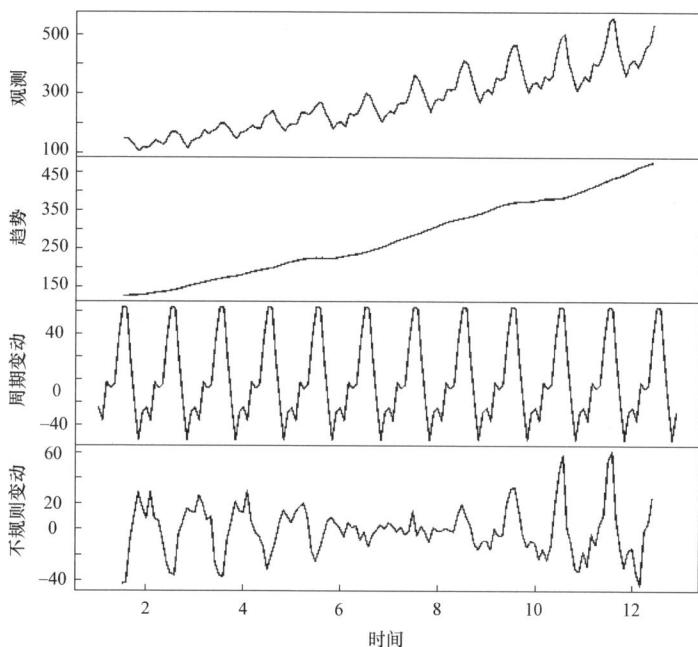

图 3-27　时间序列分解示意图

1．趋势因素

趋势因素反映了该特征量在一个较长时间内的发展方向，它可以在一个相当长的时间内表现为一种频率较低、变化较慢的行为。这种现象在电力系统中较为常见，如变压器因介质老化而引起的某种气体含量有随着时间缓慢上升的情况。

2．周期变动因素

周期变动因素是测点所采集特征量，受周期性因素变动影响，在一段时间内所形成的一种长度和幅度固定的周期波动。

3．不规则变动因素

不规则变动又称随机变动,它是受各种偶然因素影响所形成的不规则变动。

时间序列 y 可表示为以上三个因素的函数，即：

$$y_t = f(T_t, S_t, I_t) \tag{3-34}$$

时间序列分解的方法较常用的模型有加法模型 $y_t = T_t + S_t + I_t$ 和乘法模型 $y_t = T_t \times S_t \times I_t$。经过时间序列的周期性分解方法的分解，从原始序列中，得到三个分解因素子序列：趋势因素序列 T_t、周期变动因素序列 S_t 和不规则变动因素 I_t。

（二）特征事件生成

时间序列数据具有规模大、短期波动频繁、大量噪声干扰以及非稳态等特点，这使得直接在原始时间序列上进行相似性查询、时间序列分类和聚类、时序模式挖掘等工作不但效率低下，甚至会影响时间序列数据挖掘的准确性和可靠性。因此下文在对历史时间序列数据进行分解的基础上，提出一种新的时间序列特征描述方法，提取序列主要特征，进而为后续的数据挖掘步骤准备数据。

针对分解后的因素序列，可提出一种时间序列新的模式表示方法：从三种因素序列中提取其主要特征，并将其特征转换为关联规则挖掘中的样本数据。

对于趋势序列 T_t 来说，由于其表示的是长期的趋势，已经去掉了随机的部分，因此采用局部极值点与拐点来描述其变化特征，极值点表示在此时间点前后的采样值由小变大的事件，而拐点是表示趋势变化率的关键点。

给定时间序列 $\{<x_1 = (v_1, t_1)>, \cdots, <x_n = (v_n, t_n)>\}$，如果数据点 x_m 满足下面条件之一：

当 $1 < m < n$ 时，存在下标 i 和 j 且 $1 \le i < m < j \le n$ 使得 v_m 是 v_i，$\cdots$，v_j 中的最小值，且 $v_i / v_m \ge R$ 成立；当 $m=1$ 是即 v_m 为时间序列的起始数据点时，存在 j 且 $m < j \le n$ 使得 v_m 是 v_i，$\cdots$，v_j 中的最小值，且 $v_i / v_m \ge R$ 成立；当 $m=n$ 时，即 v_m 为时间序列的终止数据点时，存在下标 i 且 $1 \le i < m$，使得 v_m 是 v_i，$\cdots$，v_j 中的最小值，且 $v_i / v_m \ge R$ 成立。

另外，对于函数中斜率变化为零的点即拐点，由于其表明了函数的增长趋势的变换，因此对于采样也非常重要。拐点的二次导数为零，它的离散化表示为：

$$\Delta^2 v[i] = \Delta v[i+1] - \Delta v[i] \tag{3-35}$$

其中
$$\Delta v[i] = v[i+1] - v[i]$$

$v[i]$ 为时间序列中第 i 个时间点的值，采样间隔为 Δt。$\Delta v[i]$ 保存了邻近两个值之间的差。如果 $\Delta v[i]\Delta v[i+1]\leqslant 1$，那么 $i+1$ 次的采样值将同时小于或大于第 i 和 $i+2$ 次的采样值。此时，它为一个极值。

T_t 中的极值和拐点对应的特征事件可以标识为趋势变大、趋势变小、趋势增长率变小、趋势增长率变大。

对于周期序列 S_t 来说，序列较为规律，采用序列中的关键特征即周期、幅值、相位来描述其序列。在电力系统正常运行过程中，获得系统正常工作状态下的历史监控数据，用第一步中时间序列分解方法，将建立特征量的正常周期序列关键特征值，建立正常周期特征模型。在训练阶段，将故障样本的周期序列特征值与正常周期特征模型比较，其变化超过设定的阈值则标识为特征事件。

在分解随机序列 I_t 中，通常有一些样本不符合数据模型的一般规则，这些样本和数据集中的其他数据有很大的不同或不一致，而这些数据可能是有测量误差造成的，也可能缘于数据固有的可变性。由于 I_t 中数据分布是未知的，采用基于统计学的方法，基于系统正常工作状态下建立的常态数据统计模型，将反常点检测出来标识为正激励和反激励两种事件，构成关联规则挖掘所依赖的事务数据库中的一项事务。

（三）基于关联规则的故障关联关系挖掘

经过前两步算法的处理，形成关联规则挖掘的事务数据集：$D=\{T_1, T_2, \cdots, T_n\}$。其中 Tj（$j=1, 2, \cdots, n$）称为事务 T；构成事务 T 的元素 i_k（$k=1, 2, \cdots, p$）被称为项；设 D 中所有项的集合为 $I=\{i_1, i_2, \cdots, i_m\}$，显然 $T\subseteq I$。

关联规则 $A\geqslant B$ 的支持度就是同时包含项集 A 和项集 B 的事务所在事务集合 D 的所有事务中所占的比例。关联规则 $A=>B$ 的置信度就是同时包含项集 A 和项集 B 的事务在所有事务中所占比例。如果存在关联规则 $A=>B$，其支持度和置信度分别满足用于预设的最小支持度阀值（min_Support）和最小置信度阀值（min_Confidence），则称为强关联规则。强关联规则是故障关联关系存在的可信度较高的潜在规律，具有重要价值。

关联规则挖掘的基本过程为给定的事务数据集中通过一定的数据挖掘算法搜索满足预设的最小支持度阀值和最小置信度阀值的所有强关联规则。关联规则挖掘的基本过程分为两个阶段：①寻找事务数据库中的所有频繁项集；②由频繁项集产生强关联规则。这两个阶段中，寻找频繁项集最为关键，它决定着关联规则的总体性能。

表 3-23 事务数据集的数据构成

事务项 ID	设备 1						···	设备 n
	测量指标 1			···	测量指标 n		···	
	趋势变化序列	周期变化序列	随机序列	···	···			
1					···	···		
2								
···								

如表 3-23 所示为原始事务数据集，数据记录表中都是事务项 ID 和由前两个步骤根据多维时间序列数据分析得到的事件，即设备拓扑网络中设备的某个测量指标的某个分解序列的特征事件构成。要找到字段中频繁项集，考虑到设备故障预测是要提取一种因果关系，符合布尔关联规则的适用情况，因此使用 Aprior 算法进行关联分析。Aprior 算法使用一种逐层搜寻的迭代方法，使用频繁 K 项集（集合中含有 K 个项，并且这 K 个项的组合出现的频率高于预先给点的最小支持度）去寻找频繁（$K+1$）项集。算法找出频繁 1 项集，记作 L_1，然后用 L_1 发现频繁 2 项集，记作 L_2，再用 L_2 发现 L_3，如此下去，直到不符合最小支持度为止的 LK 项集，即频繁 K 项集。算法输出的预测规则形式为：

$$A_1^i, A_2^j \cdots A_n^K \rightarrow W_s$$

的若干条规则。其中 A_n^K 代表 n 个设备的第 K 个异常模式，这些异常模式为分解时间序列的二级指标异常模式。而 W_s 为关键设备 W 的 s 类型的故障或冲击。这些规则基于样本的统计具有不同的支持度和置信度，即这些揭示设备内部隐含的故障关联关系的预测规则在一定的可信度下成立。

具体实施主要分为训练阶段和预测阶段两个阶段进行，如图 3-28 所示。

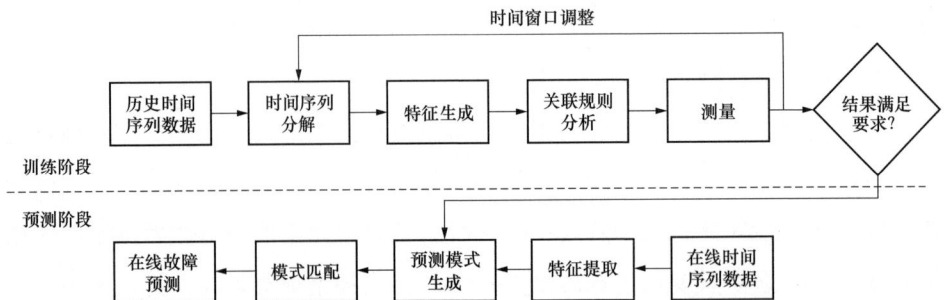

图 3-28 数据关联分析的设备故障诊断与预测流程图

第一个阶段为训练阶段，包含历史时间序列数据分解、特征生成、关联规则分析，测量模块是对关联规则分析的结果进行可信度判断，如果生成的预测规则的支持度、置信度满足要求，则将这些规则存入规则库以供预测阶段使用；反之则调整时间窗口参数及参与计算设备节点，进行迭代计算，直到结果满足要求为止。经过上述训练过程的步骤，建立了具有一定可信度的预测规则。

第二个阶段为预测阶段。在进行设备故障预测应用时，需要实时采集设备拓扑网络中每个节点的在线监测数据，将设定周期的多维时间序列采集量进行特征提取；同样采用上面提到的时间序列分析方法进行分解和特征生成。根据建立的预测规则模型和生成的特征，对关键设备所可能受到的冲击进行预测。

基于数据挖掘的故障预测方法，克服了基于模型方法的建模复杂、先验参数确定的困难。此方法基于大量历史监测数据，挖掘满足设定置信度的关联规则，可滤除噪声数据，消除引起误报告警的偶然事件，有效识别对核心设备的故障或冲击。从实验结果来看，该方法可有效分析核心设备所在网络拓扑中的所有关联设备，挖掘设备异常变化特征与核心设备发生异常的关联关系，可从时间维和指标维上分别进行分析。挖掘的结果是有时间提前量的特征事件组合，方便用户依据先兆事件对核心设备提前采用反事故保护措施。

第四章 智能变电站二次设备
工厂化抢修技术

第一节 智能变电站工厂化抢修概念的提出

目前，智能变电站由前期试点阶段进入大规模建设阶段，经过一段时间的试运行，逐步移交至运行检修部门进入正常的维护管理。在智能变电站试运行期间，变电站的运行维护实际采用变电站施工、建设单位与设备制造厂家或集成商共同维护的模式。继电保护及其辅助设备的运行维护，相对依赖于保护制造厂家到现场解决问题。随着国家电网公司变电站运行维护交接工作进一步完成，智能变电站的维护抢修工作最终将全面落实到运行检修部门。

智能变电站网络化的信息传输、设备间紧密的联系、配置文件的应用使设备间安全隔离困难，安全措施抽象化、复杂化，给智能变电站的检修、扩建和改造工作带来极大的安全风险，增加实施难度。变电站改、扩建过程中，站内配置文件的变化，导致相关设备二次回路受影响，影响范围的确定和回路的验证存在困难，极大增加了检修、扩建和改造工作的实施难度。

1. 关联 IED 设备的安全措施易有遗漏

智能变电站以光缆和软件逻辑代替常规二次回路后，二次"虚回路"无法直观可见，检修隔离无明显断开点。一个 IED 设备的改扩建或检修，会关联到很多其他的 IED 设备，这种关联关系隐含在虚拟的二次回路中，导致现场工作安全风险大。如何对其他 IED 进行安全措施布置是改扩建工程人员面临的困惑，也给改扩建带来停电范围扩大的难题。

2. 改扩建 SCD 文件的变动增加保护不正确动作风险

智能变电站 SCD 文件描述全站一、二次设备连接关系，一旦出错将直接影响继电保护动作的正确性。改扩建时，与保护无关的控制功能和信息功能变动都需要对 SCD 文件进行修改，客观上增大了继电保护不正确动作的风险。

3．变电站投运后难以构建真实的现场环境

改扩建及检修前，IED 设备的离线测试只能进行比较简单的基于 SCD 文件的测试，要构建真实的变电站现场环境，则需要各种厂家、类型及型号的设备搭建测试系统，在变电站投运后的实验室环境下很难具备这样的条件。

4．现场工作步骤繁琐增加设备停电时间

智能变电站改扩建，或现场消缺反措需重新下装配置文件或更换保护设备时，必须在现场完成配置文件更改、保护定值输入、功能调试、及与其他运行设备联调等一系列工作，调试过程流程复杂，严重阻碍停电间隔的快速恢复。

5．智能变电站运维技术人员相对欠缺

对于智能变电站设备更换或改扩建过程中的大部分调试，目前运维单位只有少数技术人员能够掌握相关智能变电站继电保护技术。在调试过程中仅依靠少数优秀技术人员来进行实践、研讨与把关，难以适应智能变电站大规模新建、改建的需求，不利于变电站调试质量提升。

针对这些问题，提出智能变电站二次设备抢修及改扩建测试的虚拟机概念，搭建工厂化抢修平台，实现改扩建及设备更换时智能变电站继电保护虚拟测试，有效解决现场测试时间紧、只能部分功能测试的现状，实现现场设备"即插即用"，提高现场抢修效率，对智能变电站改扩建、抢修时变电站不停电或少停电情况下完成改扩建工作以及智能变电站技术人才的培养具有重要意义。

第二节　智能变电站工厂化抢修平台建设

智能变电站工厂化抢修平台系统整体框架如图 4-1 所示，包括以虚拟机为核心的仿真测试系统实现变电站二次环境的真实仿真，以集成测试平台和便携测试终端为标准化测试系统实现装置一键测试，以保护信息主站为中心的定值远程初始化下装系统实现保护定值一键下装，以 SCD 动态校核系统实现现场二次设备配置的正确性验证。平台以提高故障定位分析、检修试验能力、故障处置效率为组织管理目标，进一步缩短二次故障的停电时间，提高电网的供电可靠性。

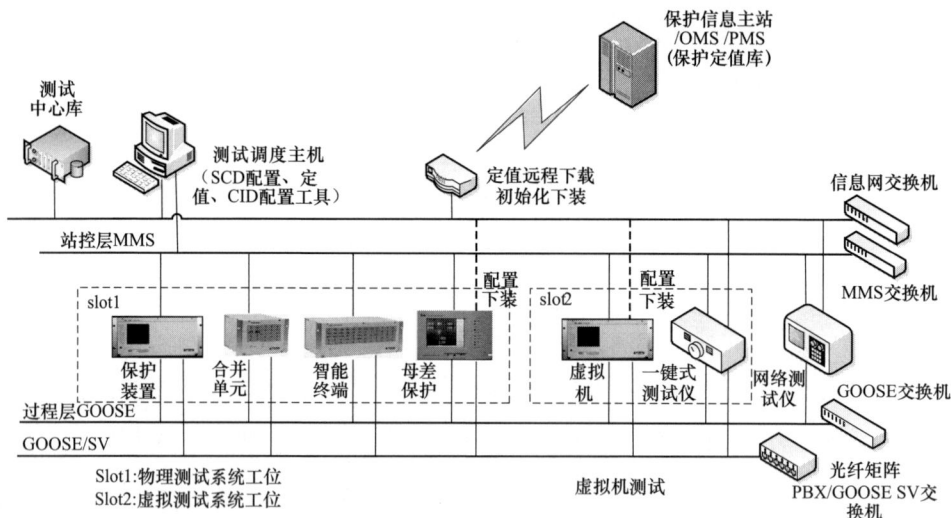

图 4-1　工厂化抢修平台系统整体框架图

一、基于虚拟机的变电站真实环境模拟

一个 220kV 变电站与保护相关的 IED 设备（保护装置、合并单元、智能终端）通常超过 100 台，加上测控等其他 IED 设备，总数将会更多。在实验室环境下，难以进行类似出厂联调模式的改扩建及检修测试，需要集中大量及各种型号的实际 IED 进行辅助测试。智能变电站采用光纤传送 SV、GOOSE 信号，能够采用数字模拟的方式进行 IED 设备的测试。数字模拟又分为全部模拟及部分模拟。如采用对一个变电站所有 IED 进行数字模拟，需要较大的硬件开销，而且构成的系统会非常复杂，测试配置及操作均不方便，实用性较差。二次设备抢修平台采用最小测试系统的模拟方法，简化测试模型，在最小测试系统基础上构建变电站真实测试环境。应急抢修技术支撑简化版平台框架如图 4-2 所示。

二、变电站测试环境一致性保证

对于改扩建及检修 IED 的测试，如何保证实验室测试环境与实际变电站的一致性，是仿真测试的重点。只有在一致性得到保证的前提下，才能保证测试结果的可信性。平台基于 SCD 文件搜索检修或改扩建设备的关联 IED，利用虚拟机对关联 IED 进行虚拟，并利用网络交换机、网络负载及网络压力模拟设备，通过导入 SCD 文件对变电站网络 SV、GOOSE 负载模拟变电站网络环境，从而保证测试系统与变电站真实环境的一致性。

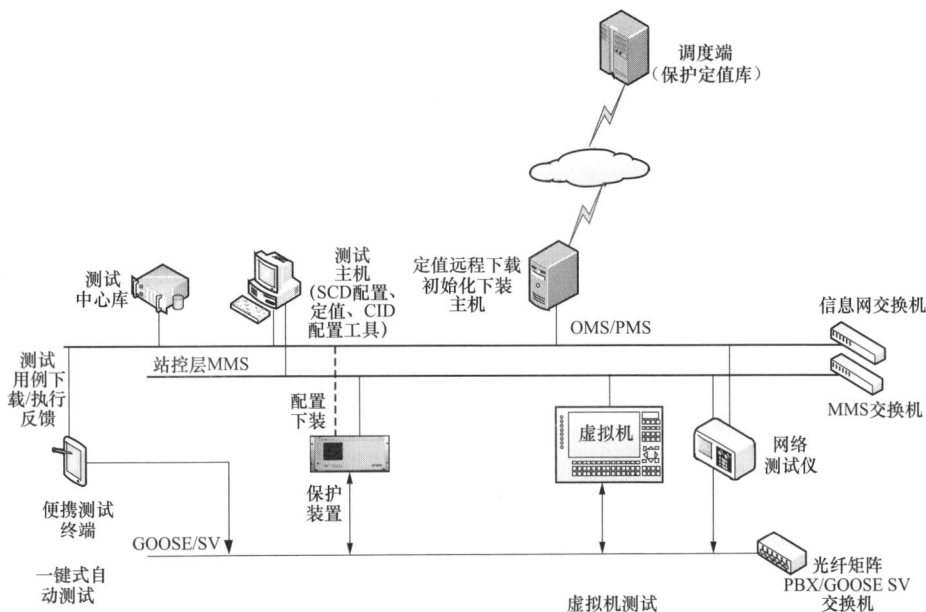

图 4-2　应急抢修技术支撑简化版平台框架

检修设备外部关联示意图如图 4-3 所示，IED1 为改扩建新增设备或检修需更换的设备，IED1 与外围环境关联关系可抽象为如下：

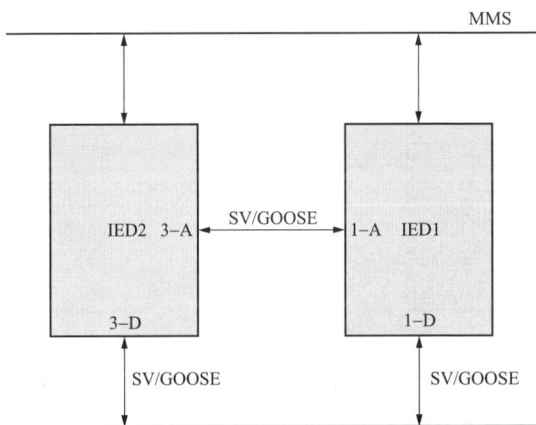

图 4-3　检修设备外部关联示意图

（1）IED1 与 IED2 之间有直接的 SV、GOOSE 发送接收关系；

（2）IED1 与 IED2 之间通过过程层网络交互 SV、GOOSE 信息；

（3）IED1 连接至 MMS 网。

上述为过程层或间隔层 IED 的一个通用抽象模型。对于具体的 IED，关联

IED 数目可能为多个，也可能不连接至 MMS 网络。

对上述 IED1 测试，保证与实际变电站环境一致性的基本原则如下：

（1）光接口中发送及接收的控制块（APPID）数目应与实际变电站一致；

（2）控制块的通信模型应与实际变电站一致，包括 APPID、MAC 地址、goID、dataSet、svID、通道条目等；

（3）网络负载，尤其是过程层网络负载情况与实际变电站一致。

对于检修设备更换，SCD 文件不改变，控制块的通信模型可通过 SCD 导入原 SCD 文件进行控制。对于改扩建项目，可通过新旧两个 SCD 文件的比对来保证原有 IED 设备的外特性的一致性。光接口编号及光口中控制块（APPID）数目，SCD 文件中不含有此部分信息的，需人工配置或确认进行保证。网络负载情况，尤其是过程层网络负载情况，包括网络中的订阅报文及非订阅报文，应尽可能保证与变电站实际一致。

三、基于虚拟机的智能变电站最小测试系统

按照变电站一致性保证原则构建智能变电站最小测试系统，如图 4-4 所示，包括虚拟机、被测 IED 及网络环境三部分。

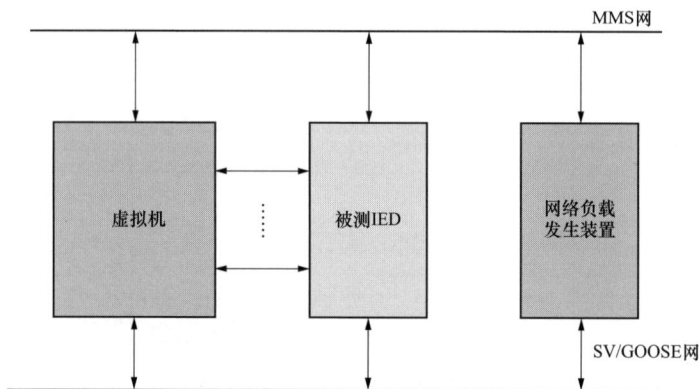

图 4-4　智能变电站最小测试系统

被测 IED 是改扩建新增的或检修需要更换的实际物理设备（可能不只一个）。网络环境包括网络交换机及网络负载发生装置，可输出过程层订阅及非订阅背景流量，可输出 MMS 报文作为 MMS 网负载流量。虚拟机是整个最小测试系统的核心，其虚拟被测 IED 所关联的所有 IED 设备，与被测 IED 的连接关系包括 SV、GOOSE 发送/接收的光口对光口直接连接，也包括通过过程层

SV/GOOSE 网络相连接，接收或发送 SV/GOOSE 报文。此外，虚拟机能通过电以太网接口与 MMS 网相连，虚拟客户端与被测 IED 进行 MMS 报文交互。

四、基于 TXT、INI 文件的虚拟及心跳报文校核

现场实体保护装置测试时，需要检查装置配置文件是否正确。虚拟移动终端中心跳报文校核以及 TXT、INI 文件虚拟功能可实现装置配置文件检查。

采用 FTP 软件将母线 TXT/INI/XML/CFG/CCD 文件下装到母线保护装置，使用移动式虚拟终端进行母差心跳报文测试，选择报文测试功能模块抓取母线保护的心跳报文，添加为检修前的报文，以便与下装后的心跳报文比对。

检验母线保护装置下装成功后，再用移动式虚拟终端的报文测试功能模块抓取母线保护的心跳报文，添加检修后的报文，显示比对的结果。不一致项标红表示（SQ、ST 不一致不标红）。

心跳报文测试完成后将原线路间隔的 TXT/INI 等格式文件导入移动式虚拟终端，模拟检修前的环境测试母线保护。在基本设置中导入全站配置文件的地方导入 TXT/INI 文件，选择文件之后选择相应的厂家，点击返回保存，此时即将发送的 SV/GOOSE 已自动导入，可切换到 SV 发送设置、GOOSE 发送设置等界面查看相关信息。

第三节　工厂化抢修平台系统架构

工厂化抢修平台系统架构如图 4-5 所示，平台包括：①工厂化抢修虚拟机

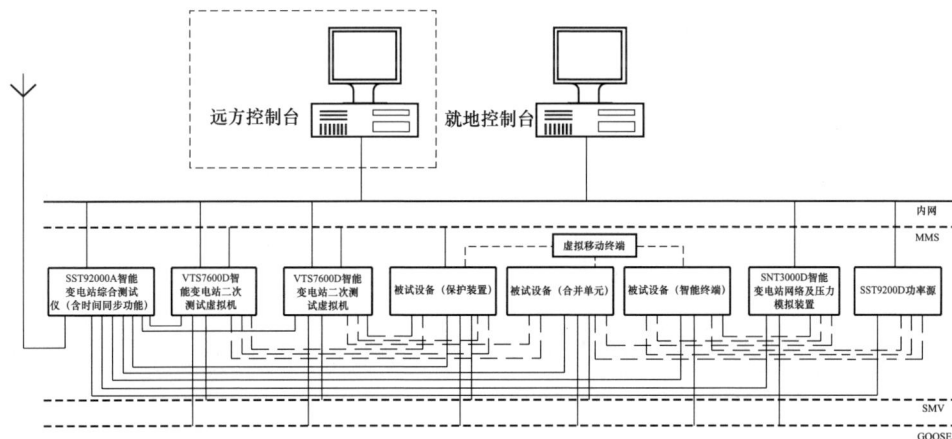

图 4-5　工厂化抢修平台系统架构

（两台）；②时间同步装置；③MMS 交换机、SV/GOOSE 交换机、内部交换机；④就地控制台（带液晶）；⑤远方控制台（服务器）；⑥网络负载及压力模拟装置；⑦功率源（选配）；⑧虚拟移动终端；⑨被测 IED（保护、MU、智能终端、测控装置）。

智能检修平台组两面屏，屏柜中预留保护装置、合并单元、智能终端位置，组屏图如图 4-6 所示。

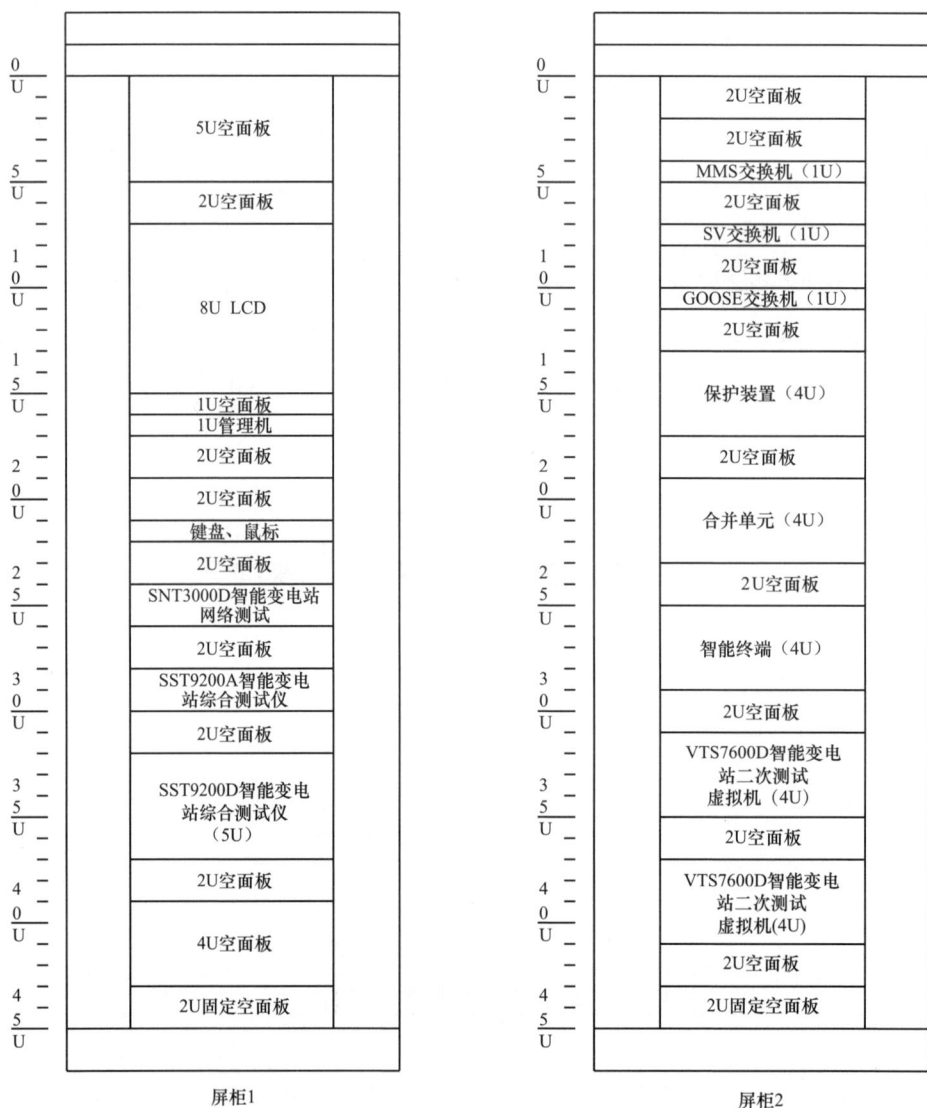

图 4-6　工厂化抢修平台组屏图

工厂化抢修平台用虚拟机虚拟现场设备,构建与现场环境一致的虚拟测试系统,减少现场作业部分,提高效率。作为智能检修平台的核心组成部分,虚拟机的性能直接影响整个测试平台的功能。

工厂化检修虚拟机面板、背板如图4-7所示,其基于智能变电站IED虚拟理念、嵌入式设计思想、高速超大规模FPGA技术、先进的光通信和计算机图形化编程技术研制而成,可实现智能变电站二次系统测试中的保护装置、合并单元、智能终端、客户端等IED的虚拟及变电站真实环境的仿真,实现基于虚拟环境下的智能变电站继电保护一键式自动测试。装置广泛适用于110～750kV智能变电站的出厂调试、现场联调、投厂验收、运行维护及工厂应急消缺等工作场合。

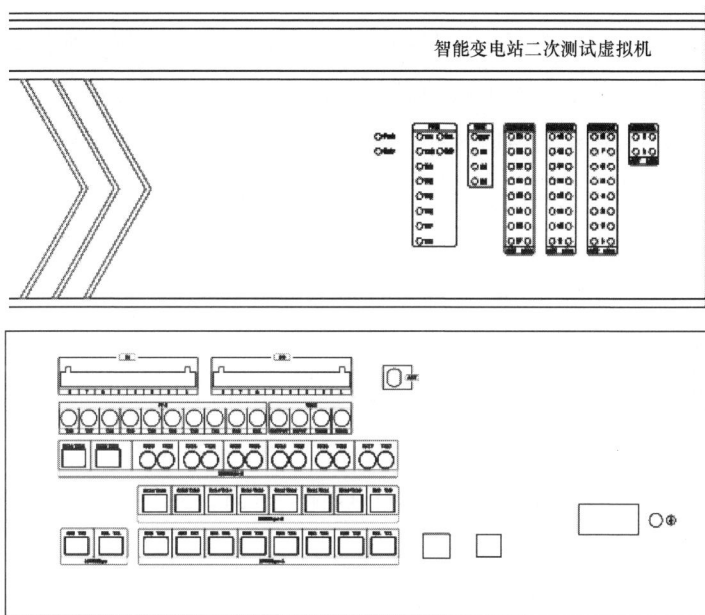

图4-7 工厂化检修虚拟机面板、背板图

第四节 工厂化抢修平台主要功能

一、智能变电站SCD文件管理

(1)SCD文件校验:参考Q/GDW 11156—2014《智能变电站二次系统信息模型校验规范》要求,涵盖SCHEMA语义校验、IEC61850(DL/T860)模型校验、国网工程应用模型校验、"六统一"规范校验。

（2）一致性校验。支持 ICD、CID、CCD、SSD 与 SCD 文件的一致性校核。

（3）SCD 文件可视化：支持 SCD 文件的逻辑链路图、虚回路图、虚实回路图的可视化，并可实现模型—文本—图形的交互式展示。

（4）SCD 文件比对：支持文本比对、树型结构模型比对及图形化虚回路比对三种比对方式，支持基于断面及间隔的多 IED 外特性比对。

二、二次设备虚拟

（1）IED 虚拟：采用虚拟机进行 IED 虚拟，包括保护装置、MU、智能终端的虚拟；能自动对虚拟设备进行光口划分，并能根据模型文件自动关联接收/发送 SV、GOOSE 控制块。

（2）客户端虚拟：能虚拟客户端读取压板、定值、告警、遥信遥测、录波文件、模型文件等信息，具有虚拟各厂家保护装置液晶及指示灯功能。

（3）闭环测试：结合 MMS 报文实现保护的闭环测试，采用最小测试系统构建虚拟测试环境，实现继电保护的一键式自动测试。

（4）离线环境下的安措预演：对检修及消缺一次操作及二次安全隔离措施进行预演，给出"动作""告警""闭锁"三种结果方式。安措预演可大大提高安措现场设置的安全性与可靠性。

（5）SOE 列表：对于 GOOSE 发送/接收、MMS 接收能生成统一的 SOE 列表，SOE 按绝对时标进行标定。

（6）定值比对与下装：支持物理 IED 保护装置的定值导入、定值比对、定值修改。

（7）采用网络负载及压力模拟装置，接入最小测试系统，模拟变电站网络真实环境。

第五节　工厂化抢修平台应用实例

一、抢修平台功能实现

1．虚拟机软件主页面

开机自动进入虚拟机测试主界面，并实现上下位机自动通信与联机，如图4-8 所示。

图 4-8　工厂化检修虚拟机主界面

2．虚拟/物理 IED 配置

通过 IED 列表设置中心 IED 并显示中心 IED 的逻辑链路图，如图 4-9 所示，在关联图中配置物理 IED 及虚拟 IED。

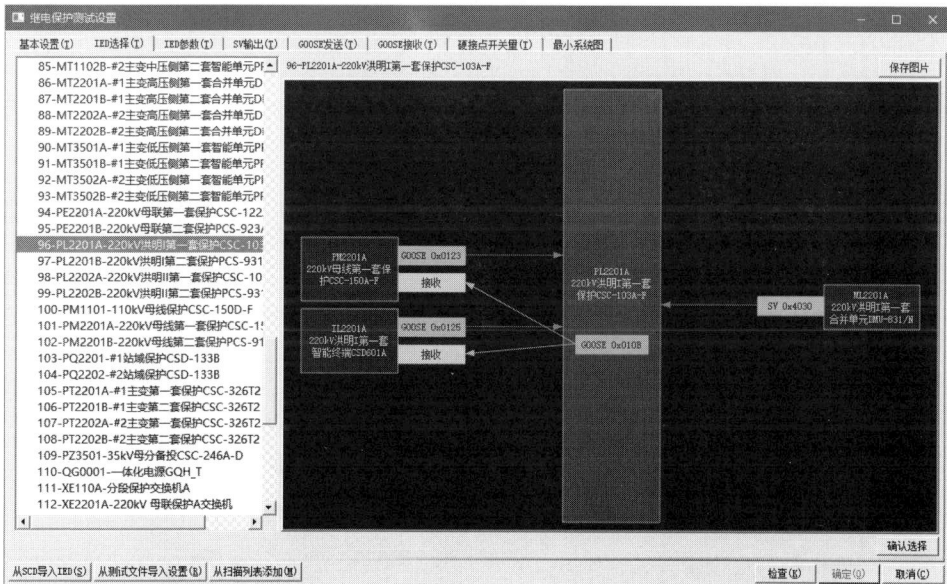

图 4-9　虚拟/物理 IED 配置

3．最小测试系统

根据配置的 IED 自动生成最小测试系统图，如图 4-10 所示，在最小系统图中自动分配虚拟 IED 的光接口。

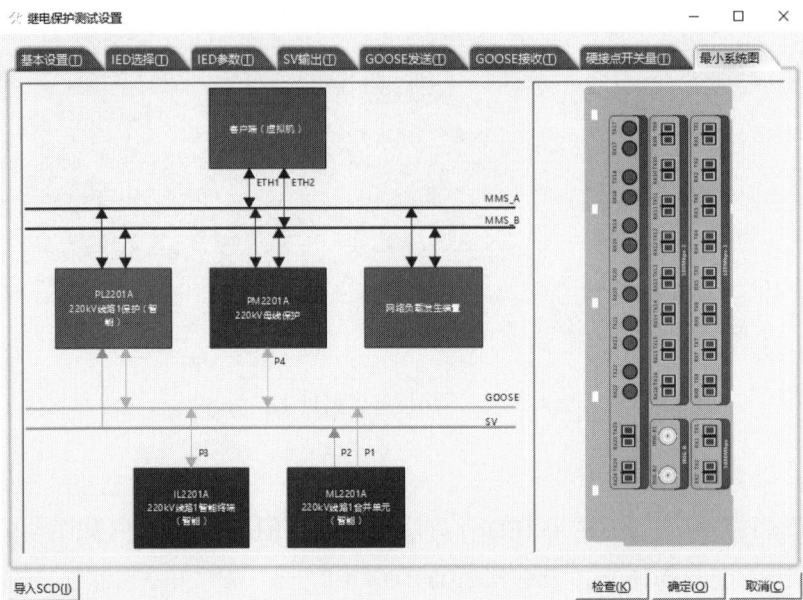

图 4-10　最小测试系统

4. 客户端虚拟

能虚拟客户端，读取并显示保护装置的功能压板、SV/GOOSE 软压板状态，读取并显示保护装置测试过程中的告警光字牌、动作光字牌状态；可实现保护装置的 MMS 闭环测试，如图 4-11 所示。

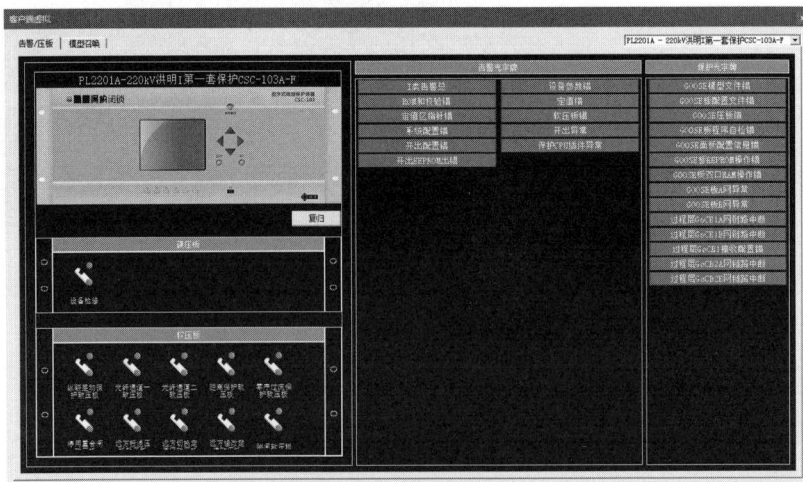

图 4-11　客户端虚拟

5．IED 虚拟

IED 虚拟如图 4-12 所示，包括保护装置、MU、智能终端的虚拟，支持最小二次测试虚回路图的 SV/GOOSE 测试及测试过程的报文实时监测。

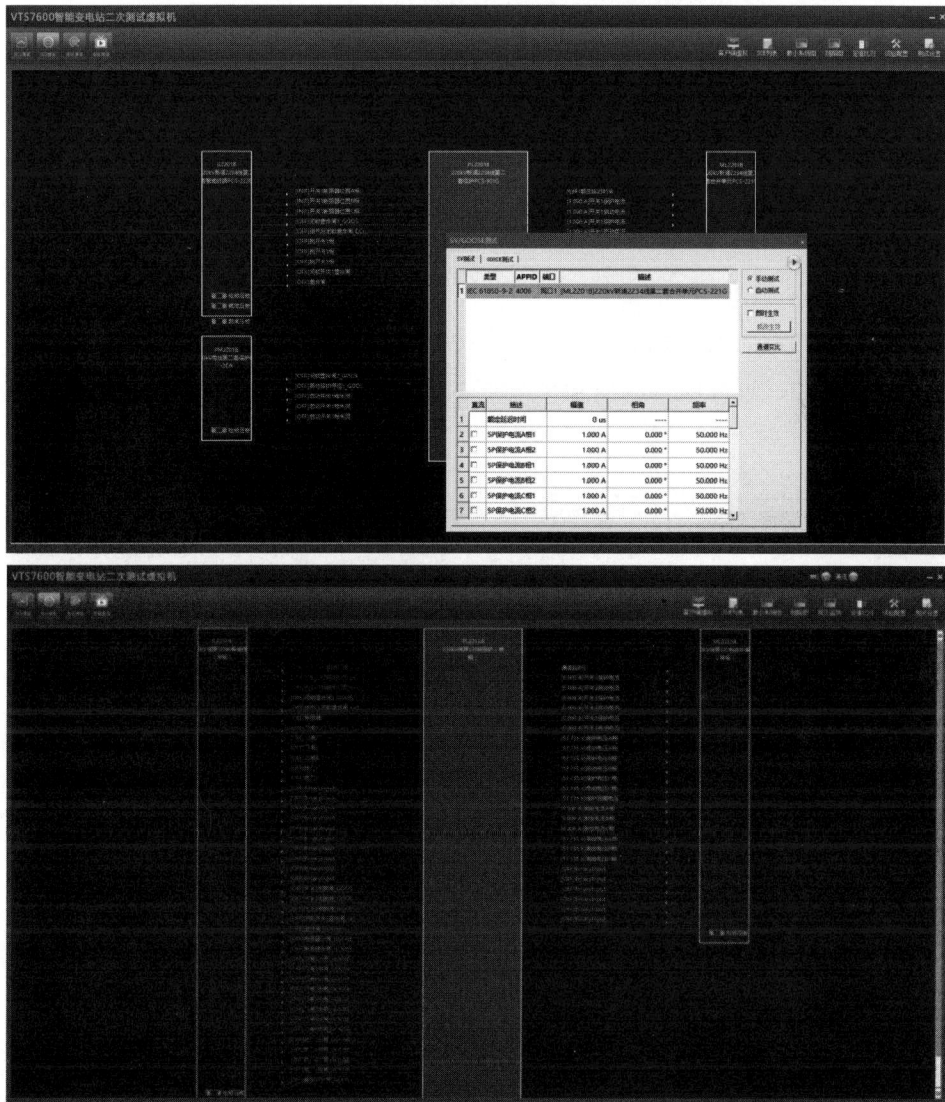

图 4-12　IED 虚拟

6．SV/GOOSE 外特性测试

SV/GOOSE 外特性测试如图 4-13 所示，支持 GOOSE 手动及自动两种变位测试模式，SV 可支持设置多个状态自动批量测试。

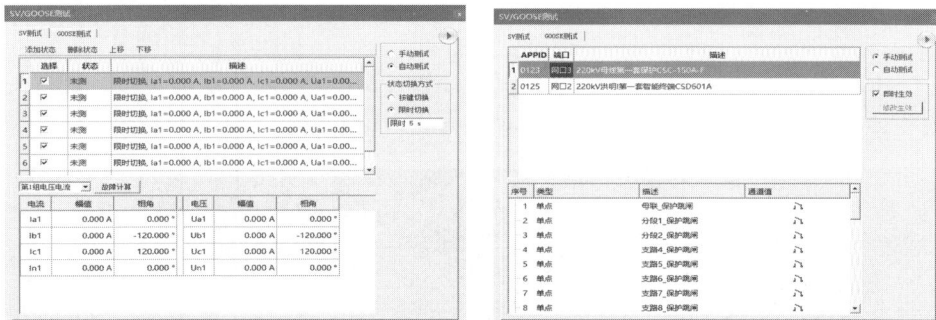

图 4-13　SV/GOOSE 外特性测试

7．一键式自动测试

一键式测试如图 4-14 所示，按照保护模型自动形成测试项，在测试前读取保护定值，测试过程中修改控制字、保护功能压板。根据测试模板，实现一键式自动测试。

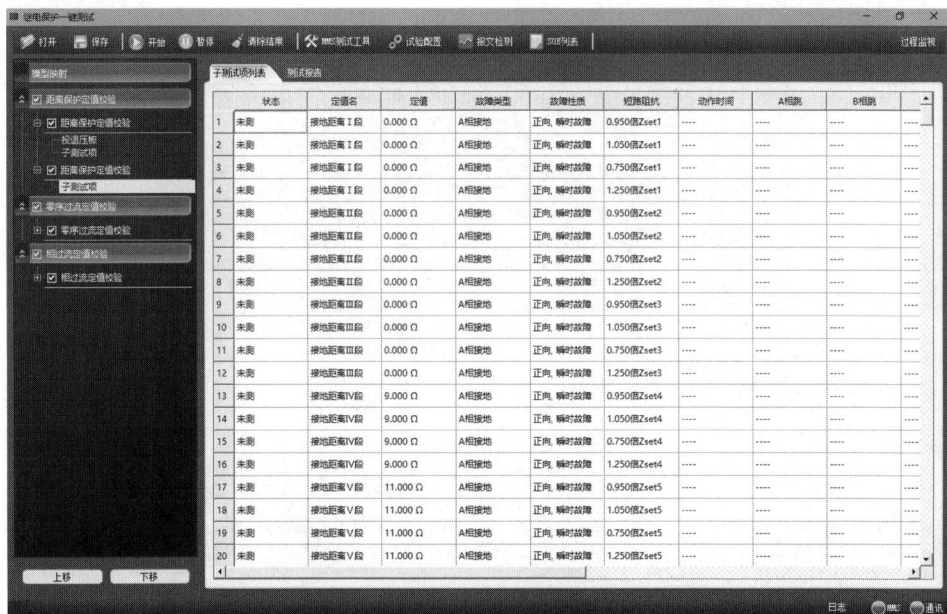

图 4-14　一键式测试

二、智能检修流程化作业

1．扩建线路间隔作业流程（线路保护在实验室测试）

扩建线路间隔流程（线路保护在实验室测试）如图 4-15 所示。

任务下达
（新增线路间隔）
↓
从管控系统下载SCD文件
↓
在线或离线读取线路、母线间隔装置下装文件（TXT/INI/XML/CFG/CCD文件）

———— 工程实施准备 ————

校验TXT/INI/XML/CFG/CCD与SCD文件的一致性
↓（否）查明原因，修改完善SCD
↓
按扩建要求修改SCD文件
↓
SCD规范性校验
↓
虚回路自动审查
↓
生成新增线路及母差间隔CID/TXT/INI/XML/CFG/CCD文件
↓
CID/TXT/INI/XML/CFG/CCD与SCD一致性校验
↓
线路保护CID/TXT/INI/XML/CFG/CCD文件下装
↓
读取线路保护CID/TXT/INI/XML/CFG/CCD文件*
↓
文本比对，图形、模型比对线路保护CID/TXT/INI/XML/CFG/CCD文件

*备注：CCD文件可采用从装置液晶上读取CRC码检查下装正确性

虚拟机—物理设备（线路保护、新SCD）测试
↓
虚拟机—虚拟机（线路旧SCD、母线新SCD）测试
↓
保护功能一键式测试
↓
全站模拟整组测试
↓
现场作业安措预演

———— 实验室作业 / 现场作业 ————

现场设备安装与调试
↓
现场安措设置
↓
陪停IED停运、接线
↓
母差心跳报文测试1
↓
母差CID/TXT/INI/XML/CFG/CCD文件下装
↓
回读母差CID/TXT/INI/XML/CFG/CCD文件
↓
文本比对、图形-模型比对

母差心跳报文测试2，确定正确
↓
移动式虚拟终端导入TXT等文件虚拟原线路间隔对母差保护进行测试
↓
新增间隔带母差传动
↓
安措恢复
↓
逻辑链路、物理链路检查
↓
设备投运
↓
SCD文件、TXT等文件上传管控系统

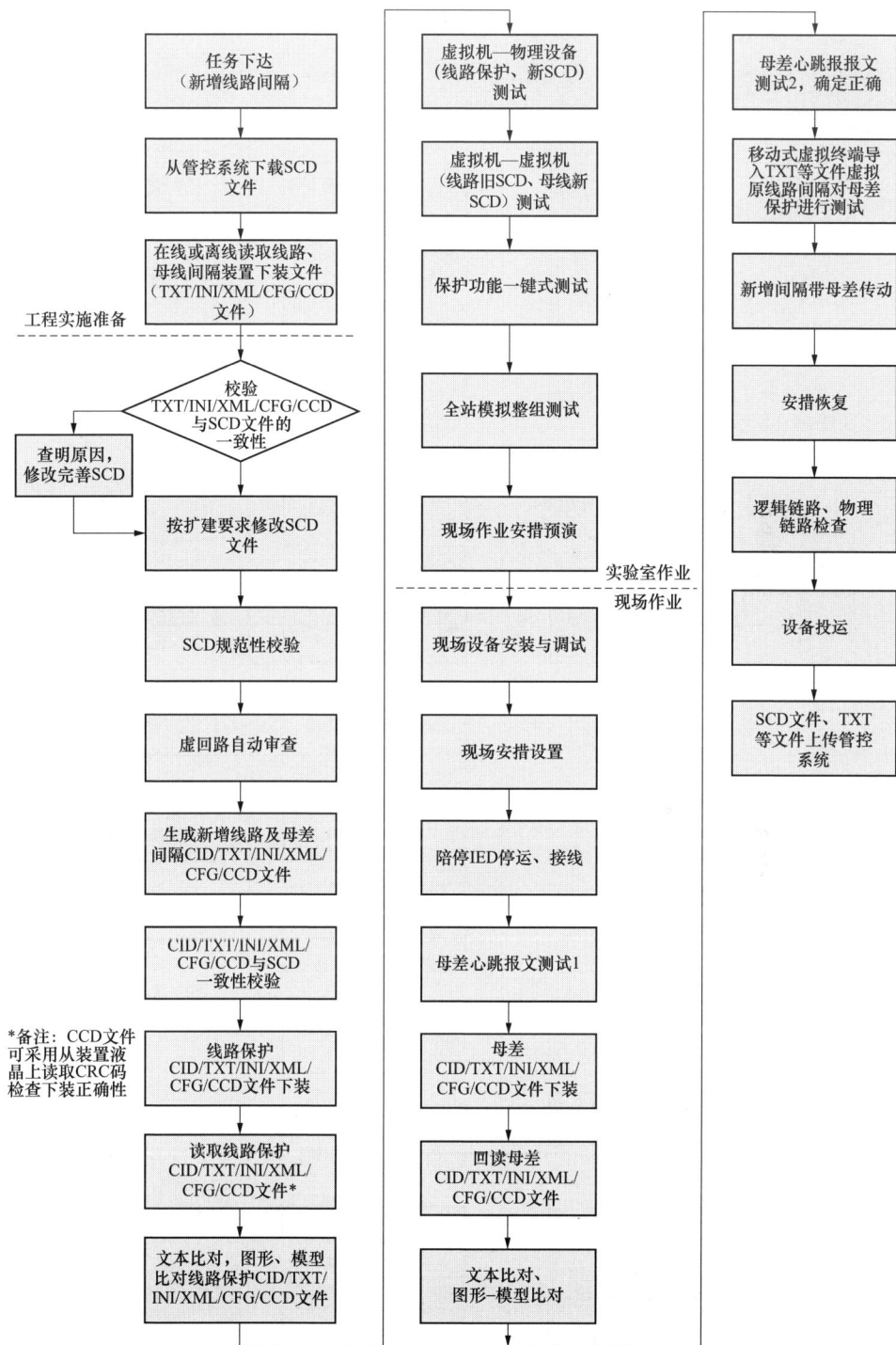

图 4-15　扩建线路间隔实验室测试流程

101

2．扩建线路间隔作业流程（线路保护在现场测试）

扩建线路间隔流程（线路保护现场测试）如图 4-16 所示。

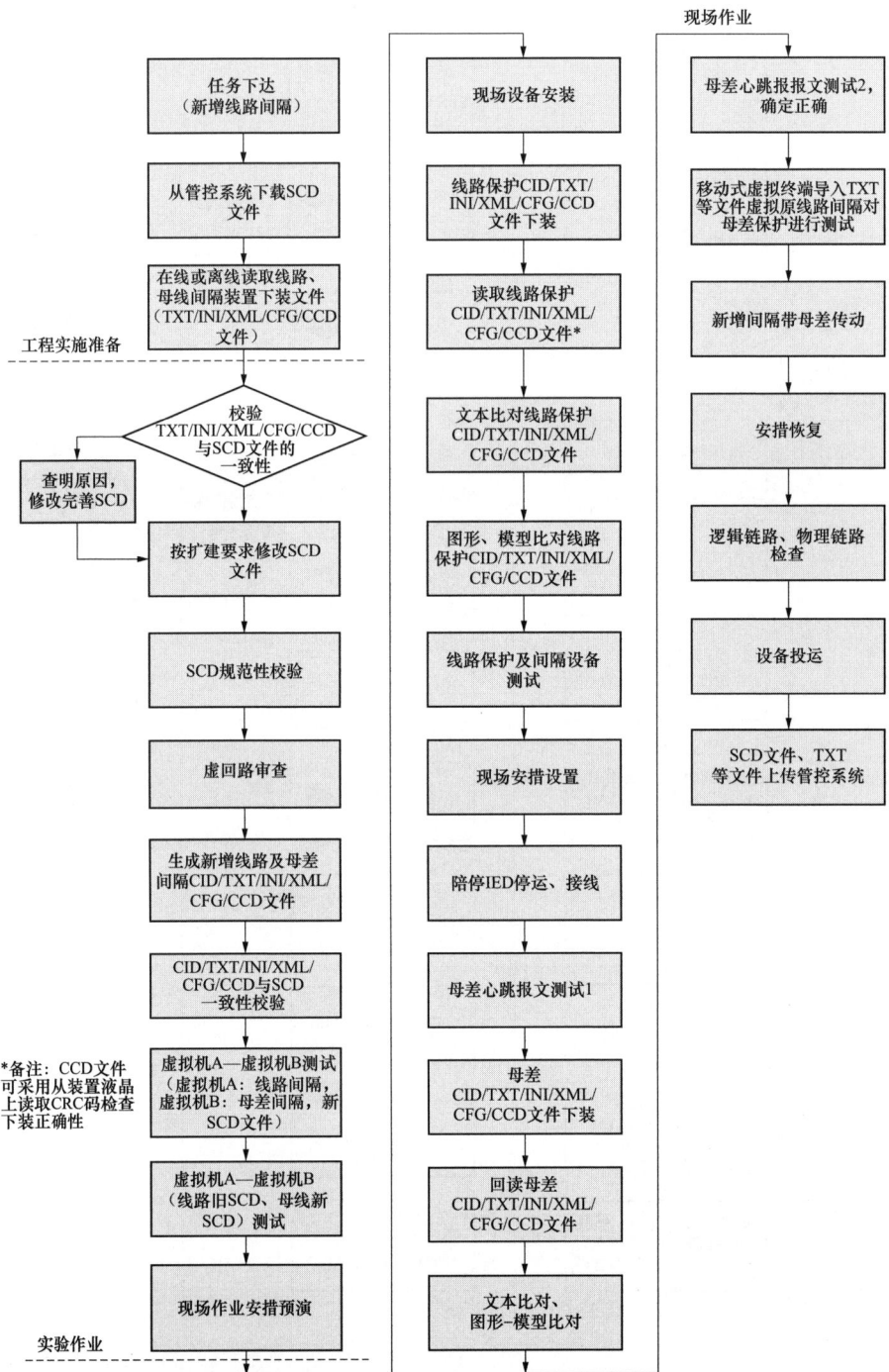

图 4-16　扩建线路间隔现场作业流程

三、应用示例

以变电站扩建线路间隔为例,以两种方案说明智能变电站二次设备工厂化检修平台的应用。

(一)方案一:线路保护在实验室测试

在新增线路保护装置可运送到实验室进行测试的情况下,线路保护测试部分主要在实验室完成,分为工程实施准备、实验室作业和现场作业三大步骤。

1．工程实施准备

(1)确认调度下达的扩建线路间隔的任务:明确任务内容及实施时间,新增线路间隔二次设备准备。

(2)从管控系统下载旧(原)SCD 文件:从 SCD 管控系统中下载最新的 SCD 文件至工厂化检修平台,工厂化检修平台与管控系统相连,直接从管控系统上下载最新的 SCD 文件。

(3)在线或离线读取线路、母线间隔装置中下装的 TXT/INI/XML/CFG/CCD 文件:办理工作票,采用厂家 FTP 软件,读取所有原线路间隔、母线间隔中下装运行的私有文件。

第(3)步主要是检查下装至装置中的私有文件是否与 SCD 文件一致,新增线路及改扩建后的母线保护下装文件均通过修改后 SCD 文件生成,因此,必须保证 SCD 文件与装置下装的文件是一致的。

2．实验室作业

(1)采用工厂化检修平台中的 SCD 可视化及校核工具,比对下载的旧 SCD 文件和装置中读取的 TXT/INI/XML/CFG/CCD 文件。如图 4-17 所示,选择相应路径导入 SCD 文件和 CCD 文件。

采用工厂化检修平台中的 SCD 可视化及校核工具一致性校验模块,设置好校验项目,点击开始校验,校验完成自动显示校验结果,如图 4-18 所示。

(2)若从 SCD 管控系统下载的旧 SCD 文件和装置中读取的 TXT/INI/XML/CFG/CCD 文件不一致,则需要厂家配合查明原因,修改完善旧 SCD 文件。

(3)根据扩建要求修改旧 SCD 文件,生成包含新增线路间隔的 SCD 文件,即新 SCD 文件。

(4)将新 SCD 文件导入工厂化检修平台中的 SCD 可视化及校核工具,进行全站配置文件规范性检验，点击进入静态校验界面，设置好校验项目，点击开始校验，校验完成自动显示校验结果，如图 4-19 所示。

（a）

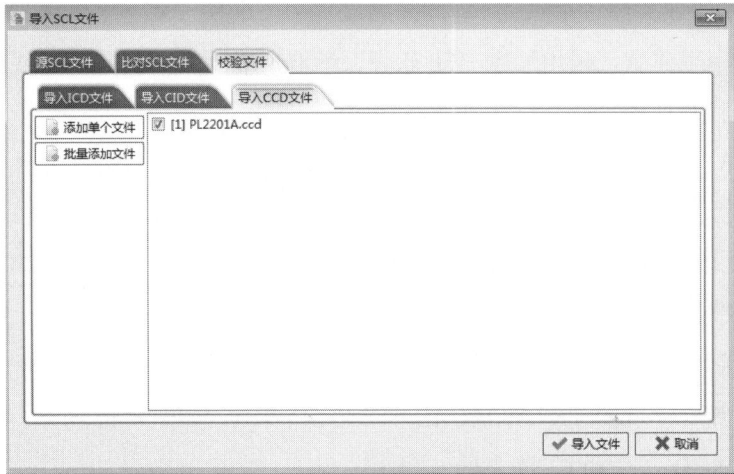

（b）

图 4-17 导入 SCD 和 CCD 文件

（a）选择路径；（b）导入文件

（5）确保新 SCD 文件的规范性符合要求后，利用 SCD 可视化及校核工具中的虚回路自动审查功能进行虚回路校验，以确保新 SCD 文件的虚回路连接符合要求。

（6）利用新 SCD 文件生成新增线路间隔和改动后母线间隔的 TXT/INI/

XML/CFG/CCD 文件。

图 4-18　一致性校验结果

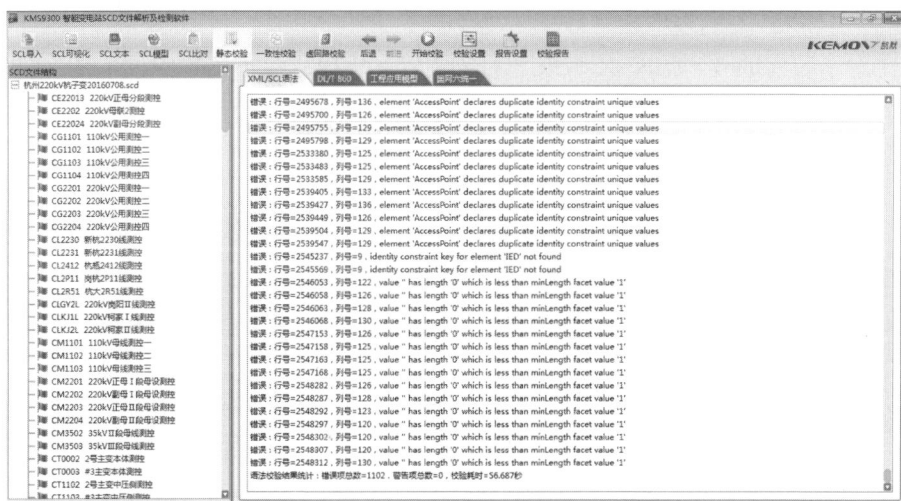

图 4-19　静态校验结果

（7）将新生成的私有文件导入工厂化检修平台中的 SCD 可视化及校核工具，与 SCD 文件进行一致性校验，方法与 CCD 文件和 SCD 文件的一致性校验相似，点击开始校验后等待结果自动显示。

（8）采用厂家的 FTP 软件将私有文件下装到线路保护装置中（母线间隔的文件暂不下装，为后面测试母差心跳报文做准备）。

（9）从线路保护装置中回读 TXT/INI/XML/CFG 文件，如图 4-20 所示。

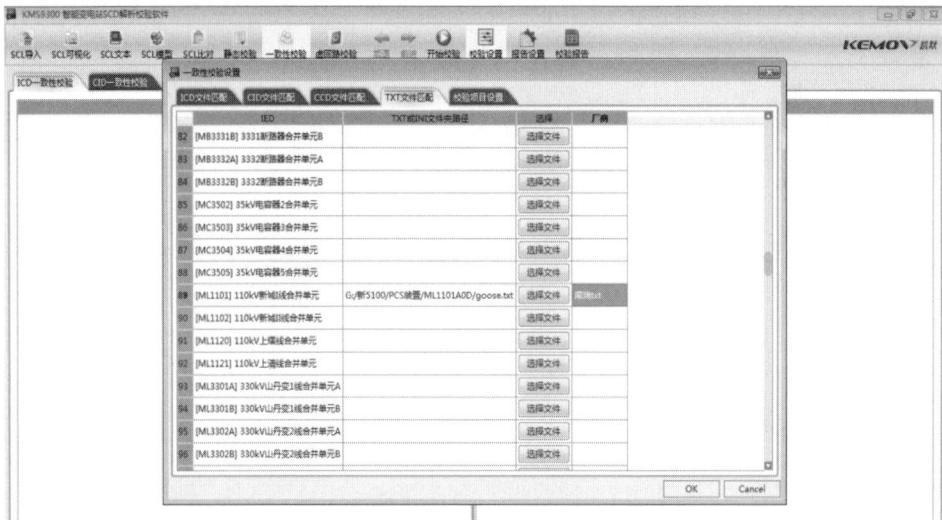

图 4-20 TXT 文件匹配

（10）为确保下装的正确性，将回读的文件导入 SCD 可视化及校核工具中，可比对下装前的 TXT/INI/XML/CFG 文件与下装后从保护装置中读取的文件。在 SCD 可视化及校核工具中选择一致性校验，在校验设置中选择导入路径和制造厂商。

确认匹配后，点击开始校验即可自动进行一致性校验，完成后自动显示结果，如图 4-21 所示。

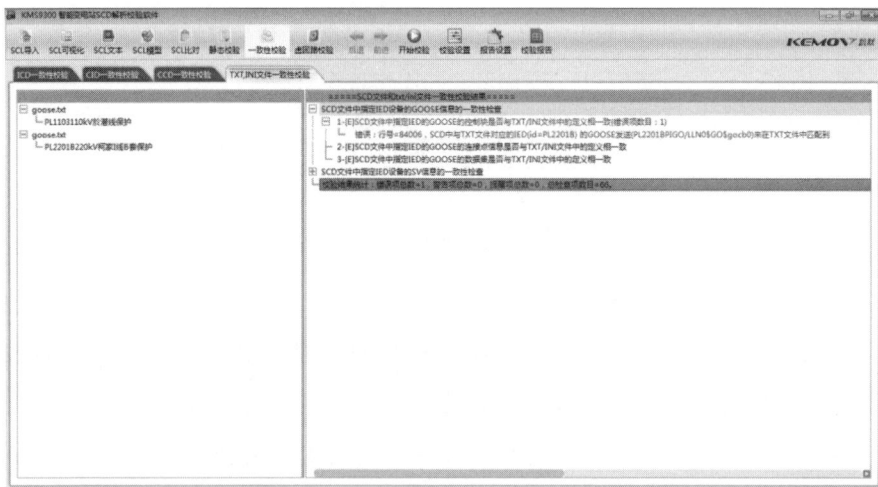

图 4-21 TXT 与 SCD 一致性校验结果

若保护装置中下装的是 CCD 文件，则不需要再从装置中读取，直接在保护液晶上查看 CRC 码检查下装正确性。

（11）选择二次虚拟测试系统，使用虚拟机进行测试：将线路保护装置与虚拟机相连接，采用虚拟机—物理设备的工作模式，测试新增线路间隔的 SV/GOOSE 点对点。在试验配置中将新 SCD 文件作为 SCD-A 导入，不需要导入 SCD-B 文件，选择新增线路保护为物理设备，周围设备为虚拟机 A，如图 4-22、图 4-23 所示。

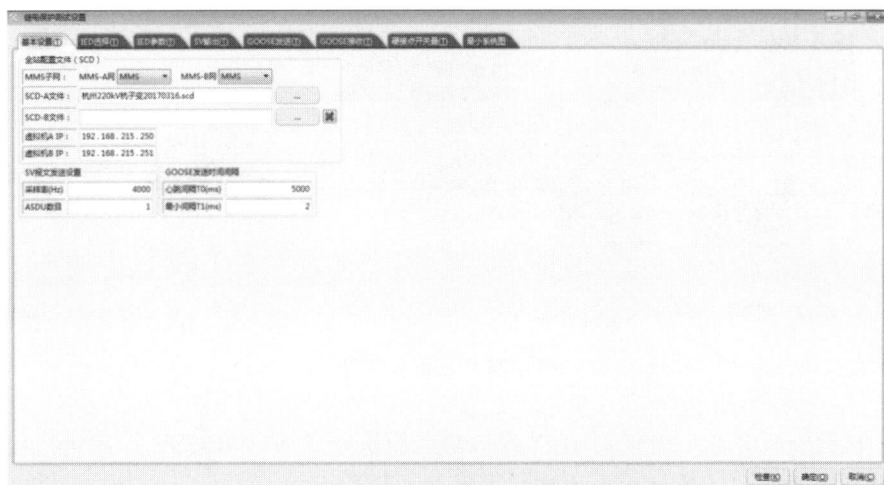

图 4-22　导入新 SCD

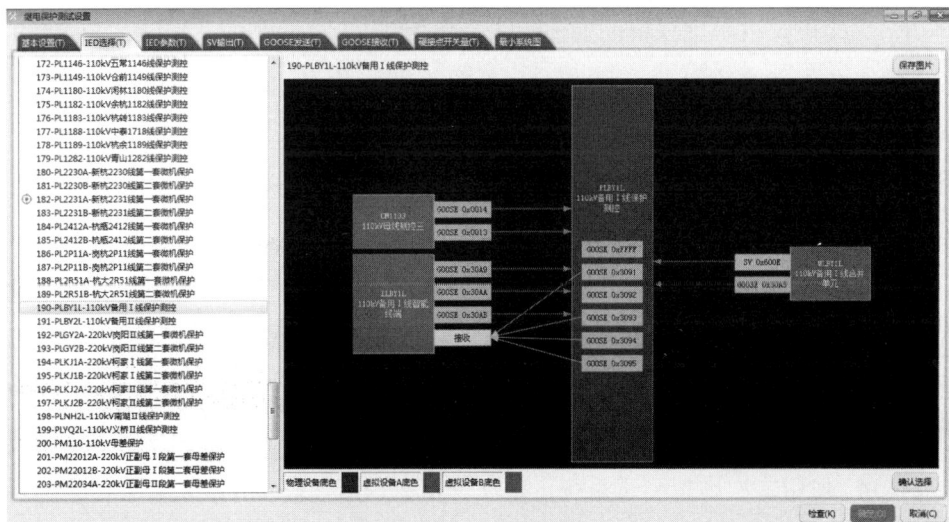

图 4-23　选择 IED

确认选择后可查看线路保护要发送的 GOOSE、SV，以及要接收的 GOOSE，点击确定后可切换到 IED 参数、SV 输出等标签页查看相关信息，可在最小系统图中修改虚拟机发送 SV/GOOSE 的光口号，如图 4-24 所示。

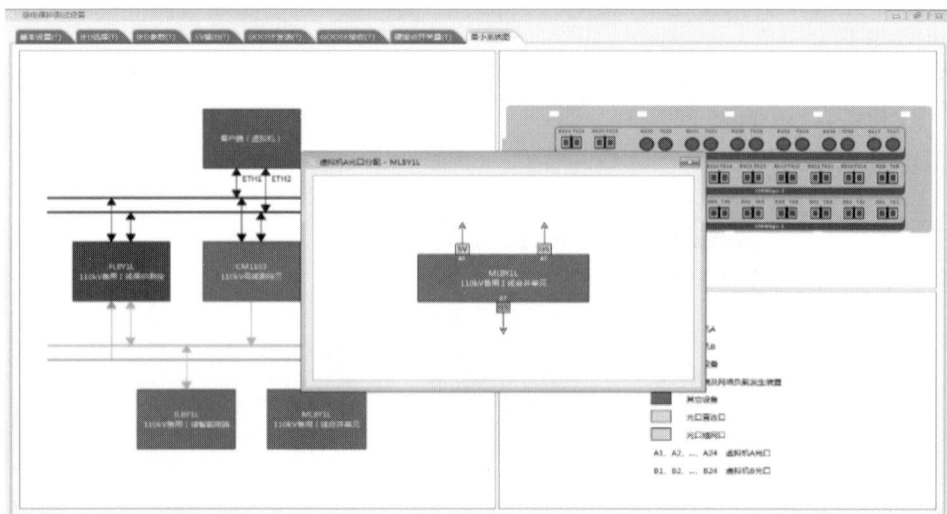

图 4-24　最小系统图

试验配置完成后可使用 IED 虚拟功能模块发送 SV/GOOSE 控制块，使用报文监测功能模块查看线路保护发出的 GOOSE。

（12）使用 IED 虚拟功能模块测试母线保护：将虚拟机和线路保护的连接断开，采用虚拟机—虚拟机的工作模式，测试母线保护间隔的 SV/GOOSE 点对点。将旧 SCD 文件作为 SCD-B 导入（见图 4-25），将母线保护设置为虚拟机 A，周围设备设置为虚拟机 B。注意：虚拟机 B 中的 IED 来自于 SCD-B 中，设置虚拟机 B 时不包含新增线路间隔，如图 4-26 所示，若勾选图上新增线路间隔的合并单元 MLBY1L 并设置为虚拟机 B，则系统会提示。

（13）使用二次虚拟测试系统的闭环测试模块进行保护功能测试，导入模板后添加测试项，在 MMS 已连接的状态下，可在测试过程中修改定值、更改功能压板状态，以便自动测试不同类型的保护动作。实验完成自动生成测试报告，支持导出为 WORD/HTML/ODT 等格式。

（14）使用二次虚拟测试系统进行现场作业预演，支持从任务集选取操作任务和手动逐条添加操作任务两种模式，可自由选择。选择从任务集选取操作任务模式，选择根据调度下发的操作票生成的安措操作任务模板，即可开始预演，如图 4-27 所示。若选择手动逐条添加模式，则在开始试验后手动更改压板状态。

图 4-25 导入旧 SCD

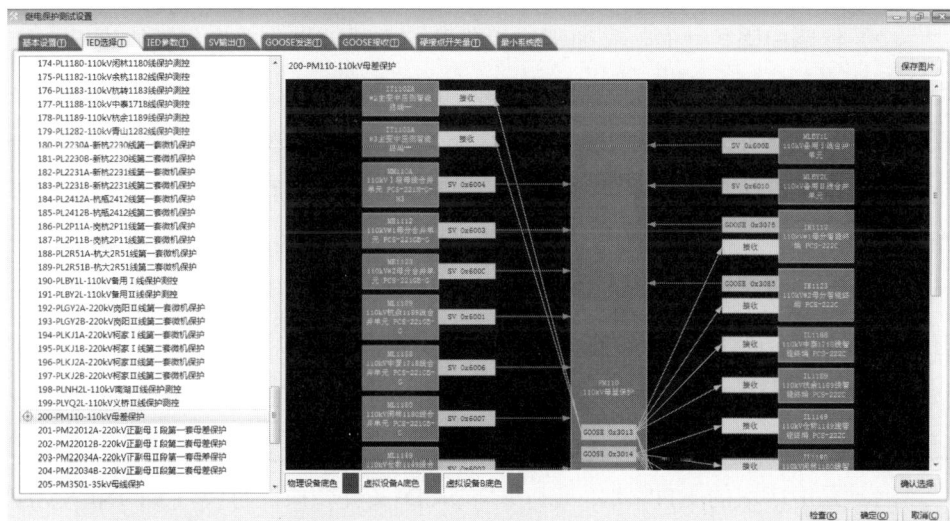

图 4-26 选择 IED

安措逻辑预演可及时发现操作票中的逻辑问题，避免二次安全操作逻辑错误导致的保护闭锁及保护误动事故发生。

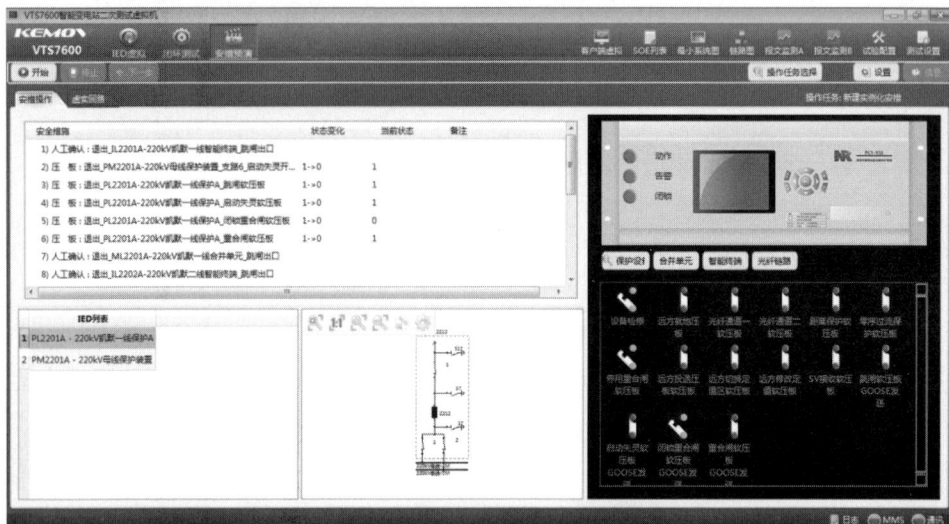

图 4-27　安措预演

3．现场作业

（1）将新增设备运送到现场，进行安装及初步调试。测试线路保护与线路间隔其他装置的 SV/GOOSE 收发。

（2）线路间隔扩建时，按照调度提供的安全措施操作票进行安措设置，如退出相关运行保护装置中与母线保护装置相关的 GOOSE 接收软压板（如主变保护的失灵联跳开入等）、退出母线保护所有 GOOSE 发送软压板以及保护功能软压板，放上母线保护检修硬压板等。停运需陪停的 IED（需陪停的装置参考图 4-28），并连接新增线路间隔的设备与原有设备之间的物理链路。

（3）使用移动式虚拟终端进行母差心跳报文测试：检查是否除 SQ、ST、时间不一样外，其他都一样。选择报文测试功能模块抓取母线保护的心跳报文，按 F2 功能键添加为检修前的报文，以便与下装后的心跳报文比对，如图 4-29所示。

（4）采用厂家的 FTP 软件将利用新 SCD 文件生成的母线 TXT/INI/XML/CFG/CCD 文件下装到母线保护装置。

（5）采用厂家的 FTP 软件从母线保护中读取刚下装完成的私有文件。

（6）为确保下装的正确性，将回读的文件导入 SCD 可视化及校核工具中，可比对下装前的 TXT/INI/XML/ CFG 文件与下装后从保护装置中读取的文件。

在 SCD 可视化及校核工具中选择一致性校验，在校验设置中选择导入路径和制造厂商。

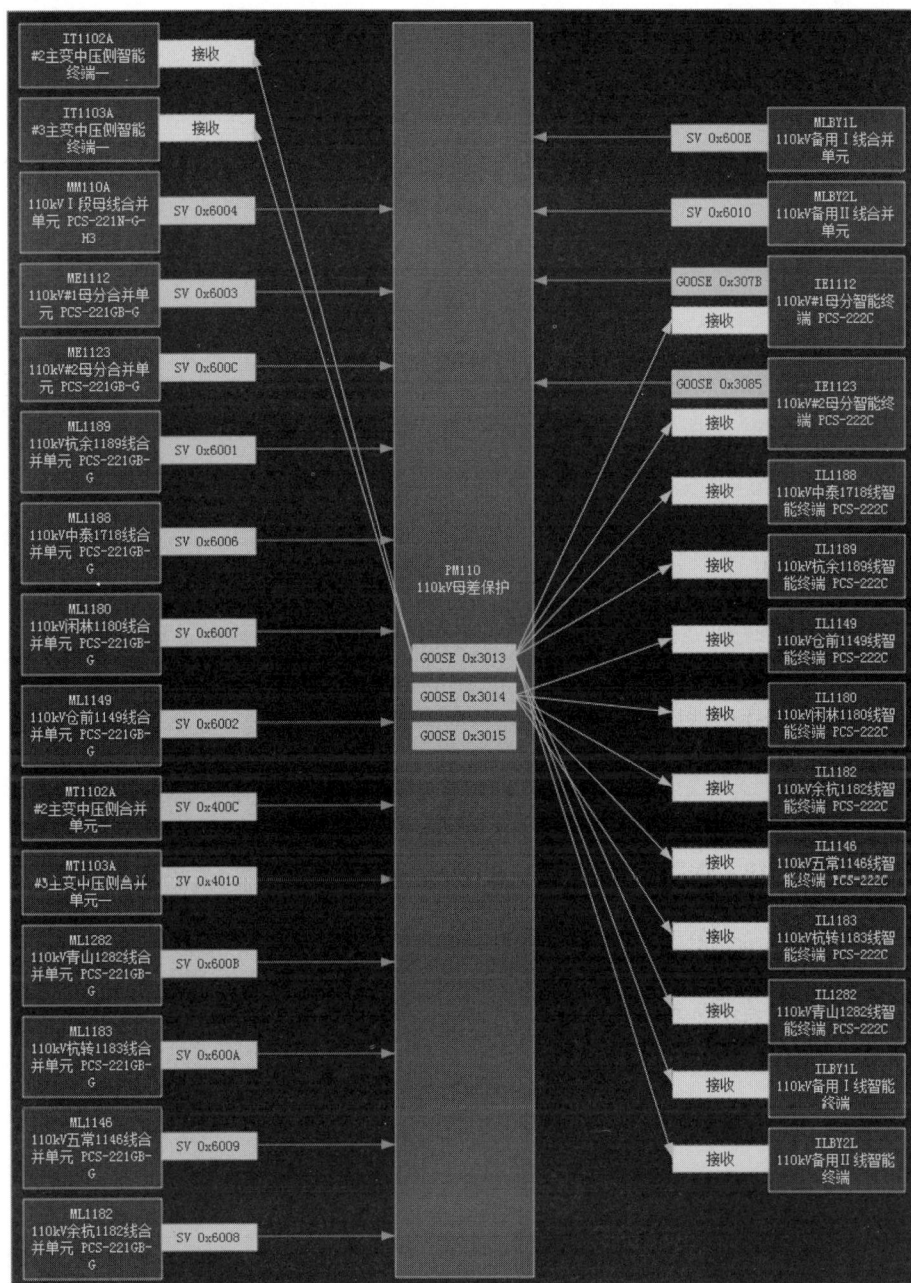

图 4-28　逻辑链路图——母线保护

图 4-29　报文测试——检修前

确认匹配后，点击开始校验即可自动进行一致性校验，完成后可查看结果。

若保护装置中下装的是 CCD 文件，则不需要再从装置中读取，直接在保护液晶上查看 CRC 码检查下装正确性。

（7）检验母线保护装置下装成功后，再用移动式虚拟终端的报文测试功能模块抓取母线保护的心跳报文，按 F3 功能键添加为检修后的报文，返回后点击功能键 F5 自动显示比对的结果。如图 4-30 所示，不一致项为标红表示（SQ、ST 不一致不会标红）。

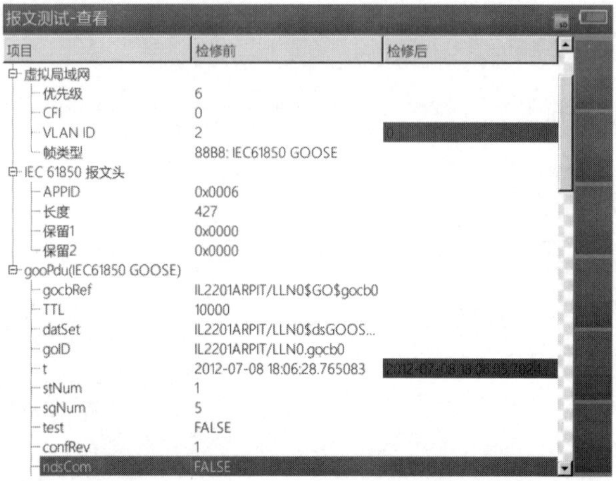

图 4-30　报文测试结果

（8）心跳报文测试完成后将原线路间隔的 TXT/INI 等格式文件导入移动式虚拟终端，模拟检修前的环境测试母线保护。在基本设置中导入全站配置文件的地方导入 TXT/INI 文件，选择文件之后选择相应的厂家，点击返回保存，此时即将发送的 SV/GOOSE 已自动导入，可切换到 SV 发送设置、GOOSE 发送设置等界面（见图 4-31）查看相关信息。在电压电流功能模块点击发送 SV/GOOSE 即可模拟原线路间隔，测试母差保护。

（a）

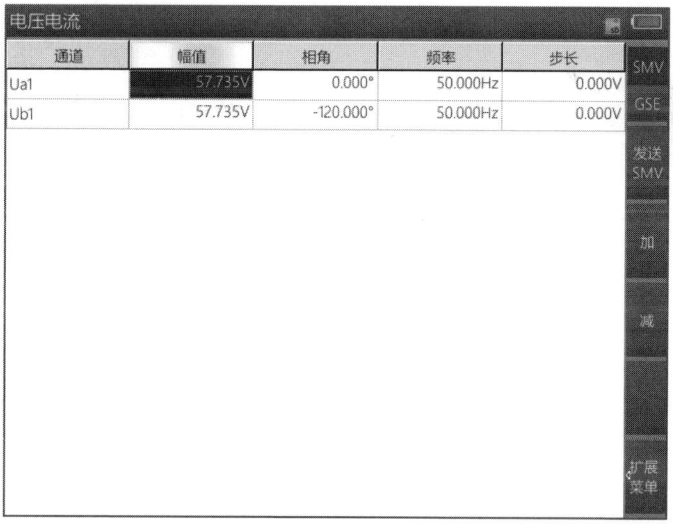

（b）

图 4-31　电压电流发送

（a）电压电流——GOOSE 发送；（b）电压电流——SV 发送

（9）新增线路间隔带母差传动，模拟故障做保护动作特性测试，查看保护装置能否正常发出跳闸命令跳开相应断路器。

（10）按调度下发的操作票将安全措施逐项移除。

（11）检查逻辑链路、物理链路的连接，确保光纤连接正确无误。

（12）将所有装置投入运行。

（13）将新 SCD 文件、TXT 等文件上传至管控系统备份。

（二）方案二：线路保护在现场测试

在新增线路保护装置无法运送到实验室进行测试的情况下，线路保护测试部分主要在现场完成，也分为工程实施准备、实验室作业和现场作业三大步骤。

1．工程实施准备

工程实施准备工作内容同方案一。

2．实验室作业

（1）利用工厂化检修平台中的 SCD 可视化及校核工具，比对下载的旧 SCD 文件和装置中读取的 TXT/INI/XML/CFG/CCD 文件，进行一致性校验。采用工厂化检修平台中的 SCD 可视化及校核工具的一致性校验模块，点击开始校验后等待结果自动显示，如图 4-32 所示。

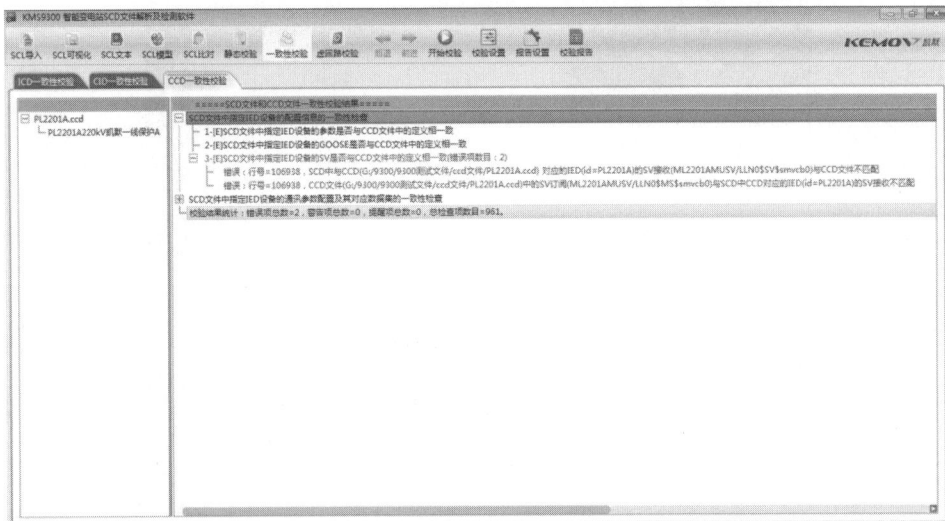

图 4-32　一致性校验结果

（2）若从 SCD 管控系统下载的旧 SCD 文件和装置中读取的 TXT/INI/XML/CFG/CCD 文件不一致，则要查明原因，修改完善旧 SCD 文件。

（3）根据扩建要求修改旧 SCD 文件，生成包含新增线路间隔的 SCD 文件，即新 SCD 文件。

（4）将新 SCD 导入工厂化检修平台中的 SCD 可视化及校核工具，进行全站配置文件规范性检验，点击选择静态校验，设置后校验项，点击开始校验，校验完成自动显示校验结果，如图 4-33 所示。

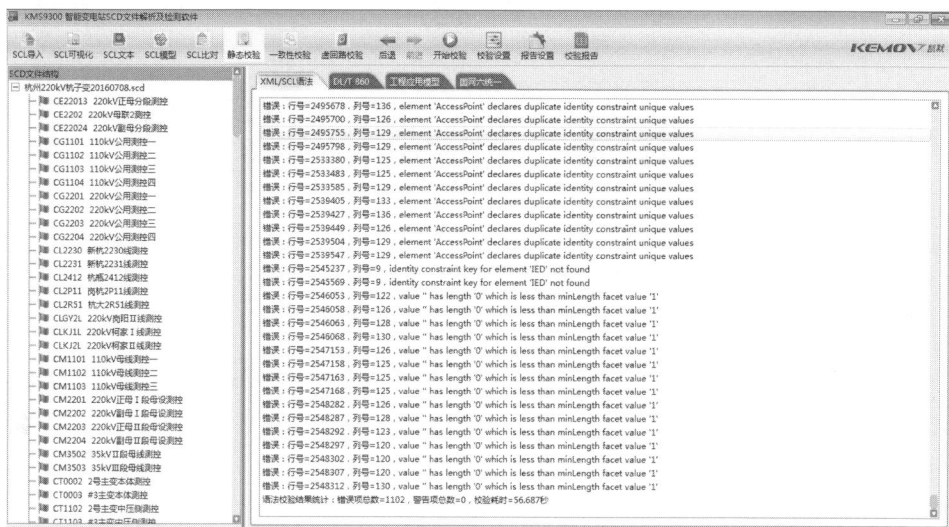

图 4-33 静态校验结果

（5）确保新 SCD 文件的规范性符合要求后，利用 SCD 可视化及校核工具中的虚回路自动审查功能进行虚回路校验，以确保新增线路间隔之后的 SCD 文件的虚连接符合要求。

（6）利用新 SCD 文件生成新增线路间隔和改动后母线间隔的 TXT/INI/XML/CFG/ CCD 文件。

（7）将新生成的私有文件导入工厂化检修平台中的 SCD 可视化及校核工具，与 SCD 文件进行一致性校验，方法与 CCD 文件与 SCD 文件的一致性校验相似，点击开始校验后等待结果自动显示。

（8）在主界面选择二次虚拟测试系统，使用虚拟机进行一些测试：采用虚拟机——虚拟机的工作模式，在试验配置中将新 SCD 文件作为 SCD-A 和 SCD-B 导入，不可重名，选择母线保护为虚拟机 A，新增线路间隔为虚拟机 B，如图 4-34 所示。

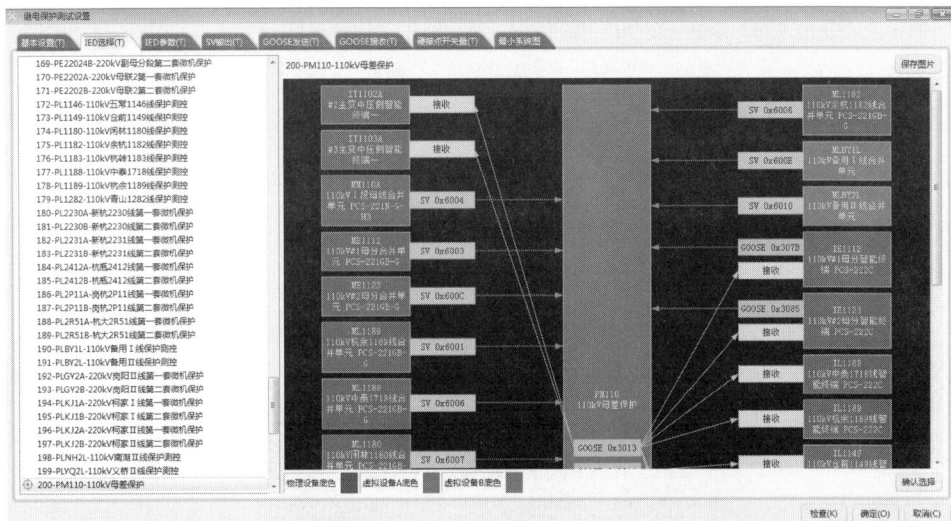

图 4-34　配置虚拟机 A/B

确认选择后可查看将发送的 GOOSE、将接受的 GOOSE、将接受的 SV 列表，点击确定后可切换到 IED 参数、SV 输出等标签页查看相关信息，可在最小系统图中修改虚拟机发送 SV/GOOSE 的光口号，如图 4-35 所示。

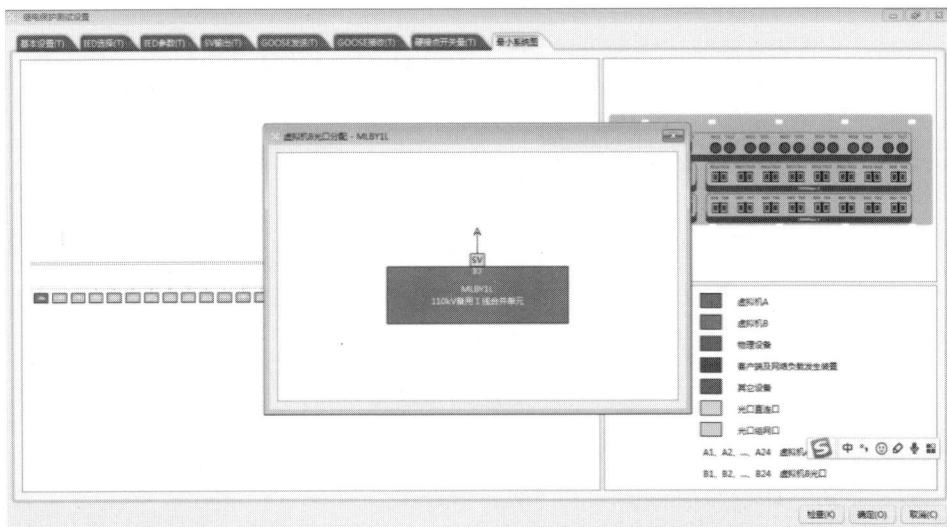

图 4-35　最小系统图

试验配置完成后可使用 IED 虚拟功能模块发送 SV/GOOSE 控制块，使用报文监测功能模块查看线路保护发出的 GOOSE。

（9）采用虚拟机——虚拟机的工作模式，将旧 SCD 文件作为 SCD-B 导入（见图 4-36），选择母线保护设置为虚拟机 A，选择周围设备设置为虚拟机 B，如图 4-37 所示。

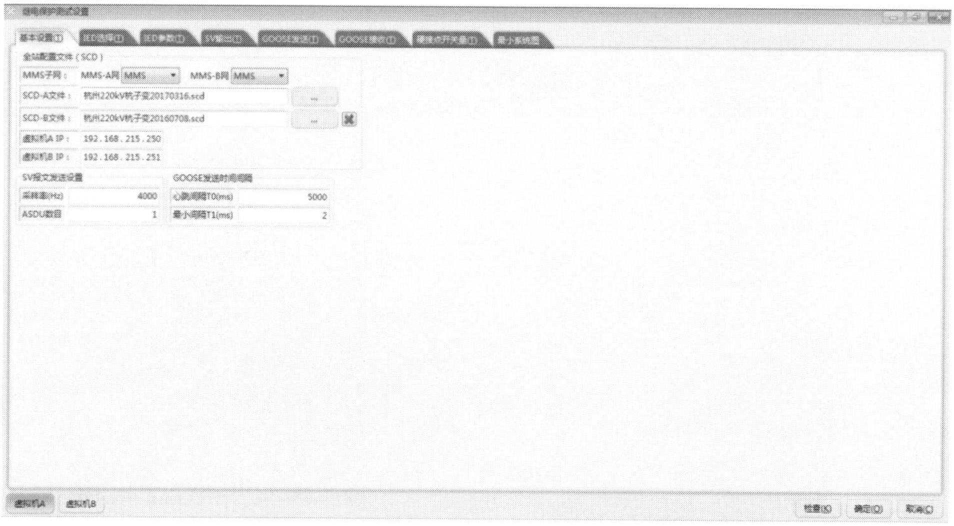

图 4-36　导入旧 SCD

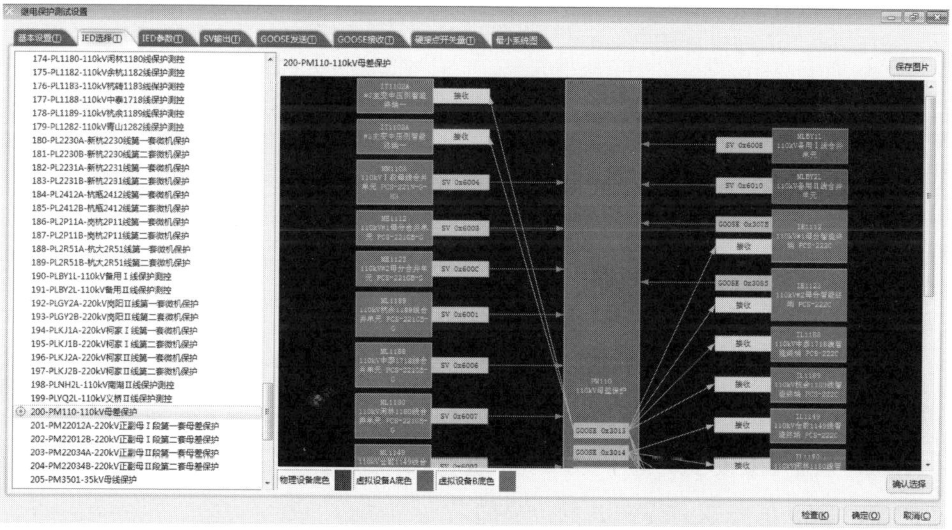

图 4-37　配置虚拟机 A/B

（10）现场作业预演：支持从任务集选取操作任务和手动逐条添加操作任务两种模式，可自由选择。选择从任务集选取操作任务模式，选择根据调度下发的操作票生成的安措操作任务模板，即可开始预演，如图 4-38 所示。若选择手动逐条添加模式，则在开始试验后手动更改压板状态。安措逻辑预演可及时发现操作票中的逻辑问题，避免二次安全操作逻辑错误导致的保护闭锁及保护误动事故发生。

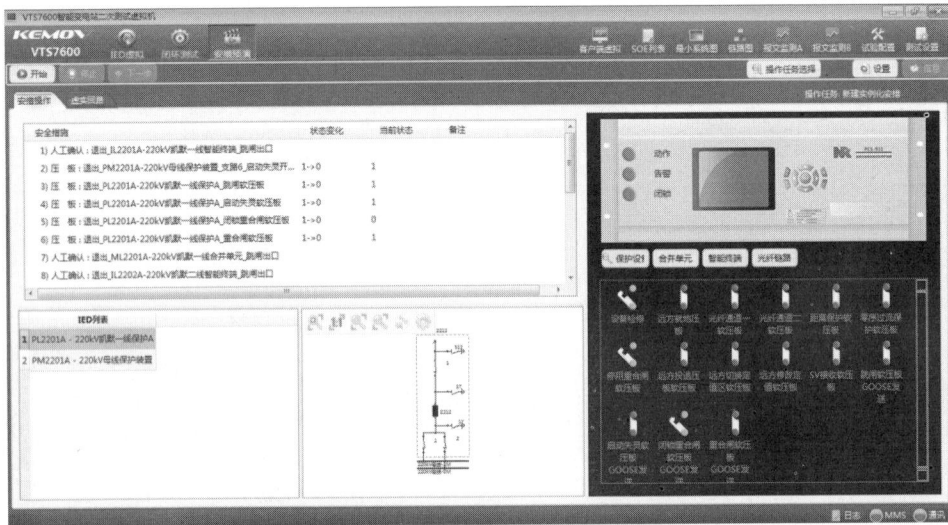

图 4-38　安措预演

3．现场作业

（1）将新增设备运送到现场，进行安装及初步的调试，避免运输途中损坏导致装置无法正常工作。

（2）采用厂家的 FTP 软件将 TXT/INI/XML/CFG 文件下装到线路保护装置中（母线间隔的文件暂不下装，为后面测试母差心跳报文做准备）。

（3）从线路保护装置中回读 TXT/INI/XML/CFG 文件。

（4）为确保下装的正确性，将回读的文件导入 SCD 可视化及校核工具中，可比对下装前的 TXT/INI/XML/CFG 文件与下装后从保护装置中读取的文件。在 SCD 可视化及校核工具中选择一致性校验，在校验设置中选择导入路径和制造厂商。确认匹配后，点击开始校验即可自动进行一致性校验，完成后可查看结果显示。若保护装置中下装的是 CCD 文件，则不需要再从装置中读取，直接在保护液晶上查看 CRC 码检查下装正确性。

（5）线路保护和线路间隔其他设备 SV/GOOSE 收发测试。

（6）线路间隔扩建，按照调度提供的安全措施操作票进行安措设置，比如退出相关运行保护装置中与母线保护装置相关的 GOOSE 接收软压板（如主变保护的失灵联跳开入等）、退出母线保护所有 GOOSE 发送软压板以及保护功能软压板，放上母线保护检修硬压板等。停运需陪停的 IED（需陪停的装置参考图 4-39），并连接新增线路间隔的设备与原有设备之间的物理链路。

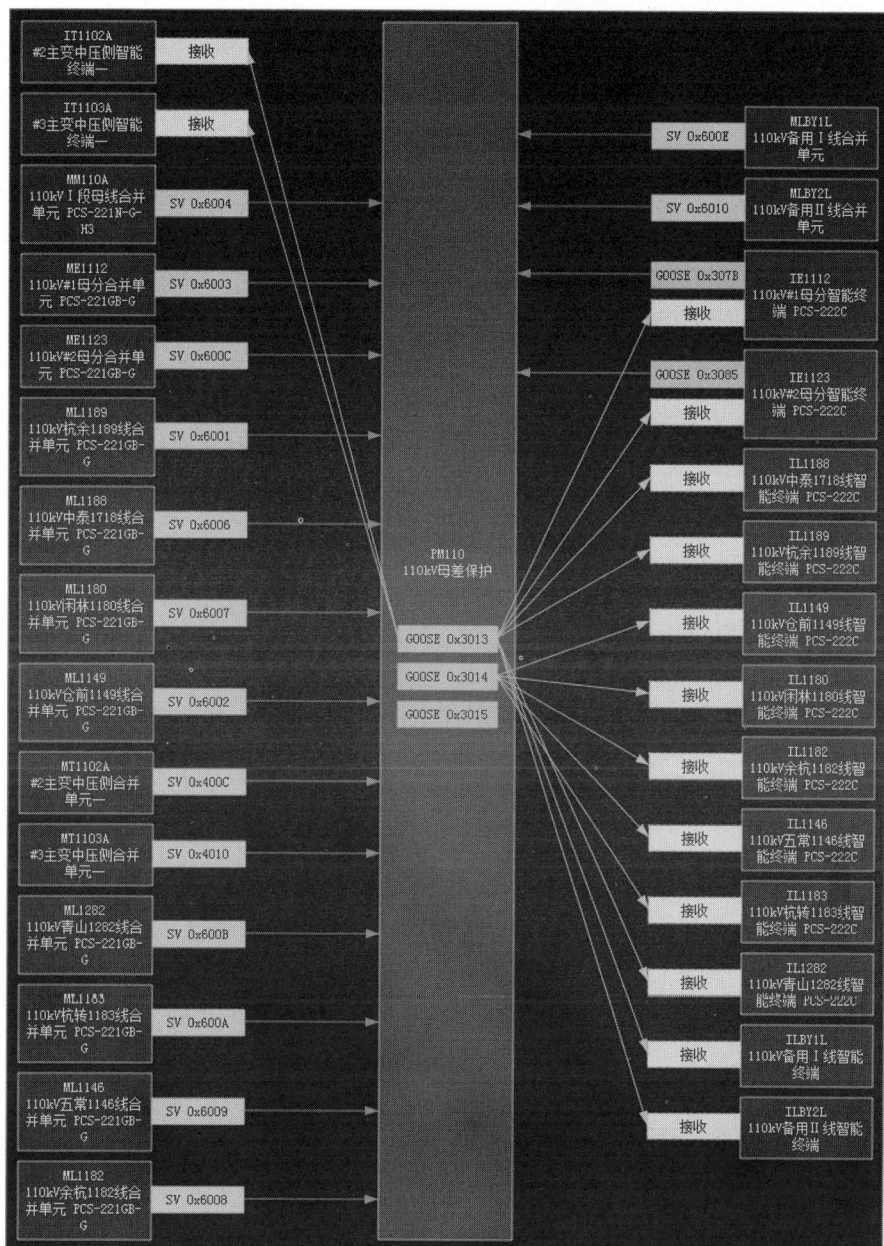

图 4-39　逻辑链路图——母线保护

（7）使用移动式虚拟终端进行母差心跳报文测试：检查是否除 SQ、ST、时间不一样外，其他都一样。选择报文测试功能模块抓取母线保护的心跳报文，按 F2 功能键添加为检修前的报文，以便与下装后的心跳报文比对。

（8）采用厂家的 FTP 软件将由新 SCD 文件生成的母线 TXT/INI/XML/CFG/CCD 文件下装到母线保护装置。

（9）采用厂家的 FTP 软件从母线保护中读取刚下装完成的 TXT/INI/XML/CFG/CCD 文件。

（10）为确保下装的正确性，将回读的文件导入 SCD 可视化及校核工具中，比对下装前的 TXT/INI/XML/CFG 文件与下装后从保护装置中读取的文件。在 SCD 可视化及校核工具中选择一致性校验，在校验设置中选择导入路径和制造厂商。

确认匹配后，点击开始校验即可自动进行一致性校验，完成后可查看结果显示。

若保护装置中下装的是 CCD 文件，则不需要再从装置中读取，直接在保护液晶上查看 CRC 码检查下装正确性。

（11）检验母线保护装置下装成功后，利用移动式虚拟终端的报文测试功能模块抓取母线保护的心跳报文，按 F3 功能键添加为检修后的报文，返回后点击功能键 F5 自动显示比对的结果。不一致项为标红表示（SQ、ST 不一致不会标红）。

（12）心跳报文测试完成后将原线路间隔的 TXT/INI 等格式文件导入移动式虚拟终端，模拟检修前的环境测试母线保护。在基本设置中导入全站配置文件的地方导入 TXT/INI 文件，选择文件之后选择相应的厂家，点击返回保存，此时即将发送的 SV/GOOSE 已自动导入，可切换到 SV 发送设置、GOOSE 发送设置等界面查看相关信息。在电压电流功能模块点击发送 SV/GOOSE 即可模拟原线路间隔，测试母差保护。

（13）新增线路间隔带母差传动，模拟故障做保护动作特性测试，查看保护装置能否正常发出跳闸命令跳开相应断路器。

（14）按调度下发的操作票将安全措施逐项移除。

（15）检查逻辑链路、物理链路的连接，确保光纤连接正确无误。

（16）将所有装置投入运行。

（17）最后将新 SCD 文件、TXT 等文件上传至管控系统备份。

第五章 继电保护智能运维 管控典型功能应用

第一节 SCD 文件智能管控

一、背景

智能变电站建设的快速推进，迫切需要尽快解决建设过程中发现的相关问题，确保建设规划的顺利实施，保障电网安全稳定运行。针对现有智能变电站安装、调试及运行管理中发现的变电站配置文件变动频繁、虚拟二次回路连接管控的难题，研究通过智能变电站 SCD 配置文件的分析及继电保护二次回路关键信息的提取，制定包含 SCD 配置文件的技术和管理两方面管控措施的 SCD 管控系统。为推进智能变电站配置文件的标准化研究与应用工作，SCD 管控系统强化配置文件版本管理，规范配置文件的相关标准和应用要求，严格管控配置文件版本的正确性、一致性，提升现场运维效率和智能化水平，为提高未来智能变电站控制保护系统的安全管控水平奠定基础。

现阶段国内智能变电站 SCD 文件管控仍处于相对初级的阶段，缺乏对应管控技术，管控自动化程度不高。SCD 文件的管理模式主要以离线分散管理为主，现场 SCD 文件变动缺少跟踪与记录，SCD 文件离线存储版本较多且分散，SCD 文件的变动主要依靠人工管理。SCD 文件采用 XML 语言描述，不能与运行维护人员熟悉的二次系统回路图对应，人工可读性差，文件正确性和唯一性很难保证。设计单位、系统集成商、各 IED 厂家由于工具不统一，有关配置文件的提交和信息修改需要反复比较多次后方趋于稳定，问题定位和修正较为困难。

二、智能变电站的建模

（一）智能变电站系统结构

与传统变电站自动化系统相比，采用 IEC 61850 标准的变电站自动化系统由站控层、间隔层和过程层组成。其中过程层设备与继电保护动作行为密切相关，间隔层保护设备通过网络或数字直传通道与过程层设备连接，数字通信替代了大量传统电缆：SV 采样传输完成从过程层设备向间隔层设备传输实时电流电压采样数据；GOOSE 通信服务完成间隔层设备之间、间隔层设备与过程层设备之间的状态、命令等实时数据的传输服务，如图 5-1 所示。

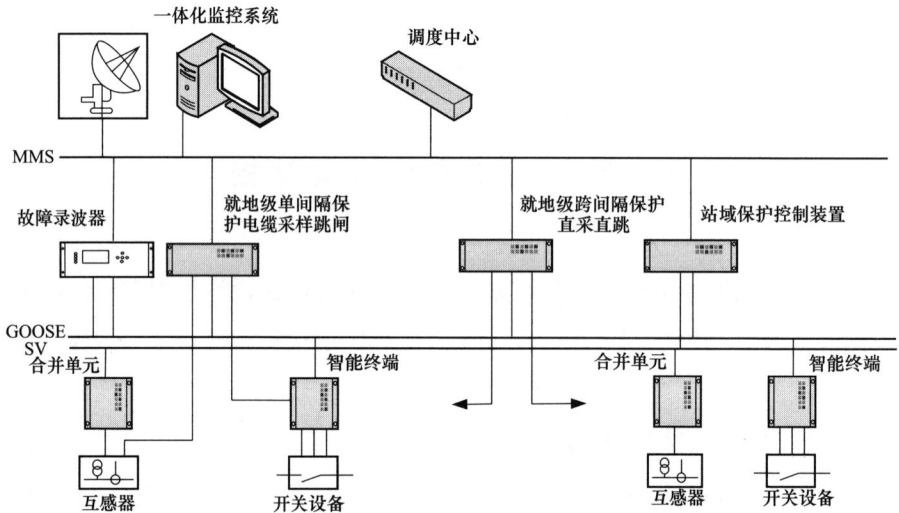

图 5-1　智能变电站系统结构图

（二）智能变电站通信基础

IEC6 1850 通信协议的基础是以太网技术，按照数据传输实时性的要求不同，采用了不同的数据通信协议栈，如图 5-2 所示。

（1）采样值的传输实时性要求高，因此采用提高传输效率的以太网多播方式或点对点传输方式。

（2）GOOSE 用于间隔层与过程层、间隔层之间的逻辑及状态量交互，实时性要求很高。GOOSE 报文传输由应用层进表示层 ASN.1 编码后直接映射到数据链路层和物理层。

继电保护通信传输的特点是：

（1）SV 采样数据实时连续传输，中断即时告警。

（2）GOOSE 传输：快速重发、链路自检、序号连续。

（三）智能变电站继电保护模型

1. 继电保护功能分解

为了满足智能变电站功能自由分布和分配，所有变电站保护、测量、控制等功能被分解成逻辑节点，如图 5-3 所示，这些节点可分布在一个或多个物理装置上。数据构成了在网络上传输的最基本的信息交换的基础。绝大部分设备之间的相互联系通过逻辑节点数据和服务进行。功能限制（FC）定义了什么功能可以操作这些数据。

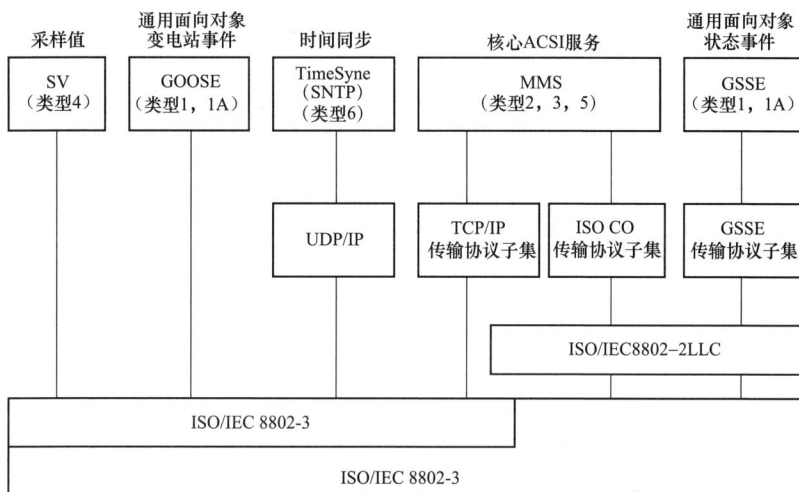

图 5-2　智能变电站通信协议图

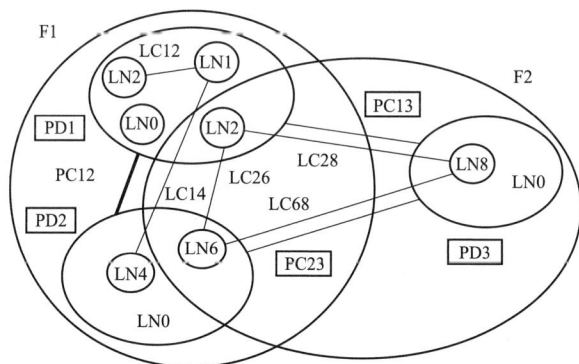

图 5-3　功能分布图

由于有一些数据不涉及任何一个功能，仅仅与物理装置本身有关，如铭牌信息、装置自检结果等，为此需要一个特殊的逻辑节点"装置"，并作为 LLN0

逻辑节点被引入。

逻辑节点 LN 间通过逻辑连接（LC）相连，专用于逻辑节点 LN 之间数据交换。数据从哪儿来（发送 LN）到哪儿去（接受 LN），即通信系统的静态结构必须在系统建立阶段设计或议定。

具体功能的说明考虑逻辑节点 LN 和 PICOM 方式，由三个步骤构成：

（1）功能说明，包含功能分解成逻辑节点 LN。

（2）逻辑节点说明，包含相互交换 PICOM 信息。

（3）PICOM 描述，包含其属性。PICOM 概念用来描述逻辑节点 LN 之间信息交换。

逻辑节点和数据是描述真实系统和其功能的最基本的概念。逻辑节点是数据的包容器，逻辑节点可以放在 IED 的任何位置。每个数据都有特定的含义。数据的交互通过服务完成。逻辑节点间可以相互进行数据通信。

2．逻辑设备模型

逻辑设备模型如图 5-4 所示，逻辑装置组合了逻辑节点和附加的服务。逻辑节点 LLN0 代表了逻辑装置的通用数据；物理设备逻辑节点 LPHD 代表了包容逻辑装置的物理装置的通用数据。

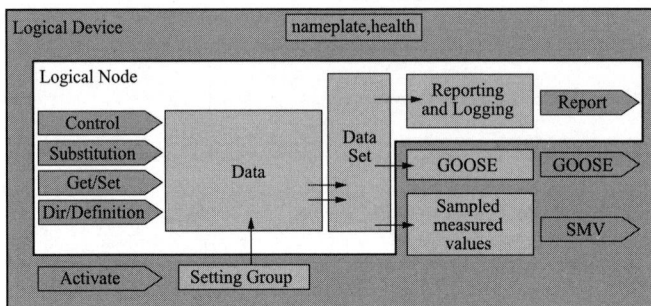

图 5-4　逻辑设备模型图

3．通信服务模型

ACSI 定义了应用在变电站设备的通用服务。通用服务模型分为服务器客户端模型和对等服务模型两种，如图 5-5 所示。服务器客户端模型用来控制和得到数据值；对等模型应用 GSE 服务和采样值服务（实时性要求更高）。

ACSI 服务实现了实际设备到虚拟化控制的抽象变换。与继电保护输入、输出数据直接相关的 ACSI 模型和服务如表 5-1 所示。

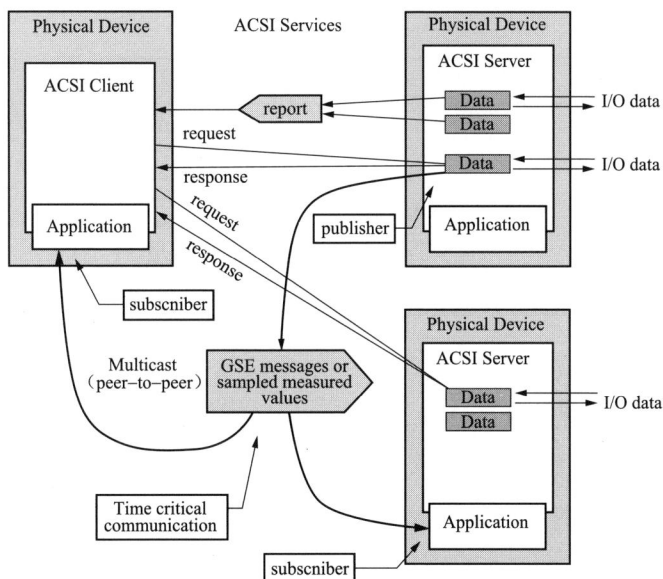

图 5-5　通信服务模型图

表 5-1　　　　　　　　　　　服 务 模 型 及 其 描 述

服务模型	描　　述	服务名	备注
Server	表示了设备的外部可见行为	GetServerDirectory	
Logical device	表示了功能的集合，每个功能定义为一个逻辑节点	GetLogicalDeviceDirectory	
Logical node	表示了站系统的某一特定的功能	GetLogicalNodeDirectory GetAllDataValues	
Data	提供了特定信息的描述	GetDataValues SetDataValues GetDataDefinition GetDataDirectory	
Data set	数据的集合	GetDataSetValues SetDataSetValues CreateDataSet DeleteDataSet GetDataSetDirectory	
Setting group control	定义定值切换和改定值组	SelectActiveSG SelectEditSG SetEditSGValues ConfirmEditSGValues GetEditSGValues GetSGCBValues	
Generic substation events（GSE）	提供快速可信的系统广播数据、点对点的二进制数据交换。	GOOSE CB： SendGOOSEMessage GetGoReference GetGOOSEElementNumber GetGoCBValues SetGoCBValues	跳闸关键

续表

服务模型	描　述	服务名	备注
Transmission of sampled values	快速循环传送采样值	Multicast SVC： SendMSVMessage GetMSVCBValues SetMSVCBValues Unicast SVC： SendUSVMessage GetUSVCBValues SetUSVCBValues	采样关键

4．逻辑节点之间的通信

逻辑节点之间通过 PICOMs（（pieces of communication）进行通信，如图 5-6 所示，服务器端的逻辑节点包含了数据和服务来提供数据交互。逻辑节点类定义中允许客户端/订阅方通过 LN 输入参引来描述逻辑节点之间的数据流交互。

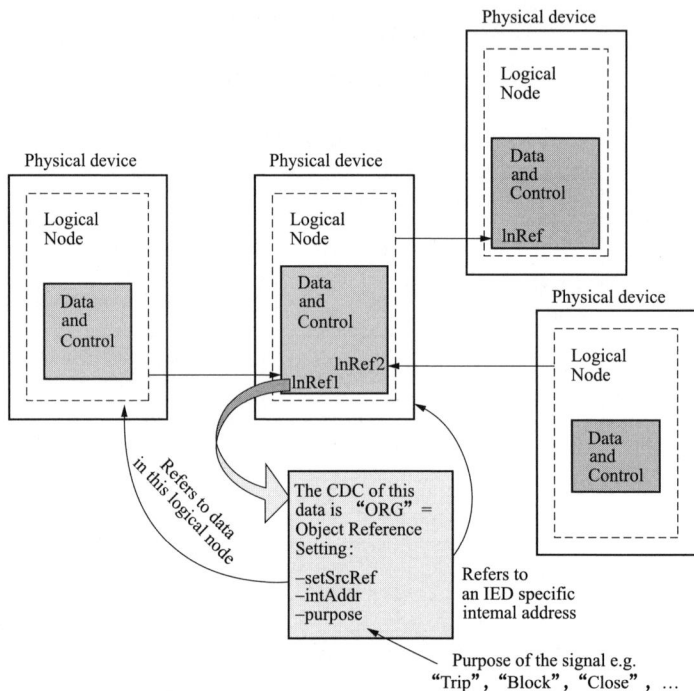

图 5-6　逻辑节点通信图

LN 输入参引用于描述外部信号源与内部地址的关联关系。LN 输入参引通过 InRef 数据名和公用数据类 CDC ORG（object reference setting group）进行定义。作为定值，公用数据类 CDC ORG 可以通过改定值的方式进行在线修改。同时，SCL 配置语言也允许通过 LN inputs 元件来静态定义逻辑节点间的数据交互。

三、智能变电站 SCD 文件分析

(一)概述

智能变电站遵循 IEC 61850 标准并深度依赖于变电站配置描述文件(SCD)。变电站配置描述文件记录了与智能变电站安全稳定运行相关的大量信息,关键信息包括:

(1)变电站一次设备模型与电气拓扑信息。

(2)功能视图:自动化功能在各间隔内的分配。

(3)IED 视图:IED 能力描述。

(4)通信视图:通信配置信息。

(5)产品视图:IED 视图中 LN 与功能视图中 LN 的映射。

(6)数据流:IED 之间的水平通信与垂直通信。

(二)SCD 文件分析(全站配置文件)

如图 5-7 所示,SCD 文件一般包含五大部分:

(1)Header:遵照最新相关规范执行。

(2)Substation:全站一次设备及拓扑结构。

(3)Communication:包含过程层网络、站控层网络配置,包含 IP 地址,GOOSE 网 VLAN 划分及物理地址等。

(4)IED:包含全站 IED,以及全部间隔层 IED 的过程层接口逻辑设备的完整内容。

(5)DataTemplate:包含全站 IED 的逻辑设备相关的 LN、DO 和 DA 的 ENUM 定义。

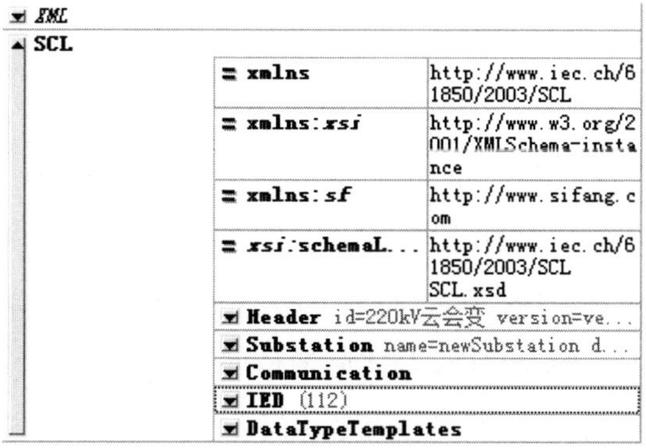

图 5-7 SCD 文件示意图

SCD 文件描述信息关联模型如图 5-8 所示，其描述的全部信息如图 5-9 所示。

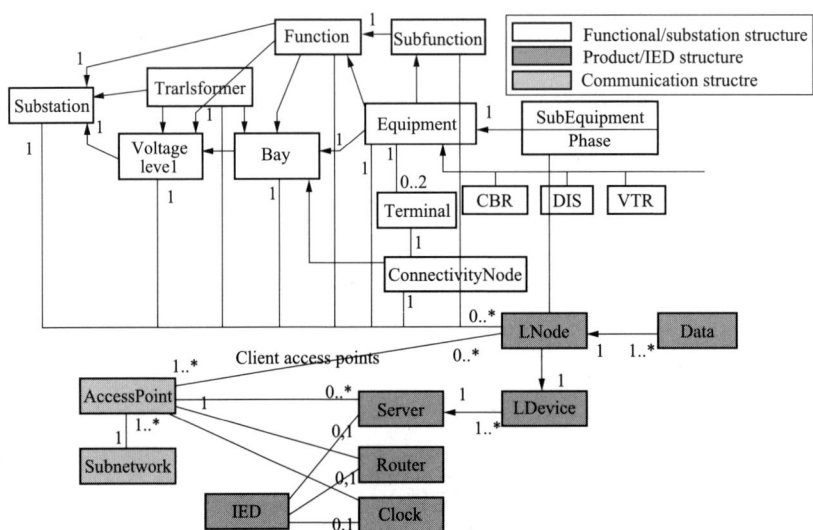

图 5-8　SCD 文件描述信息关联模型图

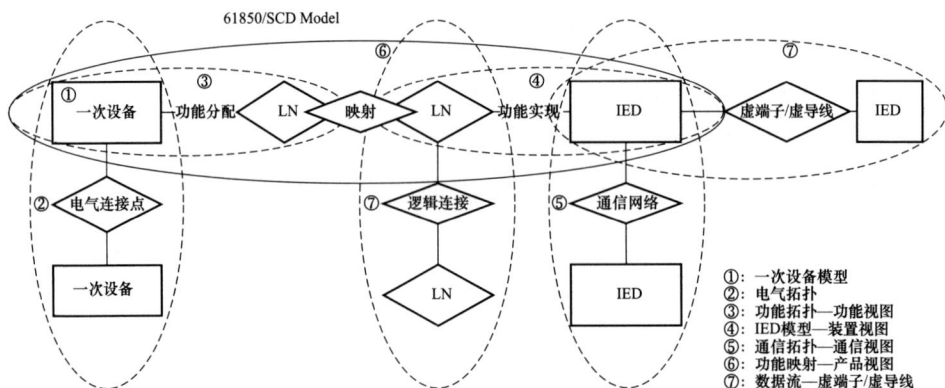

图 5-9　SCD 文件描述的全部信息

（三）装置能力描述文件（ICD 文件）结构分析

ICD 文件按照 IEC 61850 标准的分层分类建模思想将 IED 设备分为 Server 服务器、LD 逻辑设备、LN 逻辑节点、DO 数据对象、DA 数据属性五个层次。IED 设备建模后通过访问点实现与实际通信网络的连接关系。因此，ICD 文件结构一般由 MMS 访问点（S）、GOOSE 访问点（G）、SMV 访问点（M）以及数据类型模板等几部分构成。上述几部分共存于同一个 ICD 文件中，同一个 Server

的 LD 之间存在参引关系，所有 Server 和数据类型模板之间也存在参引关系。

以南瑞继保 NPCS931 为例进行分析，其 CID 文件如图 5-10 所示。

```
<IED configVersion="1.00" desc="N侧南瑞继保931" manufacturer="南瑞继保" name="NPCS931" type="xxxx">
  <Private type="NR_Board">Type:NR1136,Slot:B06,Fiber:6</Private>
  <Services>
  <AccessPoint desc="线路差动保护" name="S1">
    <Server timeout="30">
      <Authentication none="true"/>
      <LDevice inst="LD0">
      <LDevice desc="光纤纵差保护" inst="PROT">
      <LDevice inst="CTRL">
      <LDevice inst="MEAS">
      <LDevice inst="RCD">
    </Server>
  </AccessPoint>
  <AccessPoint desc="线路差动保护" name="G1">
    <Server>
      <Authentication none="true"/>
      <LDevice inst="PI1">
      <LDevice inst="PI2">
    </Server>
  </AccessPoint>
  <AccessPoint desc="线路差动保护" name="M1">
    <Server>
      <Authentication/>
      <LDevice inst="SVLD1">
      <LDevice inst="SVLD2">
    </Server>
  </AccessPoint>
</IED>
```

图 5-10 NPC-931 CID 文件

由图 5-10 可概括出如下特点：

（1）总体结构。装置包含 3 个访问点：

1）S1 访问点为站控层访问点，接入 MMS。其中包括保护（PROT）、控制（CTRL）、测量（MEAS）、录波（RCD）等四个 LD。

2）G1 访问点接入过程层 GOOSE 网络。该访问点下包含两个 LD，其中，PI1 内包含装置的所有 GOOSE 虚端子信息，这些虚端子为保护、测控所共用；PI2 则为测控专用，其中包含了过程层 LN 模型，如 CILO 等。

3）M1 访问点接入过程层 SMV 网络。类似地，该访问点下也包含两个 LD，其中，SVLD1 内包含保护相关的 SV 虚端子信息；SVLD2 下包含测控相关的过程层 LN 模型，如测控用 TCTR、TVTR 等。

上述做法总体符合国家电网公司继电保护建模规范，在国内具有代表性。

（2）LN 模型。此模型中很少使用 GGIO，绝大部分根据国家电网公司规范选择相应 LN。但各厂家都做了模型扩展。

以 S1 访问点下的保护（PROT）LD 为例，其中包含的 LN 如图 5-11 所示。

在该 LD 中，LN0 中定义了保护相关的 ReportControl、相关的 DataSet，以及 SettingControl，如图 5-12 所示。

```
<LDevice desc="光纤纵差保护" inst="PROT">
  <LN0 inst="" lnClass="LLN0" lnType="NRR_LLN0_90X">
  <LN inst="1" lnClass="LPHD" lnType="NRR_LPHD_931">
  <LN desc="电流差动保护" inst="1" lnClass="PDIF" lnType="NRR_PDIF_LINE">
  <LN desc="接地距离Ⅰ段保护" inst="1" lnClass="PDIS" lnType="NRR_PDIS_LINE">
  <LN desc="相间距离Ⅰ段保护" inst="2" lnClass="PDIS" lnType="NRR_PDIS_LINE">
  <LN desc="接地距离Ⅱ段保护" inst="3" lnClass="PDIS" lnType="NRR_PDIS_LINE">
  <LN desc="相间距离Ⅱ段保护" inst="4" lnClass="PDIS" lnType="NRR_PDIS_LINE">
  <LN desc="接地距离Ⅲ段保护" inst="5" lnClass="PDIS" lnType="NRR_PDIS_LINE">
  <LN desc="相间距离Ⅲ段保护" inst="6" lnClass="PDIS" lnType="NRR_PDIS_LINE">
  <LN desc="工频变化量距离" inst="7" lnClass="PDIS" lnType="NRR_PDIS">
  <LN desc="零序过流Ⅱ段" inst="1" lnClass="PTOC" lnType="NRR_PTOC">
  <LN desc="零序过流Ⅲ段" inst="2" lnClass="PTOC" lnType="NRR_PTOC">
  <LN desc="零序加速" inst="3" lnClass="PTOC" lnType="NRR_PTOC">
  <LN desc="零序反时限保护" inst="4" lnClass="PTOC" lnType="NRR_PTOC">
  <LN desc="PT断线零序过流" inst="5" lnClass="PTOC" lnType="NRR_PTOC">
  <LN desc="PT断线相过流" inst="6" lnClass="PTOC" lnType="NRR_PTOC">
  <LN desc="三相不一致保护" inst="7" lnClass="PTOC" lnType="NRR_PPDP">
  <LN desc="远方跳闸模块" inst="1" lnClass="PSCH" lnType="NRR_PSCH">
  <LN desc="远传1模块" inst="2" lnClass="PSCH" lnType="NRR_PSCH">
  <LN desc="远传2模块" inst="3" lnClass="PSCH" lnType="NRR_PSCH">
  <LN desc="振荡闭锁" inst="1" lnClass="RPSB" lnType="NRR_RPSB">
  <LN desc="过电压保护" inst="1" lnClass="PTOV" lnType="NRR_PTOV">
  <LN desc="过电压起动远跳" inst="2" lnClass="PTOV" lnType="NRR_PTOV">
  <LN desc="远跳有判据" inst="8" lnClass="PTOC" lnType="NRR_RRTC">
  <LN desc="远跳无判据" inst="9" lnClass="PTOC" lnType="NRR_RRTC">
  <LN desc="跳闸逻辑" inst="1" lnClass="PTRC" lnType="NRR_PTRC">
  <LN desc="GOOSE跳闸出口" inst="1" lnClass="PTRC" lnType="NRR_PTRC" prefix="GO">
  <LN desc="GOOSE合闸出口" inst="1" lnClass="RREC" lnType="NRR_RREC" prefix="GO">
  <LN desc="重合闸逻辑" inst="2" lnClass="RREC" lnType="NRR_RREC">
  <LN desc="故障定位" inst="1" lnClass="RFLO" lnType="NRR_RFLO">
  <LN desc="线路PT" inst="1" lnClass="TVTR" lnType="NRR_TVTR">
  <LN desc="线路CT" inst="1" lnClass="TCTR" lnType="NRR_TCTR">
  <LN desc="保护板模拟量" inst="1" lnClass="MMXU" lnType="NRR_MMXU">
  <LN desc="启动板模拟量" inst="2" lnClass="MMXU" lnType="NRR_MMXU">
  <LN desc="对侧电流" inst="3" lnClass="MMXU" lnType="NRR_MMXU">
  <LN desc="未补偿差动电流" inst="4" lnClass="MMXU" lnType="NRR_MMXU">
  <LN desc="补偿后差动电流" inst="5" lnClass="MMXU" lnType="NRR_MMXU">
  <LN desc="压板1" inst="1" lnClass="GGIO" lnType="NRR_GGIO_SPC">
  <LN desc="压板12" inst="2" lnClass="GGIO" lnType="NRR_GGIO_SPC">
  <LN desc="动作元件1" inst="3" lnClass="GGIO" lnType="NRR_GGIO_IND">
  <LN desc="动作元件13" inst="4" lnClass="GGIO" lnType="NRR_GGIO_IND">
  <LN desc="动作元件2" inst="5" lnClass="GGIO" lnType="NRR_GGIO_IND">
  <LN desc="通信1" inst="6" lnClass="GGIO" lnType="NRR_GGIO_IND">
  <LN desc="通信2" inst="7" lnClass="GGIO" lnType="NRR_GGIO_IND">
  <LN desc="通信3" inst="8" lnClass="GGIO" lnType="NRR_GGIO_IND">
  <LN desc="故障信号1" inst="9" lnClass="GGIO" lnType="NRR_GGIO_ALM">
  <LN desc="故障信号2" inst="10" lnClass="GGIO" lnType="NRR_GGIO_ALM">
  <LN desc="故障信号3" inst="11" lnClass="GGIO" lnType="NRR_GGIO_ALM">
  <LN desc="告警信号1" inst="12" lnClass="GGIO" lnType="NRR_GGIO_ALM">
  <LN desc="动作元件4" inst="13" lnClass="GGIO" lnType="NRR_GGIO_IND">
  <LN desc="动作元件5" inst="14" lnClass="GGIO" lnType="NRR_GGIO_IND">
  <LN desc="通信4" inst="15" lnClass="GGIO" lnType="NRR_GGIO_IND">
  <LN desc="通信5" inst="16" lnClass="GGIO" lnType="NRR_GGIO_IND">
  <LN desc="故障信号4" inst="17" lnClass="GGIO" lnType="NRR_GGIO_ALM">
```

图 5-11 保护（PROT）LD 所包含的 LN 示意图

（3）装置输入虚端子信息。装置的 GOOSE 输入虚端子定义在 G1 访问点的 PI1$LN0 中，其构成如图 5-13 所示。

根据 IEC 61850 标准以及国内规范，GOOSE 输入虚端子定义在 LN0.INPUTS 部分描述附加参引，如图 5-14 所示。

装置的 SV 输入虚端子定义在 M1 访问点的 SVLD1$LN0 中，其构成如图 5-15 所示。

根据 IEC 61850 标准以及国内规范，SV 输入虚端子定义在 LN0.INPUTS 部分描述附加参引，如图 5-16 所示。

```
<LDevice desc="光纤纵差保护" inst="PROT">
 <LN0 inst="" lnClass="LLN0" lnType="NRR_LLN0_90X">
  <DataSet desc="保护通信数据集" name="dsRelayDin"> |
  <DataSet desc="模拟量" name="dsRelayAin">
  <DataSet desc="保护事件数据集" name="dsTripInfo">
  <DataSet desc="故障信号数据集" name="dsAlarm">
  <DataSet desc="告警信号数据集" name="dsWarning">
  <DataSet desc="设备参数定值" name="dsParameter">
  <DataSet desc="保护定值数据集" name="dsSetting">
  <DataSet desc="保护压板数据集" name="dsRelayEna">
  <ReportControl bufTime="0" buffered="true" confRev="1" datSet="dsRelayDin" intgPd="0" name="brcbRelaybDin" rptID="brcbRelaybDin4">
  <ReportControl bufTime="0" buffered="false" confRev="1" datSet="dsRelayAin" intgPd="5000" name="urcbRelayAin" rptID="urcbRelayAin5">
  <ReportControl bufTime="0" buffered="true" confRev="1" datSet="dsTripInfo" intgPd="0" name="brcbTripInfo" rptID="brcbTripInfo6">
  <ReportControl bufTime="0" buffered="true" confRev="1" datSet="dsAlarm" intgPd="0" name="brcbAlarm" rptID="brcbAlarm7">
  <ReportControl bufTime="0" buffered="true" confRev="1" datSet="dsWarning" intgPd="0" name="brcbWarning" rptID="brcbWarning8">
  <ReportControl bufTime="0" buffered="true" confRev="1" datSet="dsRelayEna" intgPd="0" name="brcbRelayEna" rptID="brcbRelayEna9">
  <DOI desc="Mode" name="Mod">
  <DOI desc="信号复归" name="LEDRs">
  <DOI desc="通道A差动保护软压板" name="FuncEna1">
  <DOI desc="距离保护软压板" name="FuncEna2">
  <DOI desc="零序过流保护软压板" name="FuncEna3">
  <DOI desc="不一致保护软压板" name="FuncEna4">
  <DOI desc="停用重合闸软压板" name="FuncEna5">
  <DOI desc="Function 6 enabled" name="FuncEna6">
  <DOI desc="Function 7 enabled" name="FuncEna7">
  <DOI desc="Function 8 enabled" name="FuncEna8">
  <DOI desc="Function 9 enabled" name="FuncEna9">
  <DOI desc="Function 10 enabled" name="FuncEna10">
  <DOI desc="变化量启动电流定值" name="DPFCStr">
  <DOI desc="零序启动电流定值" name="ROCStr">
  <DOI desc="Negtive current start value" name="NOCStr">
  <DOI desc="Line No" name="LinNo">
  <DOI desc="远方修改定值" name="RemSetEna">
  <DOI desc="远方控制软压板" name="RemGoEna">
  <SettingControl actSG="1" numOfSGs="10"/>
 </LN0>
```

图 5-12　逻辑节点 LN0 信息定义

```
<LDevice inst="PI1">
 <LN0 inst="" lnClass="LLN0" lnType="NRR_LLN0_90X">
  <DataSet desc="GOOSE出口数据集0" name="dsGOOSE0">
  <DOI desc="Mode" name="Mod">
  <DOI desc="LED reset " name="LEDRs">
  <DOI desc="Function 1 enabled" name="FuncEna1">
  <DOI desc="Function 2 enabled" name="FuncEna2">
  <DOI desc="Function 3 enabled" name="FuncEna3">
  <DOI desc="Function 4 enabled" name="FuncEna4">
  <DOI desc="Function 5 enabled" name="FuncEna5">
  <DOI desc="Function 6 enabled" name="FuncEna6">
  <DOI desc="Function 7 enabled" name="FuncEna7">
  <DOI desc="Function 8 enabled" name="FuncEna8">
  <DOI desc="Function 9 enabled" name="FuncEna9">
  <DOI desc="Function 10 enabled" name="FuncEna10">
  <DOI desc="DPFC start value" name="DPFCStr">
  <DOI desc="Residual current start value" name="ROCStr">
  <DOI desc="Negtive current start value" name="NOCStr">
  <DOI desc="Line No" name="LinNo">
  <DOI desc="Remotely Modify Setting" name="RemSetEna">
  <DOI desc="Remotely Control Goose" name="RemGoEna">
  <Inputs>
  <GSEControl appID="NPCS931PI1/LLN0.gocb0" confRev="1" datSet="dsGOOSE0" desc="" name="gocb0" type="GOOSE"/>
  <SettingControl actSG="1" numOfSGs="0"/>
 </LN0>
 <LN inst="1" lnClass="LPHD" lnType="NRR_LPHD_931">
 <LN desc="GOOSE输入1" inst="1" lnClass="GGIO" lnType="NRR_GGIO_DPC" prefix="GOIN">
 <LN desc="GOOSE输入2" inst="2" lnClass="GGIO" lnType="NRR_GGIO_SPC" prefix="GOIN">
 <LN desc="GOOSE输入3" inst="3" lnClass="GGIO" lnType="NRR_GGIO_SPC" prefix="GOIN">
 <LN desc="GOOSE_边开关跳闸出口" inst="1" lnClass="PTRC" lnType="NRR_PTRC" prefix="Break1">
 <LN desc="GOOSE_中开关跳闸出口" inst="1" lnClass="PTRC" lnType="NRR_PTRC" prefix="Break2">
 <LN desc="GORRREC_GOOSE重合闸出口" inst="1" lnClass="RREC" lnType="NRR_RREC">
 <LN desc="GOOSE远传1命令输出" inst="1" lnClass="PSCH" lnType="NRR_PSCH" prefix="RemTr1">
 <LN desc="GOOSE远传2命令输出" inst="1" lnClass="PSCH" lnType="NRR_PSCH" prefix="RemTr2">
 <LN desc="ChalmGGIO_GOOSE通道告警输出" inst="4" lnClass="GGIO" lnType="NRR_GGIO_ALM">
</LDevice>
```

图 5-13　装置 GOOSE 输入虚端子信息

```
<Inputs>
 <ExtRef daName="stVal" doName="Pos" iedName="NBKT4NR" ldInst="RPIT" lnClass="XCBR" lnInst="1" prefix="QOA" intAddr="PI1/GOINGGIO1.DPCSO1.stVal"/>
 <ExtRef daName="stVal" doName="Pos" iedName="NBKT4NR" ldInst="RPIT" lnClass="XCBR" lnInst="1" prefix="QOB" intAddr="PI1/GOINGGIO1.DPCSO2.stVal"/>
 <ExtRef daName="stVal" doName="Pos" iedName="NBKT4NR" ldInst="RPIT" lnClass="XCBR" lnInst="1" prefix="QOC" intAddr="PI1/GOINGGIO1.DPCSO3.stVal"/>
 <ExtRef daName="stVal" doName="Ind1" iedName="NBKT4NR" ldInst="RPIT" lnClass="GGIO" lnInst="1" prefix="ProtIn" intAddr="PI1/GOINGGIO3.SPCSO1.stVal"/>
 <ExtRef daName="stVal" doName="Ind2" iedName="NBKT4NR" ldInst="RPIT" lnClass="GGIO" lnInst="1" prefix="ProtIn" intAddr="PI1/GOINGGIO3.SPCSO6.stVal"/>
 <ExtRef daName="general" doName="Tr" iedName="NPCS915" ldInst="PI_PROT" lnClass="PTRC" lnInst="4" prefix="Bus" intAddr="PI1/GOINGGIO3.SPCSO7.stVal"/>
</Inputs>
```

图 5-14　GOOSE 输入虚端子描述

```
<LDevice inst="SVLD1">
  <LN0 inst="" lnClass="LLN0" lnType="NRR_LLN0_90X">
    <DOI desc="Mode" name="Mod">
    <DOI desc="LED reset " name="LEDRs">
    <DOI desc="Function 1 enabled" name="FuncEna1">
    <DOI desc="Function 2 enabled" name="FuncEna2">
    <DOI desc="Function 3 enabled" name="FuncEna3">
    <DOI desc="Function 4 enabled" name="FuncEna4">
    <DOI desc="Function 5 enabled" name="FuncEna5">
    <DOI desc="Function 6 enabled" name="FuncEna6">
    <DOI desc="Function 7 enabled" name="FuncEna7">
    <DOI desc="Function 8 enabled" name="FuncEna8">
    <DOI desc="Function 9 enabled" name="FuncEna9">
    <DOI desc="Function 10 enabled" name="FuncEna10">
    <DOI desc="DPFC start value" name="DPFCStr">
    <DOI desc="Residual current start value" name="ROCStr">
    <DOI desc="Negtive current start value" name="NOCStr">
    <DOI desc="Line No" name="LinNo">
    <DOI desc="Remotely Modify Setting" name="RemSetEna">
    <DOI desc="Remotely Control Goose" name="RemGoEna">
    <Inputs>
    <SettingControl actSG="1" numOfSGs="0"/>
  </LN0>
  <LN inst="1" lnClass="LPHD" lnType="NRR_LPHD_931">
  <LN desc="保护电流A相" inst="1" lnClass="TCTR" lnType="NRR_TCTR" prefix="SVINPA">
  <LN desc="保护电流B相" inst="1" lnClass="TCTR" lnType="NRR_TCTR" prefix="SVINPB">
  <LN desc="保护电流C相" inst="1" lnClass="TCTR" lnType="NRR_TCTR" prefix="SVINPC">
  <LN desc="保护电压A相" inst="1" lnClass="TVTR" lnType="NRR_TVTR" prefix="SVINUA">
  <LN desc="保护电压B相" inst="1" lnClass="TVTR" lnType="NRR_TVTR" prefix="SVINUB">
  <LN desc="保护电压C相" inst="1" lnClass="TVTR" lnType="NRR_TVTR" prefix="SVINUC">
  <LN desc="保护同期电压" inst="1" lnClass="TVTR" lnType="NRR_TVTR" prefix="SVINUX">
  <LN desc="SVINGGIO_通道延时" inst="1" lnClass="GGIO" lnType="NRR_GGIO_SAV" prefix="SVIN">
</LDevice>
```

图 5-15　SV 输入虚端子定义

图 5-16　SV 输入虚端子描述

（四）实例化装置配置文件（CID 文件）

CID 文件是从实例化后的全站 SCD 文件导出的 IED 装置配置文件，主要文件结构及主要信息与 ICD 文件相似，CID 文件与 ICD 文件的主要区别在于实例化部分描述：

（1）ICD 文件中有关装置描述会在实例化后修改并在 CID 文件中反映。

（2）ICD 文件中有关装置 GOOSE 等网络描述会在实例化后修改并在 CID

文件中反映。

（3）ICD 文件中有关 SV 输入源、GOOSE 输入源描述会在实例化后修改并在 CID 文件中反映。

四、智能变电站 SCD 文件管控策略

（一）管控主要目标

任何变电站改扩建过程造成 SCD 文件变化，引起的保护装置虚端子和虚回路的改变可被监视。

（1）使智能变电站继电保护装置的虚端子和虚回路易于管理。

（2）以可视化的方式清晰地展示智能变电站二次回路的状况。

在智能变电站全寿命周期这个时间域中考虑，SCD 文件是动态变化的，必然存在如下问题：

（1）在修改站控层通信配置时，如何保证过程层配置信息的安全性。

（2）在对间隔 A 进行改造时，如何保证其他间隔配置信息的安全性。

（3）在交换配置文件等过程中，如何保证配置文件不被篡改。

（4）如何确保配置信息被下载到正确的间隔、正确的 IED。

（5）如何对配置文件的版本信息进行跟踪与追溯。

SCD 文件内主要包含信息与功能两大部分，信息变化比较频繁，而功能相对固定。为确保继电保护功能的正确性，SCD 文件管控的核心和重点在装置功能定义。

（二）虚拟二次回路的描述

虚拟二次回路是在智能变电站推进过程中，由设计及调试提出的将装置输入输出及相互关系进行图形化描述的一种手段。通过这种手段，可以比较容易实现常规继电保护向智能站保护的过渡，同时也有利于现场调试验证工作的顺利开展。

虚拟二次回路主要以装置逻辑联系图（GOOSE 输入输出、SV 输入输出、GOOSE/SV 关联 LL）、联系表形式体现，如图 5-17 所示。回归装置二次回路管控的目标，虚拟二次回路应该包含以下几个部分：

（1）SV 输入定义信息。

（2）GOOSE 输入定义信息。

（3）GOOSE 输出定义信息。

（4）网络地址等配置信息。

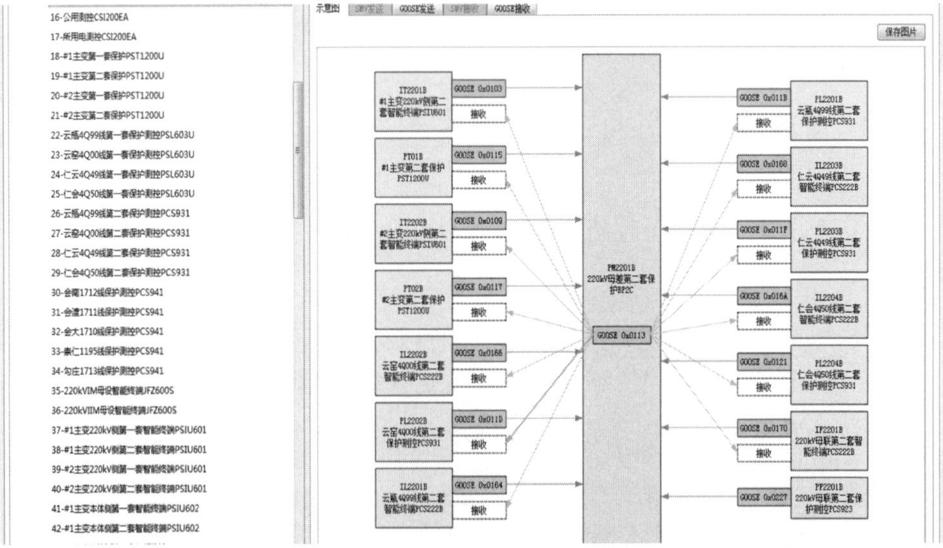

图 5-17　可视化虚端子图

1．装置输出虚端子信息的提取

装置的输出虚端子是利用 GOOSE 控制块定义的。GOOSE 控制块定义于 G1 访问点的 PI1$LN0 中，按照如图 5-18 所示方法提取输出虚端子。

图 5-18　虚端子提取图

（1）搜索 ICD/CID 文件，定位到 G1 访问点的 PI1$LN0。

（2）遍历 LN0 下面的＜GSEControl＞标签，对于每个 GOOSE 标签。

（3）提取 name、desc、datSet、confRev、appID 等元素，记录为一个虚端子排。

（4）根据 datASet，找到匹配的＜DataSet name=…＞，并提取每个数据项。

（5）将每个数据项记录为一个输出虚端子，记录其对应的 LN.DO.DA。

（6）直至数据项遍历完。

（7）直至 GOOSE 控制块遍历完。

2．装置虚回路形成

CID 文件中记录了装置的虚回路连接信息，以 GOOSE 虚回路为例，如图 5-19 所示。

```
<Inputs>
  <ExtRef daName="stVal" doName="Pos" iedName="NBKT4NR" ldInst="RPIT" lnClass="XCBR" lnInst="1" prefix="Q0A" intAddr="PI1/GOINGGIO1.DPCSO1.stVal"/>
  <ExtRef daName="stVal" doName="Pos" iedName="NBKT4NR" ldInst="RPIT" lnClass="XCBR" lnInst="1" prefix="Q0B" intAddr="PI1/GOINGGIO1.DPCSO2.stVal"/>
  <ExtRef daName="stVal" doName="Pos" iedName="NBKT4NR" ldInst="RPIT" lnClass="XCBR" lnInst="1" prefix="Q0C" intAddr="PI1/GOINGGIO1.DPCSO3.stVal"/>
  <ExtRef daName="stVal" doName="Ind1" iedName="NBKT4NR" ldInst="RPIT" lnClass="GGIO" lnInst="1" prefix="ProtIn" intAddr="PI1/GOINGGIO3.SPCSO1.stVal"/>
  <ExtRef daName="stVal" doName="Ind2" iedName="NBKT4NR" ldInst="RPIT" lnClass="GGIO" lnInst="1" prefix="ProtIn" intAddr="PI1/GOINGGIO3.SPCSO6.stVal"/>
  <ExtRef daName="general" doName="Tr" iedName="NPCS915" ldInst="PI_PROT" lnClass="PTRC" lnInst="4" prefix="Bus" intAddr="PI1/GOINGGIO3.SPCSO7.stVal"/>
</Inputs>
```

图 5-19　虚回路形成图

可采用如下方法提取装置的虚回路：

（1）搜索 CID 文件，找到＜G1$PI1.LN0＞。

（2）搜索＜Inputs＞。

（3）遍历所有＜ExtRef＞。

（4）提取 iedName，ldInst，lnClass，lnInst，doName，daName，prefix 等元素，构成一个虚回路。

（5）根据上述虚回路信息，搜索＜G1$PI1.LN0＞中定义的 GOOSE 控制块，找到匹配的 GoCB，记录 cbName、goCbRef、datSet、datSetRef、confRev、appId 等信息。

（6）根据匹配的 GoCB，再搜索 CID 文件的＜Communication＞部分，找到该 GoCB 的通信信息，记录 mAddr，VLAN-ID，VLAN-PRIORITY 等信息。

（7）直至遇到＜/Inputs＞。

3．装置对象模型继电保护核心信息的提取

需提取与 GOOSE 输入、输出虚端子相关的 LN 模板，以实施管控。按如下方法提取相关的对象模型：

（1）遍历所有输入虚端子，记录其依赖的 LN 及其模板定义。

（2）遍历所有输出虚端子，记录其依赖的 LN 及其模板定义。

（3）这样，就完成了装置中提取的虚拟回路相关信息的提取。

（三）虚拟二次 回路管控技术措施

1. 配置文件版本管理及 CRC 校验

（1）系统配置工具应在保存文件时提示用户保存详细配置历史记录并自动保存，同时自动生成全站虚端子配置 CRC 版本和 IED 虚端子配置 CRC 版本并自动保存。

（2）系统配置工具应能自动生成 SCD 文件版本（version）、SCD 文件修订版本（revision）和生成时间（when），修改人（who）、修改什么（what）和修改原因（why）可由用户填写。文件版本从 1.0 开始，当文件增加了新的 IED 或某个 IED 模型实例升级时，以步长 0.1 向上累加。文件修订版本从 1.0 开始，当文件做了通信配置、参数、描述修改时，以步长 0.1 向上累加，文件版本增加时，文件修订版本清零。

（3）系统配置工具应自动生成 IED 虚端子配置 CRC 版本并生成（或替换）相应 AccessPoint 中的 Private（type="IED virtual terminal conection CRC"）元素，例如：

```
<AccessPoint name="S1" router="false" clock="false">
< Private type="IED virtual terminal conection CRC" > EF01 <
/Private>
<Server timeout="30">
……
</Server>
</AccessPoint>
```

（4）系统配置工具应自动生成全站虚端子配置 CRC 版本并生成（或替换）SCL 中的 Private（type="Substation virtual terminal conection CRC"）元素，例如：

```
<SCL >
<Private type="Substation virtual terminal conection CRC">ABCD
</Private>
<Header/>
…
</SCL>
```

（5）IED 配置工具在下装过程层虚端子配置时，应自动提取全站过程层虚端子配置 CRC 版本和 IED 过程层虚端子配置 CRC 版本，下装到装置并可通过人机界面查看。

2．虚拟二次回路变动的校核

方案一：全站 SCD 文件虚回路解析及 CRC 校验

（1）实现思路：

1）集成厂商获得全站所有装置的 ICD 文件，通过 SCD 配置工具，形成全站的 SCD 文件。

2）在形成 SCD 文件的同时，分别生成全站所有装置过程层信息（虚回路）的 CRC 码。

3）根据保护厂家 IED 工具，生成装置的过程层配置文件。

4）将过程层配置文件下装给保护装置，查看配置信息的 CRC 码。

5）比对 SCD 配置工具生成的 CRC 码与装置查看的 CRC 码的一致性。

6）可以考虑全站过程层和站控层 SCD 文件集成解耦，但最终需要合成全站总的 SCD 文件。

（2）优点：

1）符合 IEC 61850 核心思想，保护装置的 ICD 文件唯一，包括站控层信息和过程层信息。

2）通过 SCD 配置工具生成的 CRC 码与装置运行查看的 CRC 码比对，保证了配置信息的正确性。

3）SCD 工具应该通过可视化方式直观展示装置的过程层配置的变化内容，以指导配置更新后的测试。

（3）缺点：

1）需要规范过程层配置文件，若通过 CID 实现，需要在 CID 文件中增加发送端的 GOOSE 配置信息。

2）SCD 文件的生成和应用需要有强大的可视化软件，针对信息种类的不同分层屏蔽 IEC 61850 规约层的内容。

3）SCD 文件需要为 IED 过程层配置信息计算 CRC 校验码，用来核对装置配置下载是否和 SCD 集成配置一致，实现难度增大。

方案二：保护装置 ICD 文件分离管控

（1）实现思路：

1）ICD 管控是整个配置管控的基础。

2）ICD 文件需要和装置型号、版本有对应关系。

3）ICD 过程层配置信息需要严格规范化，标准化，以方便 SCD 文件集成。

4）装置的 ICD 文件可包括 2 个过程层 ICD 和站控层 ICD。

5）集成厂商通过 SCD 配置工具，形成全站的过程层 SCD 文件。

6）根据保护厂家 IED 工具，生成装置的过程层配置文件。

7）将过程层配置文件下装给保护装置。

8）ICD 文件需要有版本信息，修改 ICD 文件需要在通过的版本信息中进行体现。

（2）优点：在过程层信息不发生改变时，无需改动装置过程层文件。

（3）缺点：

1）不符合 IEC 61850 思想，保护装置的 ICD 文件不唯一，包括站控层 ICD 和过程层 ICD。

2）过程层与站控层完全独立，相关联的部分需重复配置。

方案三：保护装置 CID 文件分离管控

（1）实现思路：

1）集成厂商获得全站所有装置的 ICD 文件，通过 SCD 配置工具，形成全站的过程层 SCD 文件和站控层 SCD 文件。

2）利用过程层 SCD 文件，利用保护厂家 IED 工具，生成装置的过程层配置文件。

3）将过程层配置文件下装给保护装置。

4）当新的过程层 SCD 文件生成时，与原过程层 SCD 文件比对。若无改变，则无需改动装置过程层配置文件。

（2）优点：

1）符合 IEC 61850 思想，保护装置的 ICD 文件唯一，包括站控层信息和过程层信息。

2）过程层 SCD 与站控层 SCD 分别管控，界面清晰。

3）CID 文件作为用户管理的直接文件，厂家提供工具，用户独立完成 CID 文件的形成和下载，数据交换格式规范，便于核对。

4）装置可以显示 CID 文件的版本信息、与装置软件版本的匹配信息和过程层配置 CRC 校验码，方便用户核对。

（3）缺点：

1）厂家的私有配置文件在专用下载工具下载时形成，或在装置内部形成，不面向用户，其正确性依赖厂家保证。

2）分过程层 SCD 与站控层 SCD，管理复杂。

（四）虚拟二次回路管控管理措施

1．管控流程

（1）集成厂商获得全站所有装置的 ICD 文件、虚回路设计要求，通过 SCD 配置工具，形成全站的 SCD 文件。

（2）全站 SCD 文件提交管理机构审核。

（3）通过审核的 SCD 文件移交集成商分发至各厂家，各厂家利用专业 IED 工具，生成装置配置文件并下装置。

（4）现场试验验证配置正确后，全站 SCD 文件及装置配置文件提交管理机构备案。

2．优点

（1）通过人工审核管控方式实现 SCD 管控，现场配置过程无需变动，容易实现。

（2）借助电子化系统提交及审核自动化过程，流程处理方便。

3．缺点（可通过技术措施弥补）

（1）完全通过人工方式管控，无法管控现场实际 SCD 文件及装置配置的改动。

（2）完全依赖离线人工管理机制，在智能变电站改造调试初期，SCD 文件及装置配置文件因调试问题变动频率较高，降低了管理效率。

（3）SCD 文件容量及承载内容较多，覆盖了全部保护及自动化信息，相对继电保护核心配置而言，自动化系统配置调整频率相对较高，不提取有用信息进行审核既不现实，操作效率也较低，使得管控可能流于形式。

五、智能变电站 SCD 管控联调试验

（一）试验概况

浙江省公司组织的 SCD 管控项目第一次试验设备包括南瑞继保、北京四方、国电南自和长园深瑞四个保护厂家的设备，具体设备见表 5-2。

表 5-2   参 试 设 备 一 览 表

装置类别	装置型号	生产厂家
线路保护	PCS-978	北京四方
	PSL603	国电南自
	PL5005A	长园深瑞
主变保护	PCS-978	南瑞继保
母线保护	PCS-915	南瑞继保
智能终端	IL5005A	长园深瑞
	JFZ-600F	北京四方
	PSIU-601	国电南自
交换机	PCS-9882	南瑞继保

试验模拟接线如图 5-20 所示。保护采用直跳方式，MMS 网和 GOOSE 网单独组网。

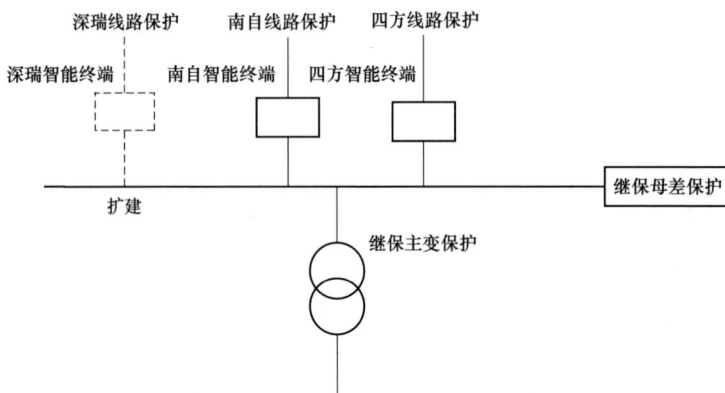

图 5-20   试验模拟接线示意图

（二）试验方案

方案一：基于过程层解析的 SCD 文件管控方案

1. 过程层 SCD 文件的离线管控

全站 SCD 文件由"过程层.SCD"和"站控层.SCD"合并组成。通过系统配置工具生成过程层 SCD，文件名为"过程层 SCD.scd"。过程层 SCD 文件包含过程层网络配置信息、全站过程层装置的配置信息、全站间隔层装置的过程层配置信息。

如图 5-21 所示，各厂家将各自生成的过程层 SCD 文件导入到各自的装置中，并确认装置运行正常，指示灯显示正常，无告警信息。通过开出传动试验验证各保护装置和智能终端的配置正确。

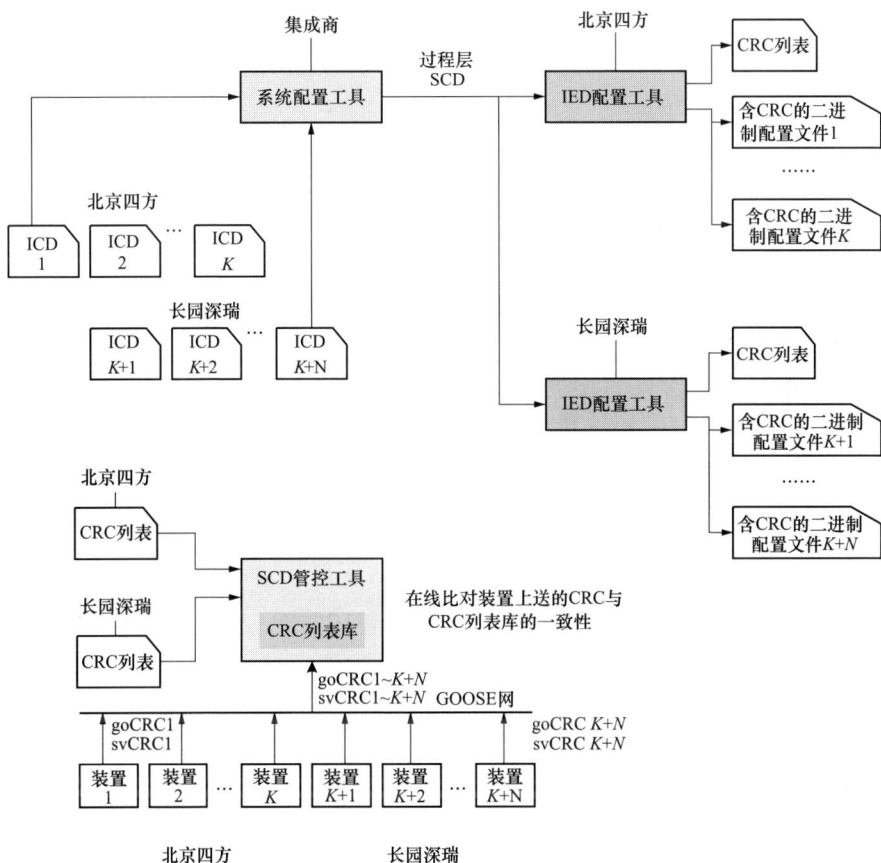

图 5-21　基于解耦的 SCD 文件管控方案图

试验一：通过南自线路保护装置跳南自间隔的智能终端。在南自保护装置上手动开出跳闸信号，确认装置开出正确，观察保护装置信息窗的报文和智能终端指示灯。

试验二：通过母线保护跳开连接在母线的各间隔的智能终端。在母线保护装置上开出跳闸信号，确认装置开出正确，观察保护装置信息窗的报文和智能终端信指示灯。

2．CRC 文件的生成、下装与上传

通过 IED 配置工具导入过程层 SCD，IED 配置工具输出 CRC 列表文件（包含本厂家所有运行装置的二进制配置文件的 CRC），以及所有运行装置的二进制配置文件（含 CRC 校验码），并下装配置文件和 CRC 信息。

下装之后，确认装置正常运行，在 SCD 管控主机上接收 CRC，并确认上传的各装置 CRC 码正确。

注：由于目前 CRC 的算法没有统一，本次试验暂不进行 CRC 的计算，仅将固定的 CRC 写入下装文件中。

3．在线 CRC 的比对

管控工具通过 GOOSE 网络获取间隔层保护测控装置和智能终端的二进制配置文件的 CRC 码。同时，管控工具在线比对 CRC 信息，并确认装置配置文件的版本是否正确。

修改南自智能终端的虚端子连线，并将修改后的配置文件下装到智能终端中。在 SCD 管控主机上再对 CRC 进行校验，判断哪些装置需要重新配置，哪些装置不需要重新配置，并确认所有判断是否正确。

方案二：基于在线读取 CID 文件的在线管控方案

1．读取 SCD 文件

（1）功能：读取 SCD 文件所包含的虚端子、虚回路信息。（根据全站 SCD 生成）

（2）测试方法：以 FTP 方式获取 SCD 文件，生成包含虚端子、虚回路信息的文件：CC.txt。

2．回路可视化显示

（1）功能：显示保护二次回路图。

（2）测试方法：根据 SCD 解析出的 CC.txt 文件所生成的二次回路图与二次回路设计图人工比对。

3．保护装置 CID 文件的 MMS 服务功能测试

（1）功能：管控单元向装置发起 MMS 读取 CID 文件请求。

（2）测试方法：装置 MMS 服务读请求，检测装置是否支持 MMS 读取 CID 文件服务。

4．保护装置 CID 文件完整性测试

（1）功能：管控单元对所读取的装置 CID 文件进行解析。

（2）测试方法：将装置 CID 文件导入程序运行，检查 CID 文件所包含的虚端子、虚回路信息是否完整。

（三）试验结果

方案一：联调试验

（1）过程层 SCD 文件正确性验证，结果见表 5-3。

表 5-3　　　　　　　　　　过程层 **SCD** 正确性验证试验

IED 名称	下装情况	装置运行情况	试验情况
南自保护	正确	正常	正确
南自智能终端	正确	正常	正确
四方保护	正确	正常	正确
四方智能终端	正确	正常	正确
继保主变	正确	正常	正确
继保智能终端	正确	正常	正确
继保母差	正确	正常	正确

（2）CRC 的生成、下装与上传，验证结果见表 5-4。

表 5-4　　　　　　　　　　CRC 验 证 试 验

IED 名称	下装情况	CRC 上传情况	CRC 正确性
南自保护	正确	正确	正确
南自智能终端	正确	正确	正确
四方保护	正确	不能上传	不能上传
四方智能终端	正确	正确	正确
继保主变	正确	正确	正确
继保智能终端	正确	正确	正确
继保母差	正确	正确	正确

（3）试验结论：

1）全站 SCD 文件可以导出含 CRC 校验码的过程层 SCD 文件。

2）各厂家能从过程层 SCD 文件形成虚回路配置，厂家读取对应的 CRC 码，并下装到自家装置。

3）管控单元通过 GOOSE 报文可以在线校验 CRC 码的一致性。

4）通过试验证明了保护装置与智能终端虚回路配置的正确性。

方案二：联调试验

（1）保护装置 CID 文件的 MMS 服务功能测试：管控单元向各个装置发起 MMS 读取 CID 文件请求，各 IED 相应情况如表 5-5 所示。

表 5-5 　　　　　　　　　　　**MMS 服务召唤 CID 试验**

IED 名称	装置运行情况	读取响应情况
南自保护	正确	正确
四方保护	正确	正确
深瑞保护	正确	正确
继保主变	正确	正确
继保母差	正确	正确

根据全站 SCD 文件，生成包含虚端子、虚回路信息的文件：CC.txt。再由 CC.txt 文件所生成的二次回路图与二次回路设计图进行人工比对。

（2）保护装置 CID 文件完整性测试：将装置 CID 文件导入程序运行，检查 CID 文件所包含的虚端子、虚回路信息是否完整，检查情况如表 5-6 所示。

表 5-6 　　　　　　　　　　　**CID 文件完整性测试试验**

IED 名称	Goose 控制块定义比对					
	GOOSE 控制块引用名称	GoEna	GoID	DaSet	ConfRrev	NdsCom	Addr
北京四方	√	√	√	√	√	√	√
南瑞继保（主变）	√	√	√	√	√	√	√
南瑞继保（母差）	√	√	√	√	√	√	√
南自	√	√	√	√	√	√	√

IED 名称	Goose 控制块定义比对			Goose 数据集的比对		虚端子定义（intpus）比对	
	Priority	VID	APPID	数据集引用名称	FCDA 引用名称	信号引用名称	发送的 FCDA 引用名称
北京四方	√	√	√	√	√	√	√
南瑞继保（主变）	√	√	√	√	√	√	√
南瑞继保（母差）	√	√	√	√	√	√	√
南自	√	√	√	√	√	√	√

通过 MMS 读取装置的 CID 文件，检查 CID 文件的虚端子、虚端子回路信息是否完整。并分别测试南自的 PL5501A、四方的 PL5502A、南瑞的 PL5004A、南瑞的 PT5001A、深南瑞的 PL5005A、金智的 CL5007A 装置。

读取的 CID 文件如图 5-22 所示。

图 5-22　CID 文件图

（3）SCD 变更测试。

测试例 1：南瑞线路保护 PL5004A

1）修改 SCD，将南瑞的 PL5004A 的 Inputs 删除一条，前后虚端子回路显示如图 5-23 所示。

图 5-23　虚端子回路显示图

下面的异常记录则会显示与 CID 相比具体被删除信息的内容，以及被删除信息所在 SCD 中的位置，如图 5-24 所示。

```
102,PL5004A,12,2013/05/24
13:16:21.783,extref_def,del,full_def,emerge,4396,,,,PL5004API_PROT/GOINGGIO1$ST$SPCSO1$stVal,PL5501A,PL5501APIGO/LinPTRC1$ST$StrBF$phsA
101,PT5001A,12,2013/05/24 13:16:22.477,no_compres
110,PL5005A,12,2013/05/24 13:16:32.920,no_compres
109,IL5005A,12,2013/05/24 13:16:42.990,mms_abnormal,emerge,connect_fail
105,CL5007A,12,2013/05/24 13:17:10.780,no_compres
106,IL5006A,12,2013/05/24 13:17:20.850,mms_abnormal,emerge,connect_fail
```

SCD中由于删除了一条虚回路信息，异常记录相比CID中少具体哪一条信息

图 5-24　异常记录图

2）将 SCD 中南瑞的 PL5004A 的 Inputs 被删除的一条恢复，虚端子回路显示如图 5-25 所示。

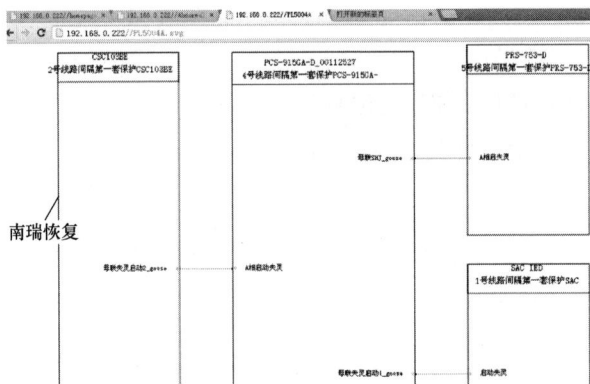

图 5-25　虚端子回路显示图

查看与 CID 比对的异常记录，如图 5-26 所示。

```
102,PL5004A,36,2013/05/24 14:17:13.872,no_compres
101,PT5001A,36,2013/05/24 14:17:14.712,no_compres
110,PL5005A,36,2013/05/24 14:17:25.266,no_compres
```
还原后比对无异常

图 5-26　异常记录图

SCD 文件中的一条被删除虚回路信息可以在图形上直接展示，并可以记录具体异常信息内容。SCD 还原后虚端子回路图更新正确，与 CID 比对也没有异常记录。

（4）试验结论：

1）各厂家装置读取的 CID 文件是完整的，且与 SCD 中是一致的。

2）SCD 中解出的所有虚端子回路信息可以全部在 Web 上以图形显示出来。

3）修改了 SCD 中的信息：

a）如果是 GOOSE 块、数据集相关信息，可以通过 Web 查看被修改信息的具体内容以及在 SCD 中位置。

b）如果修改的是虚回路相关联的信息，可以在 Web 图形上更新显示修改后的虚回路信息。在 Web 上查看异常记录，还可以找到具体被修改信息的内容以及在 SCD 中的位置。

六、IEC 61850 第 2 版关于配置文件的管理

（一）两种新的模型配置文件

IEC 61850 第 2 版在第 1 版 ICD、SCD、SSD、CID 这 4 种模型配置文件基础上，增加了实例化 IED 描述（Instantiated IED description，IID）文件和系统交换描述（System Exchange Description，SED）文件这两种新的文件类型。

IED 实例化描述文件 IID 是用来在 IED 配置器和系统配置器之间交换的文件类型。与 ICD 文件作为系统配置器的输入模板不同，IID 文件在经过 IED 配置器的针对特定项目的实例化过程后，是作为 IED 一个实例输入至系统配置器的。

IID 文件描述了 IED 从 ICD 到 SCD 转换时单个 IED 的预配置信息，如 LN 实例化参数、数据集、控制块、GOOSE input 等的配置，其语法格式与 CID 文件格式类似，唯一的区别是它仅包含单个 IED 的预配置信息，而 CID 还可能包含其他 IED 的信息，如 Input 的配置包含了接收方 IED 信号等。IID 文件提供了一种十分清晰的模型配置信息模板，从而使得各种预配置信息可以在同一类 IED 的不同 IED 实例中或多个不同的工程中方便复用。

系统交换描述文件 SED 定义在两个不同的项目之间配置运行时的数据流，这两个项目有可能是不同的变电站，也有可能是变电站内不同的电压等级。系统交换描述文件的内容还包含工程的权限信息。SED 是 SCD 的子集，主要应用于描述两个工程项目之间交换的数据，通过它可以方便地将一个已有工程的 SCD 文件的相关功能和配置安全地应用于另外一个工程。SED 文件的语法格式与 SCD 是相同的。

SCL 文件类型之间的生成与反馈关系如图 5-27 所示。

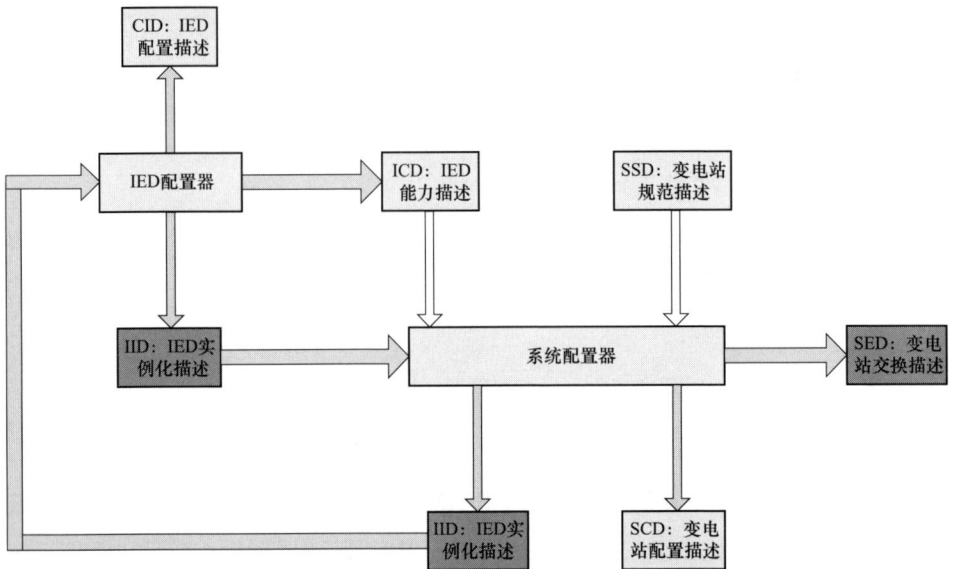

图 5-27　SCL 文件类型之间的生成与反馈关系

（二）配置流程的改变

1．IED 配置器

IED 配置器的任务是建立一个新的 ICD 文件，修改这个文件的数据模型、参数和配置变量，或者是通过图中一个与特定项目相关实例化后的 IID 文件。这两个文件都包含预先配置的数据集和控制块，也包含访问这种类型 IED 的缺省地址。对于根据 SCD 文件生成的 IID 文件，文件中的数据集和控制块要保持与 SCD 文件中的一致，不能修改。最后，IED 配置器根据由其他 IED 的输入数据作为 SCD 文件的输入信号，生成包含特定项目实例的 IED 配置信息文件 CID，并下载到相应的 IED 设备中。

ICD 文件的生成依赖于 IED 的能力和配置器的设计，既可能对每个项目都是固定的 ICD 文件，也可能是基于 SCD 文件的 IID 文件。

数据模型、参数和配置变量的改变，都需要反映在逻辑节点 LLN0 的 NamePlt 的相关信息中，有关数据集和控制块的改变都被 IEC 61850-7-2 的 confRev 的参数所管理和记录。

如果将 SCD 文件作为 IED 配置器的输入，IED 配置器可以更新版本和改变相关的变量和配置信息，如将外部的数据跟内部信号的绑定，也可以增加新的数据集和控制块，IED 配置器会生产 IID 文件来回馈至系统配置器中。

2．系统配置器

系统配置器的任务是根据 IED 模板创建 IED 的实例，配置各个 IED 间的数据流，给出 IED 的通信地址，绑定逻辑节点与一次设备的关系。因此除了实例化 IED 模板的配置信息，系统配置工具还要处理以下部分：

（1）变电站部分，包括引用的 IED 上的逻辑节点。

（2）通信部分，包括项目特定的实例地址。

（3）IED 能力描述中允许的数据集和控制块。

（4）分配数据流和报告控制块实例到相应的 Client，需要在相应 Client 的能力允许的范围内。

（5）从工程化的角度建立 IED 的输入部分。

（6）重新组织数据类型部分，保持数据类型 ID 的唯一性，缩短数据类型部分的长度。

系统配置器将增加在控制块中变量的 confRev 的值，这是在 IEC 61850-7-2 中定义的所有的数据集和控制块都包含的变量，以记录其配置版本。系统配置器还需要管理 SCL 文件中 Header 部分的版本信息。

系统配置器如果修改了 IED 内的配置变量和参数，也需要增加在相应的 LLN0 中的 NamePlt 的 paramRev 和 valueRev 属性的值。

（三）配置过程

1．生成系统配置文件

首先，集成商按照功能要求生成 SSD 文件的变电站描述部分，包括变电站一次系统的网络拓扑，以及一次设备相关联的功能单元和逻辑节点等。

设计厂商提供 IED 能力描述文件。此文件可以通过 IED 配置工具自动生成，也可以暂时手动生成。

系统集成商根据唯一的变电站规范 SSD 文件和诸多 IED 能力描述文件作为系统配置器的输入生成系统配置文件。

IED 配置工具根据 SCD 文件中的 IED 描述部分，给定 IED 名称，即 IED 实例化的过程，生成 IED 配置信息文件 CID。

2．应用配置文件

应用于 IED 设备，通过工程化工作空间，以文件传输的形式输出相关的配置信息至 IED。

应用于主站软件，主站软件可以根据系统配置文件，生成通信模型结构。配置过程中的信息流如图 5-28 所示。

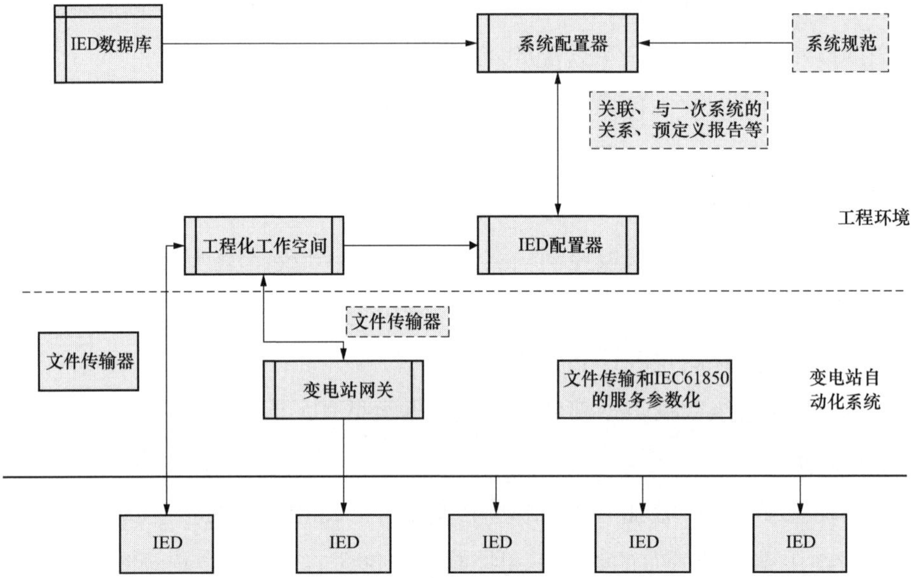

图 5-28　配置过程中的信息流示意图

（四）对现有模型配置工具的影响

如果在实际变电站工程中应用 IEC 61850 第 2 版，必须对基于第 1 版的装置配置工具、系统配置工具、模型验证工具等模型配置工具的各项功能进行调整，主要体现在以下方面：

（1）应严格区分装置配置工具和系统配置工具的功能和配置权限。虽然模型中的各种信息对装置配置工具和系统配置工具都是可视的，但这两个配置工具并非可对所有的模型信息进行修改和配置，如数据模型的实现和描述只能在装置配置工具中可修改，而工程化通信配置、工程实例化参数配置、LN 的 Input 的外部 IED 信号配置等则只能在系统配置工具中可修改。

（2）装置配置工具应支持基于 IED 类来生成 ICD 文件。

（3）装置配置工具应支持处理 IID 文件的编辑、导入和导出。

（4）装置配置工具应支持对 IED 模型中各个部分版本的识别和管理。

（5）系统配置工具应支持处理 IID 文件的导入、SED 文件的导入和导出、SED 有关数据流的配置和权限管理等。

（6）系统配置工具应支持对 SCD 文件中有关版本信息的识别和管理。

（7）模型验证工具应增加基于第 2 版 SCL 的 Schema 规则进行模型校验。

（8）模型验证工具应增加基于第 2 版 SCL 的数据模型的内部一致性检查。

七、小结

智能变电站 SCD 管控系统，可以监视任何智能变电站改扩建过程造成的 SCD 文件变化、保护装置虚端子与虚回路的改变，并采用可视化的方式展示智能变电站二次回路的状况，能够对配置文件的版本信息进行跟踪和追溯，实现全生命周期的 SCD 文件和每个继电保护设备的 ICD、CID 文件的管理。系统支持对不同版本、不同时间断面的文件进行查询、查看、对比等操作，并能够进行 CID 文件正确性的在线校核，实现闭环管理，建立全生命周期管理体系，有助于解决现阶段智能变电站可维护性差的问题，实现基于可靠性分析的状态检修策略，为变电站无人值守、调控一体化、运维一体化管理模式的推进提供有效的技术支撑。大幅度减少运行检修对于人力、财力的要求，减低二次系统的运行风险，为电网安全、稳定运行提供有效的保障。更进一步，系统将：

（1）在 IEC 61850 规范内解决问题，充分利用 SCD 文件检查工具完成配置文件规范性检查。在此基础上提取虚回路信息，保障信息的完整性。

（2）严格遵循 Q/GDW 1396—2012《IEC 61850 工程继电保护应用模型》建模规范，建立继电保护模型。

（3）规范控制系统配置文件的修改变动程序。

（4）规范装置的输入输出，简化虚拟二次回路管控压力。推进标准化工作。

（5）遵循 PICOM 信息交互理念，扩展 GOOSE、SV 服务。

（6）研究数据语义属性，实现装置动作行为的自描述。

第二节　二次设备在线监视与智能诊断

一、背景

智能变电站中引入了大量通信技术和网络技术，增加了变电站（尤其是保护系统）运维的不可控性，对于电网的安全、稳定运行带来了新的挑战。智能变电站在线监视及智能诊断技术充分利用变电站数字化、标准化的特点，实现对二次系统运行状况的掌控，真正发挥智能变电站的优势。

（1）实现继电保护系统的在线监测：收集并分类管理保护装置上送的实时监测信息，实时状态显示，通过对通信状态和保护工作状况进行定期统计和分析，形成报告，从而对保护的健康状况进行实时监控与系统评价。

（2）实现监视信息的可视化展示：对继电保护的虚端子配置、编辑进行可视化操作，并可对先后不同版本的 SCD 文件中虚端子情况进行自动比较和可视化显示，使运维人员可以像传统电缆连接方式一样直观看到保护的连接情况，并能够自动进行校核。对继电保护的逻辑进行可视化展示，便于二次回路的管理及检查，并在事故后结合监测告警、开关量及录波数据，回演故障及保护动作过程，建立全生命周期管理体系。有效地提高智能变电站运行维护水平，提高保护可靠性，降低电网运行风险。

（3）实现全生命周期的 SCD 文件和每个继电保护设备的 ICD、CID 文件的管理：支持对不同版本、不同时间断面的文件进行查询、查看、对比等操作，能够进行 CID 文件正确性的在线校核，实现闭环管理。可对继电保护装置硬件及功能、参数、GOOSE 开入开出等配置和软件版本的管理和配置的一致性进行验证。

（4）实现继电保护系统的智能诊断：根据对继电保护信息采集和分析，实现包括监测预警、故障定位和安措确认等智能诊断功能。

（5）实现站内告警、跳闸事件信息的主动上送：对正常运行信息和故障信息进行收集整理，并进行信息过滤和预处理，然后按照不同主站的定制需求向调度端主站转发，实现故障分析等高级应用。

二、在线监视与智能诊断系统构建

智能变电站保护设备在线监视与诊断装置（简称装置），通过 SCD 文件实现智能变电站保护设备的管理，经站控层网和过程层网获取合并单元、智能终端、保护装置、安全自动装置及交换机的信息，实现对于智能变电站保护设备的运行监视、电网事故快速分析、二次设备实景展示、设备状态智能诊断，全面支撑调控一体化和继电保护远程运维。

智能变电站保护设备在线监视与诊断装置应实现全站保护设备物理网络、二次逻辑链路、保护设备运行状态的可视化展示及缺陷智能诊断；变电站级保护动作分析；二次设备安全措施在线监视与智能预警；SCD 在线管控。装置应分层次进行功能运用与展示，满足可视化、层次化、实用化、简单化的运行需求。

装置信息采集范围涵盖合并单元、保护装置、智能终端、安全自动装置、过程层交换机及构成保护系统的二次连接回路。装置应能基于 SCD 以可视化的方式将智能变电站二次系统的运行状况反映给变电站运检人员、继电保护专业人员，为智能变电站二次系统的日常运维、异常处理及电网事故分析提供决策依据。

装置由一台数据管理单元和若干台数据采集单元构成，如图 5-29 所示。

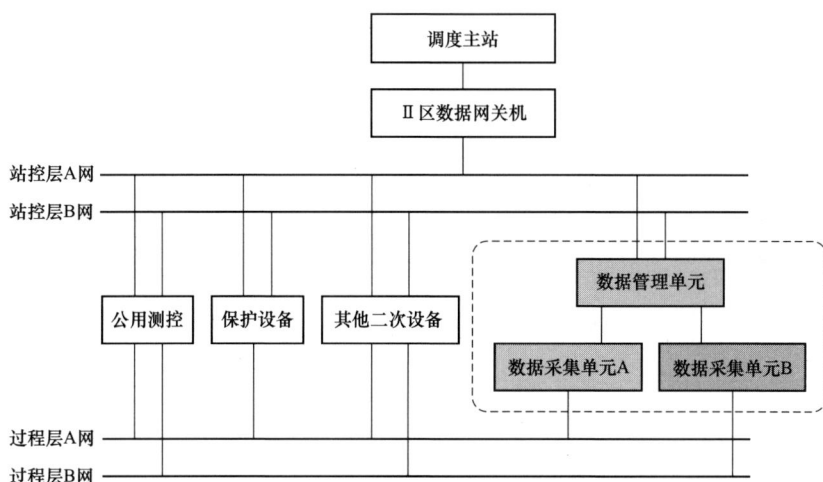

图 5-29　在线监视与诊断装置体系架构（虚框）

系统分为主站系统和子站系统。主站系统部署在调度端。子站系统的软件功能部署在站内包括数据采集单元、数据管理单元、Ⅰ区通信网关机、综合应用服务器在内的多个设备上，其中以数据采集单元和数据管理单元为主要功能实现单元。装置应通过站控层网络和过程层网络，获取继电保护设备 MMS、SV、GOOSE 数据，实现数据分析与记录、智能诊断、安全措施校核等功能。

装置应将分析诊断结果信息发送给站内一体化平台中的"保护设备在线监视与分析"模块，与一体化平台"保护设备在线监视与分析"模块间通信应采用 DL/T 860 协议。

三、在线监视与智能诊断系统信息管理

（一）对全站继电保护的在线监测

对全站继电保护的在线监测分成两类，一类是继电保护设备主动上送的状

态监测信息，另一类是在线监测系统主动获取和判断分析所得的信息和结论。主要集中在工作状态和通信状态两个方面。

1. 继电保护装置实时上送的状态监测信息

继电保护装置实时上送的状态监测信息应能定制，且与监控系统的信息分开。上送的状态监测信息应包括如下信息：

（1）保护装置的完整硬件自检信息，如 FLASH 自检、RAM 自检、开入开出回路等；

（2）软件版本 CRC 等的正确检查结果信息；

（3）定值的完整性与正确性自检结果信息；

（4）保护装置采集的交流电流、电压及需监测的保护功能计算出的模拟量数据；

（5）保护装置的 GOOSE 开入开出量数据，压板状态；

（6）外部运行告警信息，如模拟量采集、GOOSE 通信接口异常、对时接口异常；

（7）保护装置的电源电压状态；

（8）智能终端的硬件、软件的运行自检结果状态；

（9）智能终端的 GOOSE 开入开出数据，告警信息。

保护在线监测系统应支持对这些信息的收集、存储、分类等，能够定期自动统计全站保护的告警状况，包括指定时间段内特定保护的告警次数、告警类型等，并支持报告生成。

保护在线监测系统可综合保护设备的运行信息、自检告警信息、保护操作和动作行为记录，建立保护设备的健康档案数据库。在此基础上，对保护设备的健康状态进行初步评估，并给出健康提示。

保护设备本身是一个比较复杂的智能软硬件系统，不同厂家、不同型号、不同批次的产品差别可能较大，很难提取表征健康状态的物理特性。因此，对保护设备健康状态的评价宜以长期统计信息为基础，对保护设备自检异常、保护行为异常（如通信异常次数）等按照生产厂家、型号、批次等分类统计，当异常次数较多时提醒运行维护人员特别注意。至于判断的依据，则需根据长期运行经验给出。

保护设备健康评价功能宜在故障信息系统主站实现，以便利用数据挖掘等技术在大量数据的基础上进行。变电站内的保护在线监测系统主要起数据收集和初步整理作用。

2．继电保护通信状态的获取和分析

在线监测系统通过网络获得全站继电保护的通信状态信息，对变化的状态进行实时提示，并提供统一查看通信状态的界面。系统支持定期自动统计全站保护的通信状况，包括某时间断面所有保护的通信情况、指定时间段内特定保护的通信正常率、通信中断次数等，并支持报告生成。本功能应同时支持通过人工触发启动。对于通信中断的保护，系统应具备网络嗅探功能，能进行中断点的初步判断，以通信通道上各个网络节点为分段，判断中断点的位置，作为分析解决问题的参考。

（二）设备信息的可视化展示

1．监视和操作信息的可视化

显示界面所有运行监视信息应直观、生动、逼真，贴近真实物理对象。保护装置的运行状态（运行、热备、检修、停运等）及压板、重要的监测信号与量测应可视化。当前的定值区的可视化，应能直观显示运行定值、定值区的信息，应能直观反应二次设备的指示灯状态（运行、故障、告警），其余数据信息可分类查询显示。

对可控的对象，如保护压板等要提供简洁方便的操作界面，操作菜单及流程提示、操作分步结果应显示简洁美观，有利于工程师快速、准确地完成操作和结果判断。结果应汇总图表显示，提供存储管理。

2．继电保护虚端子配置可视化

保护在线监测系统提供独立的第三方工具，支持对符合规范的 SCD 文件中虚端子进行可视化操作。支持对 SCD 中虚端子进行图形化显示和编辑。编辑后自动形成符合规范的 SCD 文件。支持对先后不同版本 SCD 文件中虚端子配置的变化进行自动比较，并以醒目方式输出比较结果。保护在线监测系统能在线查看保护装置的输入输出状态及装置的连接关系，显示采用图形化方式。

3．继电保护逻辑可视化

保护在线监测系统能够静态或通过通信方式从保护获取逻辑描述文件，并提供查看各种保护内部逻辑的功能。提供对各种保护逻辑文件的图形显示，界面显示以左侧为输入、右侧为输出、中间为组合逻辑的布局。保护逻辑显示时，同时显示相关模拟量和定值信息。

4．继电保护动作过程可视化

保护在线监测系统提供可视化查看故障时保护动作过程的功能。对于不同厂家和型号的保护，提供统一的保护动作过程信息接口，进行统一风格的界面展示。支持结合保护的逻辑，按照故障发生的时间，显示不同时刻保护的模拟量、开关量、事件、定值、逻辑判断及输出。

保护动作过程可视化显示的界面，同时在不同区域显示逻辑图变化、故障录波的波形、事件、开关量信息等。所有区域数据以录波波形图上时间游标所对应时间为基准同步变化。支持自动进行故障回放功能。

（三）建立完善的工程文件管理体系

保护在线监测系统要存储管理全站的继电保护装置的 CID 文件、变电站通信配置的 SCD 文件，要编造生成及存储管理全站级继电保护装置的功能与参数的配置文件。

继保工程师能应用保护在线监测装置在线查询保护装置的功能配置、定值参数等，检查继电保护装置的 CID 文件与实际的一致性，检查与二次回路设计的一致性，检查通信环节的功能参数与 SCD 文件的一致性；能应用保护在线监测系统存储的历史数据，管理全站继电保护装置与功能、参数配置文件及变更记录；能直接编辑显示 XML 格式文件，也能通过工具编辑显示配置文件；能完成配置文件的生成、编辑修改和文件间的拷贝粘贴。

对 SCD 和 CID 文件的管理如下：

1．SCD 文件管理

（1）历史管理：

1）SCD 的任何修改需在历史项目中体现。

2）version：装置增加、删除。

3）reversion：装置模型更新、GOOSE 连线变化、通信设置变化等。

4）when：格式为年（四位）-月-日_时：分：秒。

（2）SCD 序列化管理：

1）运行维护管理系统按变电站进行 SCD 文件的统一管理和存储。

2）各个版本 SCD 文件按版本命名，名称格式为×××_version_reversion_年（四位）月（两位）日（两位）_时（两位）分（两位）秒（两位）.SCD；

×××为站名称拼音。

3）支持 SCD 文件基线管理和跟踪，可按时间、版本等进行查询和调阅。

4）具备对不同版本 SCD 文件进行信息比对、差异提示和历史反演功能。

5）能提取和解耦指定装置保护功能信息，与装置内 CID 文件进行信息比对。

2．CID 文件管理

（1）版本和历史管理：

1）IED 的 configVersion 属性应与装置运行版本一致。

2）任何 SCD 导出版本需在其导出的 CID 文件名称中体现。

（2）CID 序列化管理：

1）CID 和 GOOSE 配置文件按照 IED 实例化名称分别存储。

2）CID 文件名称中需包含 SCD 导出的历史信息，文件格式为×××_version_reversion_修改标志_年（四位）月（两位）日（两位）_时（两位）分（两位）秒（两位）.CID；（×××为 IED 实例化名称，修改标志表示本次模型与上一版本是否有差异，0 表示未变化，1 表示变化）。

3）支持 CID 文件基线管理和跟踪，可按时间、版本等进行查询和调阅。

4）具备对不同版本 CID 文件进行信息比对、差异提示和历史反演功能。

5）继电保护装置至少能够保留当前和上一版本两个 CID 文件，支持外部调阅。

6）系统支持从装置召唤当前 CID 文件和模型，支持文件和模型信息比对。

（四）在线远程测试校验及远程维护

（1）在线远程测试校验的信息采集比对校核内容如下：

1）硬件的自检信息检查。

2）软件版本和保护功能投退、装置功能参数配置检查。

3）保护定值的完整性及正确性检查。

4）相关回路的完整性及正确性检查。

（2）在线远程测试校验的传动试验。传动试验是为了检查、校验保护装置保护动作执行逻辑回路的正确与有效性。保护在线监测装置通过报文命令远方启动保护装置，保护装置接到并执行命令传动相关逻辑回路并检查，将结果通过 GOOSE 报文上送给保护在线监测装置。

（3）结合在线远程测试校验结果，保护在线监测装置具备相应二次回路缺陷智能诊断定位功能。

（4）系统支持远程维护功能。通过网络远程对系统进行配置、调试、复位等，能够完成数据查询、数据备份、数据导入、参数设置等一系列操作。系统进入远程维护状态时，允许系统短时退出正常运行状态，但不能影响各接入设备的正常工作。

（五）站内继电保护设备的上送信息管理

保护在线监测系统除了对继电保护的异常状况进行判断和评价外，还需对继电保护正常情况上送的各种信息进行管理。

1．信息处理的来源与种类

信息主要包括：

（1）一次系统参数：厂站、线路、变压器、发电机、高压电抗器、断路器、滤波器、母线等。

（2）设备参数：各一次设备所配置的继电保护和故障录波器设备的名称、型号、生产厂家、软件版本、通信接口形式、通信规约以及有关的通信参数等。

（3）继电保护设备的运行信息：设备的投/退信息、输入量/输出量信息、模拟量输入、设备运行告警信息、定值及定值区号。

（4）继电保护动作信息：在系统发生故障时，继电保护动作时产生的事件信息以及故障录波信息。

（5）在该系统或主站系统对信息加工处理后产生的信息及根据运行需要，必须接入该系统的其他信息。

2．信息收集

系统支持通过 DL/T 860 规范与站内各类智能装置交换数据；完整地接收并保存系统所连接的装置在电网发生故障时的动作信息，包括保护装置动作后产生的事件信息和故障录波报告；可响应主站系统召唤，将系统的配置信息传送到主站系统；能够根据主站系统的信息调用命令上送系统详细的信息，也可根据主站的命令访问连接到子站系统上的各个装置；所有故障录波文件在子站以 COMTRADE 格式存储及传输。

3．信息处理

（1）系统对收集到的数据进行必要的处理：对收集到的数据进行过滤、分类、存储等，并能按照定制原则上送到各调度中心的主站系统，由主站系统进行数据的集中分析处理，从而实现全局范围的故障诊断、测距、波形分析、历史查询等高级功能。

（2）数据的存储：系统的数据存储能力应能保证在与主站通信短时中断时，不丢失任何数据；通信长时间中断时，重要事件不丢失。

（3）信息分类：系统支持对装置信息的优先级划分。信息分级原则可配置，提供配置手段。当保护装置处于检修或调试时，系统应能提供对相应保护信息增加特殊标记上送主站系统的功能。

（4）召唤大型录波文件和通用文件时，具备断点续传功能。

（5）建模工具支持一次设备和二次设备模型生成及参数录入，也能够根据场站提供的资源配置文件自动生成或更新模型。支持一次设备和二次设备模型添加、删除、修改及模型描述文件的导入、导出。

（6）故障报告的形成。保护动作时，系统根据收集的信息自动整理故障报告，内容包括一二次设备名称、故障时间、故障序号、故障区域、故障相别、录波文件名称等。故障报告以文本文件（.txt）格式保存，并通知到主站系统，在主站系统召唤时按照通用文件上送。

4．信息转发

保护在线监测系统可支持向主站系统传输信息，支持符合 DL/T 860 规范或《国家电网公司继电保护故障信息处理系统主-子站系统通信规范》的格式和传输规约的要求。系统应能够同时向多个主站传送信息。支持按照不同主站定制信息的要求向主站发送不同信息。支持定制信息的优先级。系统支持在需要时向监控系统传送监控系统所需的信息，采用以太网接口形式，并符合《国家电网公司继电保护故障信息处理系统主-子站系统通信规范》。向监控系统传送信息应具有比向故障信息主站传送信息更高的优先级，以保证监控系统工作的实时性。

5．信息过滤与压缩

对接收到的信息进行数据过滤，并提供过滤策略的配置功能；对转发的数据进行数据过滤，并提供过滤策略的配置功能。为了提高传输效率，可对大录波文件进行压缩后再传输。

6．时钟同步

系统能接收串口、脉冲、IRIG-B 等各种形式的时钟同步信号，并可根据需要对所接保护装置和故障录波器等智能设备完成软件对时。

7．系统的安全性

系统在安全区划分上按安全Ⅰ区防护。保护在线监测装置应采用安全的嵌入式操作系统，并可以直接接入数据网。保护运维系统的操作应具有严格的权限管理，支持用户按照需要设置具有不同权限的用户及用户组。所有的登录、查询、召唤、配置等功能都需要有相应权限才能执行。

8．系统自检和自恢复功能

系统在运行过程中随时对自身工作状态进行巡检，如发现异常，主动上送主站系统和监控系统，并采取一定的自恢复措施。

四、系统功能定位

如图5-30所示，智能变电站继电保护在线监视与智能诊断系统包括两个部分：

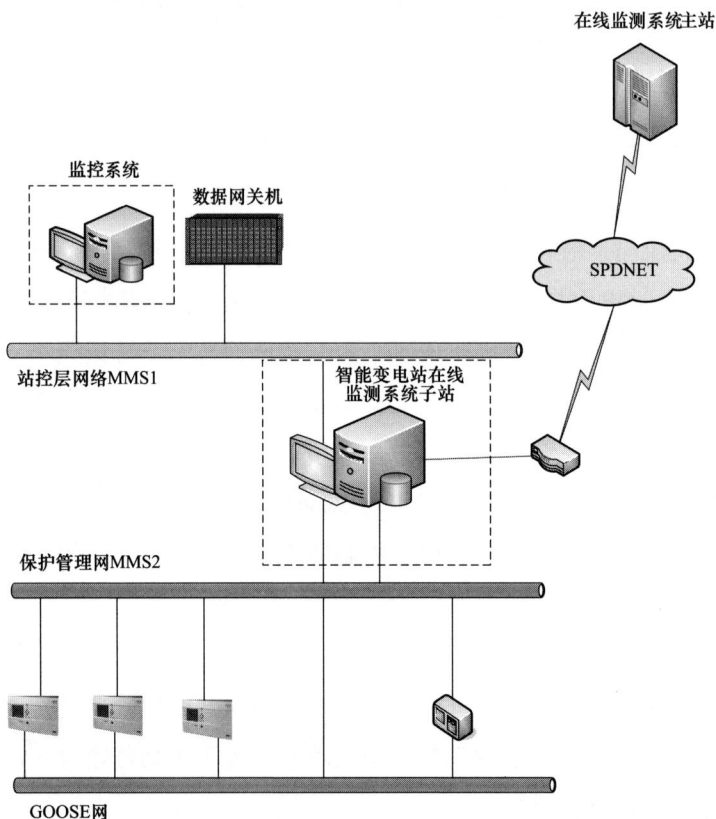

图 5-30　智能变电站继电保护在线监测系统构成示意图

（1）在智能变电站内的在线监测管理系统（简称子站）：由 1～2 台服务器组成，连接监控网 MMS1、保护管理网 MMS2 和 GOOSE 网。

1）站内在线监测系统与所有保护通信，获取保护的运行状态、通信状态、内部逻辑输出信息等，以简洁直观的可视化方式呈现。

2）站内在线监测系统通过监视 GOOSE 网报文，实时采集、监视虚端子的状态，以图形化方式展示。

3）站内在线监测系统通过对保护 CID 和 SCD 文件的统一集中管理，分离站控层和过程层 CID 文件，从而保证过程层保护配置的稳定性。

4）站内在线监测系统把采集到的保护信息按需要转发给变电站监控系统，实现对继电保护的安全隔离管理。支持变电站监控系统对保护的各种必要的操作。

5）站内在线监测系统把收集到的保护信息及分析诊断结果，通过网络送给主站。支持主站对保护的各种远程操作、维护。

（2）在调度中心内的在线监测管理系统主站（简称主站）：主站收集全局范围内的保护信息，实现远程的监视、操作和诊断。综合保护设备的运行信息、自检告警信息、保护操作和动作行为记录，建立保护设备的健康档案数据库，对保护设备的健康状态进行评估，并利用数据挖掘等技术在大量数据基础上进行状态检修支持。

（一）系统主要功能

1．继电保护 SCD 模型获取

继电保护 SCD 模型文件是智能变电站保护设备在线监测和诊断的应用基础。目前智能变电站全站拥有一个 SCD 文件，此文件包含了智能变电站二次系统的所有信息，不仅包含继电保护相关的二次回路信息，也包含通信自动化等相关信息。在实际工作中，由于自动化增加信号等工作存在，导致全站 SCD 文件会变更。但这些工作本身对保护设备在线监测没有影响，所以通过从全站 SCD 文件中获取保护设备相关的继电保护 SCD 模型文件。平时工作中不涉及保护设备相关的工作时，继电保护 SCD 模型文件不用变更，保护设备在线监测和诊断系统也不需要重新导入 SCD 文件。

继电保护 SCD 模型文件从全站 SCD 模型文件中获取，获取的内容应包含过程层虚回路与软压板逻辑关系的描述、调度命名和一二次关联关系、继电保护系统功能实现所必须的信息，包含但不限于二次回路虚端子连接、二次回路状态监测信息、过程层网络拓扑等配置信息。

2．状态监测

智能变电站保护设备的状态监测分为两部分，第一部分是对装置本身的监测，第二部分是对连接各装置间的回路监测。

（1）保护设备的状态监测。为实现智能变电站继电保护相关设备的状态监测数据的综合利用，需要把智能变电站继电保护相关装置的在线监测信息传输到实现状态监测数据分析的计算机，其中主要包括智能终端、合并单元、过程层交换机和继电保护装置四类设备的状态监测信息。

智能终端、合并单元和过程层交换机属于智能变电站过程层设备，是一次设备与间隔层设备的接口装置。智能终端与一次设备采用电缆连接，与保护、测控等二次设备采用光纤连接，实现对一次设备的测量、控制等功能。而合并单元是对来自转换器的电流和/或电压数据进行时间相关组合的物理单元，并将处理后的数字信号按照特定格式转发给间隔级设备使用。过程层交换机是连接过程层设备和间隔层设备的中间设备，是构成网采网跳回路的必要组成部分。从这些设备的作用可以看出，当其中任一装置出现问题时，继电保护的可靠性都将受到严重影响。所以对智能变电站中这些设备的状态监测十分必要。

对智能变电站合并单元、智能终端和交换机除输出自检告警信息外，还应输出主要状态信息，如表5-7～表5-9中所示内容。

表 5-7　　　　　　　　合 并 单 元 状 态 量

序号	状 态 量	序号	状 态 量
1	运行设备的内部工作温度	5	装置电源电压
2	装置过程层光纤接口的发送光强	6	故障插件
3	装置过程层光纤接口的接收光强	7	SV 中断
4	装置过程层光纤接口的温度	8	GOOSE 中断

表 5-8　　　　　　　　智 能 终 端 状 态 量

序号	状 态 量	序号	状 态 量
1	运行设备的内部工作温度	3	装置过程层光纤接口的接收光强
2	装置过程层光纤接口的发送光强	4	装置过程层光纤接口的温度

续表

序号	状 态 量	序号	状 态 量
5	装置电源电压	18	保护永跳命令源返校
6	故障插件	19	测控遥跳命令源返校
7	SV 中断	20	A 相保护跳闸命令源返校
8	GOOSE 中断	21	B 相保护跳闸命令源返校
9	断路器 A 相分位	22	C 相保护跳闸命令源返校
10	断路器 B 相分位	23	跳 A 出口返校
11	断路器 C 相分位	24	跳 B 出口返校
12	断路器三相分位	25	跳 C 出口返校
13	断路器 A 相合位	26	保护重合命令源返校
14	断路器 B 相合位	27	测控遥合命令源返校
15	断路器 C 相合位	28	合 A 出口返校
16	断路器三相合位	29	合 B 出口返校
17	保护三跳命令源返校	30	合 C 出口返校

表 5-9 交 换 机 状 态 量

序号	状 态 量	序号	状 态 量
1	运行设备的内部工作温度	4	装置过程层光纤接口的温度
2	光纤接口的发送光强	5	装置电源电压
3	光纤接口的接收光强		

　　基于 IEC 61850 的继电保护装置与传统继电保护装置相比，不仅可以输出反应装置硬件本身的自检信息，同时能提供装置本身运行的环境信息。继电保护装置用以状态监测的信息主要如表 5-10 所示。

表 5-10 继 电 保 护 状 态 量

序号	状 态 量	序号	状 态 量
1	运行设备的内部工作温度	4	装置过程层光纤接口的接收光强
2	装置电源电平输出	5	装置过程层光纤接口的温度
3	装置过程层光纤接口的发送光强	6	故障插件

（2）继电保护二次回路的在线监测。智能变电站和传统变电站在二次回路上的区别主要在于通过光纤的数字传输方式替代了传统变电站的电缆模拟量传输方式。基于光纤的数字传输方式的优势在于，可以通过正常运行情况下的通信数据交互来对链路的通断状态和通信校验结果以及对通信链路的物理通断和逻辑正确性进行校验，改变了以往电缆通信方式必须通过定检进行校验的方式。

智能变电站的二次回路在线监测包括物理链路通信状态和逻辑链路通信状态两种不同层面的内容。

1）物理链路通信状态在线监测。为了实现物理链路通信在线监测，需要先明确智能变电站过程层设备的物理链路拓扑信息。无论采用组网通信方式还是点对点通信方式，智能变电站继电保护系统的过程层通信方式都可以用图 5-31 表示。

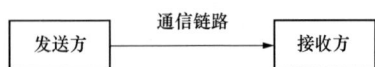

图 5-31　智能变电站过程层通信方式

从光纤通信监视的原理来看，光纤通信的监视功能是在接收方完成的，在光纤链路异常时，接收方将无法正常地接收数据，从而判断光纤链路发生了异常。但是接收方实际上没法直接判断是链路的哪个参与环节出现了问题，即无法定位到是发送方光纤接口、通信链路或者是接收方光纤接口发生了异常。同时需要注意，为了方便地实现光纤链路状态监视，接收设备发出的链路异常报警需要有明确的物理概念，一般采用针对发送设备的原则。

实际应用过程中，过程层设备的光纤通信异常可能是由插件异常或者装置异常引起的，这样在设备异常过程中，从整个变电站来看，将由很多设备产生对应的链路异常信号。二次回路在线监测的一个主要工具就是通过这些链路异常信号，进行链路异常的准确定位。

2）逻辑链路通信状态在线监测。除了物理链路通信在线监测外，智能变电站过程层通信网络还需要进行网络通信内容有效性的在线监测，用来确保实际工程的过程层通信配置和 SCD 的集成配置是完全一致的。

按照 IEC 61850 要求，过程层 GOOSE 和 SV 在数据交换过程中，不仅交换通信数据，还交换数据配置，这样就为逻辑链路通信的在线监测创造了条件。目前主要厂家装置对 GOOSE 和 SV 配置均可进行在线校对，并可在发现发送配置和接收配置不匹配时发出告警信号。

在此基础上，只要验证发送的配置和 SCD 集成配置一致，就可以在逻辑上验证过程层装置的发送配置、接收配置与 SCD 集成配置的一致性。

3．诊断技术

智能变电站继电保护诊断技术分为两方面，一方面针对的是装置本身的诊断，另一方面针对的是连接各个装置本身的二次回路诊断。

（1）装置状态诊断。诊断系统的数据分析模块从数据库中提取 IED 装置的状态信息，并对状态信息中的数据进行分析。诊断系统通过接收各个 IED 装置发送的温度、电压、故障板件等信息，同时结合系统本身设置的各个指标的阈值，通过比较，诊断各个装置本身的状态。

（2）二次回路诊断。智能变电站的二次回路诊断主要包括静态链路诊断和保护操作回路诊断两方面的内容。

1）静态链路诊断。目前智能变电站中广泛采用 GOOSE 报文来实现保护跳闸、断路器位置、联闭锁信息等实时性高数据的传输，采用 SV 报文传输采样值。GOOSE 报文发送采用心跳报文和变位报文快速重发相结合的机制，在 GOOSE 数据集中的数据没有变化的情况下，发送时间间隔为 T_0 的心跳报文，心跳报文的时间由系统配置工具在 GOOSE 网络通信参数中的 Max Time 参数（即 T_0）中设置，且该参数为全站唯一。GOOSE 接收可以根据 GOOSE 报文中的允许生存时间（Time Allow to Live）来检测链路是否中断。SV 按照特定的采样率等间隔发送，接收方通过监测接收数据来进行链路终端判别。通过检测 GOOSE 服务和 SV 服务可判断链路通断情况，但不能进一步区分物理光纤链路和逻辑链路。需通过增加监测装置（保护装置、智能终端、合并单元、交换机）的光口发送和接收光强，并上送到诊断系统中，系统结合算法来判断是物理断链或逻辑断链，并诊断断链位置。

智能变电站继电保护系统的过程层链路都可以用图 5-32 表示。链路包括三个环节（其中发送方和接收方对应的物理设备，可以是保护装置、合并单元、智能终端和交换机）：①发送方光纤接口；②点对点光纤；③接收方光纤接口。

图 5-32　智能变电站过程层通信链路

对于过程层的设备，从设备损坏可能导致光纤网口通信异常的层次来说，包括以下三个层次：

a）整个装置：当装置电源出现异常时，将导致装置所有的光纤网络口通信出现异常。

b）接口插件：当装置光纤接口插件出现异常时，将导致插件所有的光纤网络口通信出现异常。

c）光纤接口：当装置单个光纤接口出现异常时，将导致该光纤接口通信出现异常。

目前智能变电站中装置都可以将监测信息上送，为了实现链路的判别，增加了智能变电站装置发送光强和接收光强监测和上送。实际应用过程中，过程层设备的链路通信异常可能是由插件异常，或者是装置异常引起的，这样在设备异常过程中，从整个变电站来看，将由很多设备产生对应的链路异常信号，后台通过这些链路异常信号和光强组合判别，进行链路异常的准确定位。

为了实现这个功能，需要定义两个结构体来存储光纤链路物理端口信息和光纤链路异常信息。

光纤端口结构：

```
Struct
{
devce;                   //装置编号
slot;                    //插件编号或模块编号(交换机)
fiber;                   //端口
} PORT1; PORT2
```

光纤链路异常结构：

```
Struct
{
PORT1  source;           //数据发送端口
PORT1  destination;      //数据接收端口
}
```

端口光强结构：

```
Struct
{
PORT2  source;           //数据发送端口光强
PORT2  destination;      //数据接收端口光强
}
```

在线监测系统后台装置构造以上结构体信息，并实时接收到过程层设备的光纤链路异常信息、光口光强，分析所有链路异常信息的发送端口和接收端口光强相同，接收端口的接收数据是否正常，并可依据以下规则进行链路异常定位：

当接收端口出现接收数据异常后，查找该端口以及数据发送端口的光强；如果两者光口相差很小且光强满足发送要求，则认为是逻辑链路存在问题；如果是接收端口光强为 0，发送端口光强满足要求，则认为是光纤链路或接收端口存在问题；如果发送端口和接收端口光强都为 0，则认为是发送端口存在问题。

通过以上的逻辑判断，可以判断出链路是逻辑链路还是光纤链路问题，并进行异常的定位功能。

2）保护跳/合闸回路诊断。继电保护的一个重要作用就是当电力系统发生故障时能正确隔离故障，不存在拒动现象；当电力系统正常时不误动，不存在因误跳断路器而造成系统振荡的现象。但在实际运行中，继电保护的不正确行为还时有发生。在进行事故分析时，由于缺少故障时动作行为的相关数据，导致无法判断故障位置。一个完整的保护跳/闸回路应如图 5-33 所示。

图 5-33　保护跳/合闸回路示意图

从图 5-33 可以看出，继电保护是否正确动作，主要包括三方面内容：①保护装置本身是否正常动作；②智能终端能否正确接收保护装置命令并正确出口；③断路器是否能正确执行智能终端命令。

针对保护装置是否正确动作，要求保护装置本身完成动作后，自动生成保护动作逻辑上送到系统中，系统可以以图形形式展示装置内部的动作逻辑。图形化界面如图 5-34 所示。

针对智能终端能否正确动作，增加了以下监视节点：

a）智能终端将接收到的命令源进行转发，即智能终端接收到保护装置的 GOOSE 命令后，在进行处理时，同时将该 GOOSE 命令转发到诊断系统中，系统接收到该信息后存入系统数据库中。

b）智能终端处理接收的 GOOSE 命令，经过内部处理，驱动出口继电器动作出口，同时将继电器动作信息（即跳 A 出口返校、合 A 出口返校等）上送到诊断系统中，系统接收到该信息后存入系统数据库中。

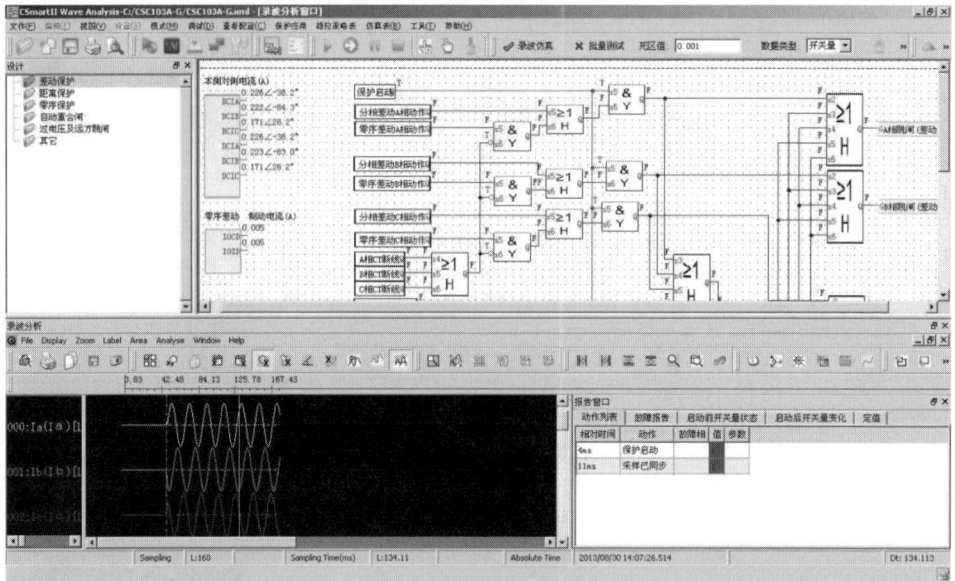

图 5-34　保护装置内部逻辑

c）一次设备断路器是否分/合闸没有监视，但可以通过断路器辅助接点位置实现监视。断路器将位置信息通过智能终端转发到诊断系统中，系统接收到该信息后存入系统数据库中。

通过上述过程，实现了智能变电站跳/合闸回路的完整监视。当继电保护发生不正确的行为时，通过提取数据库中各个阶段的动作信息，就能判断出故障原因。

（二）装置建模要求

装置自身模型要求如下。

1．装置自身 IED 模型要求

应包含装置台账信息模型、自检信息模型、接入装置通信状态模型。

（1）台账信息模型。装置台账信息见表 5-11，采用扩展 SCIF 建模，采用"dsParameter"数据集。

表 5-11　　　　　　　　　　台　账　信　息　SCIF

属性名	属性类型	全称	M/O	中文语义
公用逻辑节点信息				
Mod	INC	Mode	M	模式
Beh	INS	Behaviour	M	行为

续表

Health	INS	Health	M	健康状态
NamPlt	LPL	Name	M	逻辑节点铭牌
参数				
PwrLev	STG	The power level in substation	M	电压等级
Vendor	STG	The vendor	M	制造厂商
DevTyp	STG	The device type	M	装置型号
MnfDate	STG	The date of manufacture	M	出厂日期
RunDate	STG	The date for runing	M	投运日期
SwRev	STG	Software version	M	装置程序版本号
SwDate	STG	Software date	M	程序日期
StaDskCap	ASG		M	系统（磁盘）容量 G

由于台账信息内容均采用中文，因此扩展一个 CDC，用于对中文字符的描述，见表 5-12。

表 5-12　　　　　　　字符整定 String　setting（STG）

STG　Class					
属性名	属性类型	功能约束	触发条件	值/范围	M/O/C
DataName	从数据类继承（见 DL/T 860.72）				
数据属性					
定值					
setVal	UNICODE　STRING255	SP			AC_NSG_M
setVal	UNICODE　STRING255	SG，SE			AC_SG_M
配置、描述和扩展					
d	VISIBLE　STRING255	DC		Text	O
dU	UNICODE　STRING255	DC			O
cdcNs	VISIBLE　STRING255	EX			AC_DLNDA_M
cdcName	VISIBLE　STRING255	EX			AC_DLNDA_M
dataNs	VISIBLE　STRING255	EX			AC_DLN_M

注　可支持的数据长度不应低于 30 个字符。

（2）自检信息模型。装置自检信息采用 SPSI 建模，其定义见表 5-13。测量信息采用"dsAin"数据集，状态信息采用"dsWarning"数据集。

表 5-13   装置自检信息 SPSI

属性名	属性类型	全称	M/O	中文语义
公用逻辑节点信息				
Mod	INC	Mode	M	模式
Beh	INS	Behaviour	M	行为
Health	INS	Health	M	健康状态
NamPlt	LPL	Name	M	逻辑节点铭牌
测量信息				
CPUUseRat	MV	The use ratio for CPU	M	CPU 使用率
MemUseRat	MV	The use ratio for memory	M	内存使用率
FreeDisk	MV		M	磁盘剩余容量（单位：M）
状态信息				
DskFreAlm	SPS		M	磁盘容量不足告警
ComStatus*	SPS	DCU* status of communication	O	数据采集单元*通信状态

注　IEC 61850 的标准单位中没有"%"，因此"装置 CPU 使用率""装置内存使用率"自检测量的单位为空，其值的范围为 0.000～1.00，表示 0.0%～100.0%。

（3）通信状态模型。通信状态信息采用 SDCS 建模。DO 的 CDC 类型为 SPS，其状态值为"True"时，表示该装置与装置通信正常；为"False"时，表示通信异常，见表 5-14。采用"dsCommState"数据集。

表 5-14   装置通信状态信息（SDCS）

属性名	属性类型	全称	M/O	中文语义
公用逻辑节点信息				
Mod	INC	Mode	M	模式
Beh	INS	Behaviour	M	行为
Health	INS	Health	M	健康状态
NamPlt	LPL	Name	M	逻辑节点铭牌
状态信息				
ComStatus*	SPS	IED* status of communication	M	装置*通信状态

注　通信状态 SDCS 节点模型中，表示状态信息的 DO 名称以编号方式区分装置，在实例化时，DOI 的 DU 必须与接入装置的 ied name 名称一致。

2．装置 ICD 文件要求

装置 ICD 文件满足如下要求：

（1）在 IED 元素的 ConfigVersion 属性中填写 ICD 配置文件版本。

（2）在 IED 元素的 manufacturer 属性中填写装置的生产厂家。

（3）在 IED 元素的 type 属性规定为"AGENT_SGCC"。

（4）在 ICD 中应包含中文的"desc"描述和 dU 属性，供配置工具和客户端软件离线或在线获取数据描述。

3．界面展示要求

装置显示界面应根据实际运行需求进行层次化展示，满足可视化、层次化、实用化、简单化。至少包括四层，如图 5-35 所示：

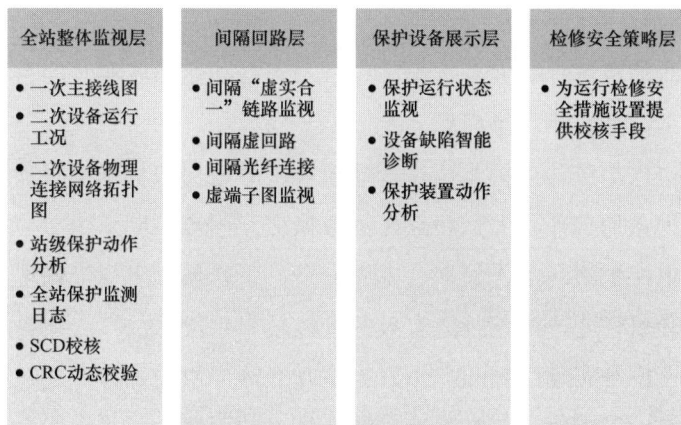

全站整体监视层	间隔回路层	保护设备展示层	检修安全策略层
● 一次主接线图 ● 二次设备运行工况 ● 二次设备物理连接网络拓扑图 ● 站级保护动作分析 ● 全站保护监测日志 ● SCD校核 ● CRC动态校验	● 间隔"虚实合一"链路监视 ● 间隔虚回路 ● 间隔光纤连接 ● 虚端子图监视	● 保护运行状态监视 ● 设备缺陷智能诊断 ● 保护装置动作分析	● 为运行检修安全措施设置提供校核手段

图 5-35　层次化界面展示示意图

（1）第一层为全站整体监视，包含基于全站一次主接线图、二次设备运行工况全景监视图、二次设备物理连接网络拓扑图、站级保护动作分析、全站保护监测日志、SCD 校核、CRC 动态校验等功能。

（2）第二层为间隔回路层，包括间隔"虚实合一"链路监视、间隔虚回路、间隔光纤连接、虚端子图监视等功能。

（3）第三层为保护设备展示层，包括保护运行状态监视、设备缺陷智能诊断、保护装置动作分析。

（4）第四层为检修安全策略层，为运行检修安全措施设置提供校核手段。

第三节　继电保护基础信息智能运维管理

一、背景

智能电网是国家"十二五"规划重点支持项目。其中变电环节建设占据着相当重要的地位,我国计划在 2020 年以前建成数千座智能变电站。从 2010 年开始,国内各电压等级的智能变电站已陆续投入运行。这些站的建成投运提高了资源使用和生产管理的效率,提升了电网设备的智能化水平,变电站信息全数字化已成为现实。但随着变电站的快速增加和技术难度的提高,传统的变电站运维技术与试验模式已不能满足智能变电站的发展需求。主要表现在:

(1)继电保护人员数量相对较少,智能变电站设备增多,且设备检修时间集中,检修安全措施复杂、现场作业自动化程度不高、现场检修需要携带大量资料等问题。

(2)传统的继电保护设备管理主要依赖非自动化、非实时的系统来记录,存在效率低下、账实不符等问题。

(3)继电保护统计分析及运行管理模块、继电保护状态检修辅助决策模块等,基础数据维护工作量大,相互之间数据交互困难。

(4)继电保护现场工作繁多、工序复杂,工作质量主要依赖现场工作人员的技术水平和责任心,缺乏行之有效的管控技术手段。

物联网(Internet of Things,IOT)是互联网应用的延伸,是在计算机、互联网出现之后的下一次信息技术浪潮和新技术的引擎,其"智能嵌入技术、纳米技术、传感器技术、射频识别"将成为物联网的四大核心技术。物联网发展至今,国际上仍未有一个明确统一的定义,目前认可度较高的一个定义是:为了连接任意物品和互联网,通过射频识别、激光扫描器、红外感应器、全球定位系统等信息传感设备采集物品信息,按规定协议通信,以实现信息交换,完成智能化识别、定位、跟踪、监控和管理的一种网络。智能电网的建设,物联网的兴起,促使国内外研究机构和专家学者加快了对输变电设备基于物联网设备进行信息采集的研究和讨论。IEC 61850 第 2 版修改及增加了大量传感器逻辑节点,国内学者对继电保护设备信息采集设计、物联网的应用及信息建模等方面进行了探讨。随着省公司"大云物移"体系的建设,一个基于物联网、移动互联、大数据、云计算等技术的继电保护运维管理系统应运而生。

基于大数据平台的继电保护运维管理系统,通过融合物联网、移动互联、大数据、云计算等现有先进技术,将运维检修推向智能化、网络化、标准化。实现了运维检修的标准化、电子化作业,提升了工作效率和质量,加强了运维检修的作业管控。

二、智能运维管理系统整体架构

基于物联网和移动互联的继电保护运维管理系统为总部、省公司二级部署，如图 5-36 所示支持总部、省公司和地市（县）公司三级应用，系统部署在内网 IV区。部署在国家电网公司总部的应用，与省公司通过纵向数据交换接口实现纵向贯通，支撑国家电网范围内的总部上层应用；部署在省公司的应用，同时支撑省公司、省检修公司和地市（县）公司的运检业务；在各地市（县）公司可部署地市级主站。

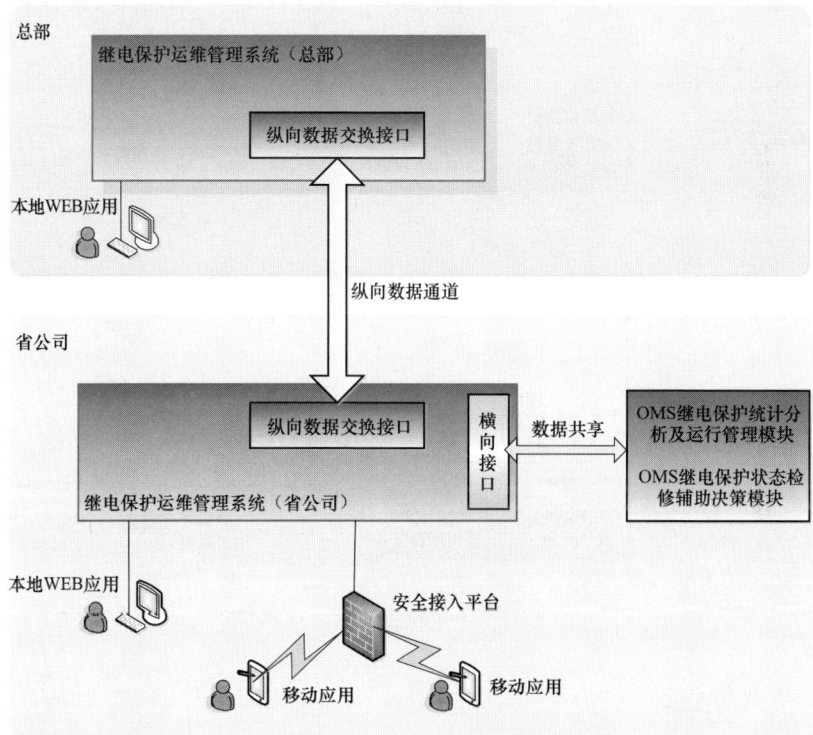

图 5-36　系统整体架构图

继电保护运维管理系统的横向数据共享和应用集成在省公司层面，主要包含：①从 OMS 继电保护统计分析及运行管理系统获取保护设备台账和相关基础数据作为本系其他业务的基础数据；②将本系统的设备巡检、检验、缺陷记录数据通过数据共享或服务调用的方式提供给 OMS 继电保护状态检修辅助决策模块、统计分析及运行管理模块使用。在总部层面，继电保护运维管理系统主要通过纵向数据交换接口实现与省公司应用的纵向贯通，从而达到两级数据管理。

1．硬件部署结构

地市级主站系统由数据库服务器和应用服务器构成（见图 5-37）。管理工作站通过浏览器完成操作管理。移动终端通过移动网络（须经过安全接入平台认证）接入到主站，支持移动、联通、电信或国家电网 4G 专网中的至少一种移动数据接入方式。移动终端通过扫描贴在装置上的二维码标签识别被操作装置。

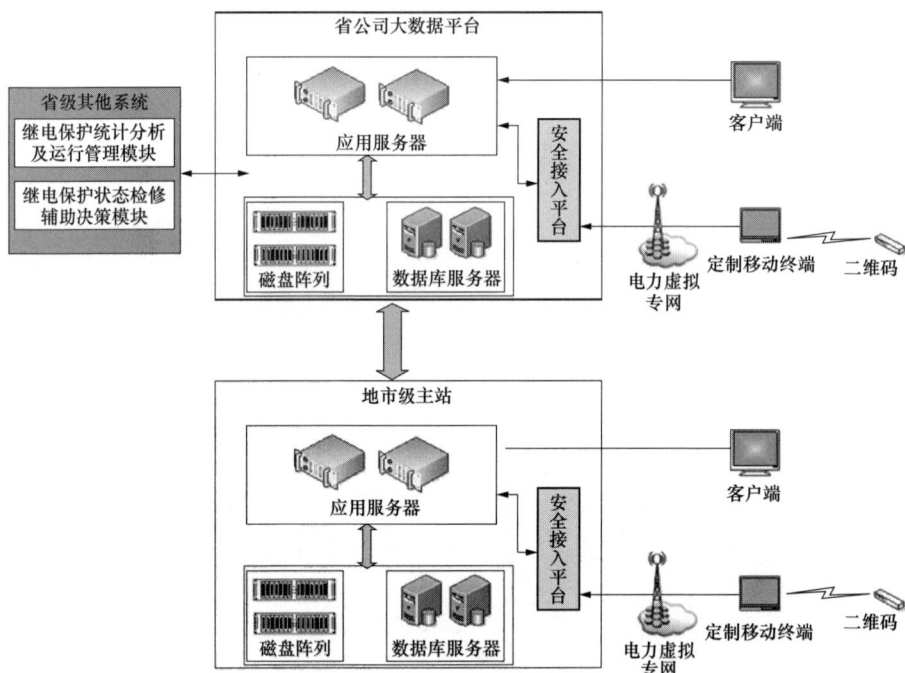

图 5-37　电子化作业系统架构

2．大数据平台

大数据平台客户端通过大数据平台自动获取继电保护信息系统、SCADA系统数据、保护装置运维数据，根据检修计划自动推送检修间隔内保护装置的相关数据。平台与上述的高级应用直接的架构和关系如图 5-38 所示。

三、智能运维管理系统关键技术

基于移动终端的变电站智能运维管理系统，对二次设备进行全寿命周期管理，对运行维护工作实现移动化、无纸化、自动化及智能化，从而促进现场运维工作的高效、正确和安全。主要实现：①保护设备的台账、缺陷等信息的采集管理；②作业任务、缺陷、事件等的历史记录和查询；③设备的作业、巡视、验收、消缺等工作过程的管控；④变电站图纸、说明书、定值单等基础资料的管理和查询；⑤典型案例、远程诊断等辅助工具；⑥集成精益化评价、技术监督等高级应用功能。

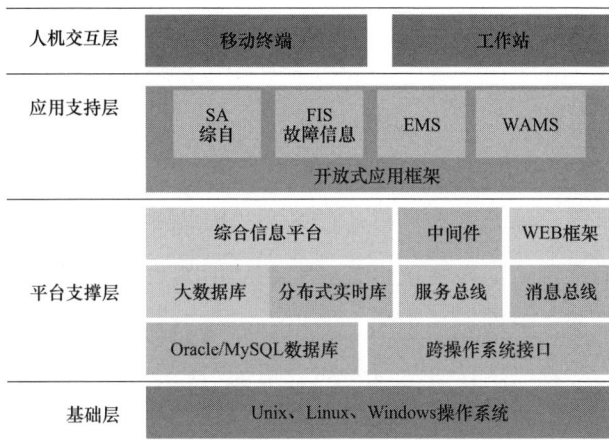

图 5-38　大数据平台架构

1．基于移动终端的变电站智能运维管理系统主要技术

（1）继电保护移动运维管控系统技术。继电保护运维管控系统从 OMS 系统获取保护运维所需资料，并将这些资料归类存储。继电保护运维管理平台可以主动向移动端设备操作人员推送消息、文件和更新应用。

主站端接收、存储、移动终端数据技术，综合处理移动终端读取的装置信息、巡视报告、校验报告等数据。

（2）移动终端接入技术。移动端设备通过验证及确认操作人员资格和身份接入继电保护移动电子化作业管控系统，并通过订阅模式接收待校验间隔的保护设备相关技术支持文档，包括作业指导书、相关图纸、设备说明书、定值单、缺陷记录和动作记录等。

（3）继电保护专业无纸化作业技术。移动终端继电保护专业资料管理功能，实现现场无纸化工作。移动终端存储管理的保护专业资料，由运维人员通过移动端设备扫描相应现场设备唯一编码调取设备相关资料，工作完成后通过移动终端填写提交相关记录，包括缺陷记录、检修记录和保护试验记录等，将传统的纸质资料电子化、标准化。

（4）移动终端远程诊断技术。远程诊断主要用于邀请一位或多位专家通过远程视频通话、图片传输、文件共享、信息实时交互等现代通信手段，指导变电站现场进行比较复杂困难的故障排除与缺陷处理工作，并可自动存储沟通记录。

（5）移动终端精益化管理技术。通过移动终端选择变电站、评价性质及输入评价人，即可开始、继续或终止精益化评价项目。在评价过程中可以根据保护设备、二次回路、运行管理等标准化评价细则逐一进行评价，并将评价结果以文字、图片的形式记录在移动终端上，进行统计分析，生成评价报告，提交审批。

2．继电保护电子化作业平台核心业务

继电保护电子化作业平台的核心业务为台账管理、专业巡检、设备检验、设备验收、缺陷管理、事件管理。各模块的功能如下：

（1）台账管理：依据大数据平台通用数据模型设计将台账数据标准化规范化，借助二维码等物联网技术将设备和台账唯一关联，确保保护设备等全生命周期数据管控的唯一性和连续性。

（2）专业巡检：通过移动终端实现无纸化作业；依靠软件技术实现巡检设备的分类选择与分发，提升任务派发效率；借助二维码、GPS 等技术辅助定位，监督巡检路径和设备，防止漏检错检。

（3）检验和验收：依据标准化作业指导书制定作业模板、规范作业流程和数据录入；支持作业过程中的安措控制和记录；实时提供便捷的图档查询服务和现场问题拍照录制功能；后期经数据标准化后可与测试平台等系统实现数据共享，自动生成测试方案和测试报告，并自动记录测试数据。

（4）缺陷管理：基于数据库对缺陷数据进行分类管理并统计分析，同时生成典型案例和装置评估报告；借助缺陷统计评估和典型案例库提升工作人员检修和消缺的效率；并依托移动终端科学管控缺陷录入、消缺、生成报告等流程。

（5）事件管理：借助移动终端的标准化报告和拍照摄像功能，通过网络快速准确全面地将事件信息送到主站，同时也可以接收主站推送的标准化事件报告录波等，提高了远端工作人员处理问题的效率和准确性。

四、移动终端设备技术方案

移动终端实现变电站的移动办公功能及数据采集功能，系统结构如图 5-39 所示，主要包括 Cortex-A7 双核处理器、条件码/二维码扫描器、RAM/FLASH、MICRO SD 接口、锂电池、电容式触摸屏、GPS 模块等部分。处理器主频为 1.2GHz，支持 Android 4.2.2 操作系统。触摸屏为 7 英寸 1280×720 分辨率高清

lcd 显示屏，450 cd/m² LED 背光，适应户外操作环境。同时，多点电容触摸屏，外加 4 个功能按键、1 个扫码专用按键、1 个电源背光按键。采用 GPS 自动定位，适用于物联网的各种应用。

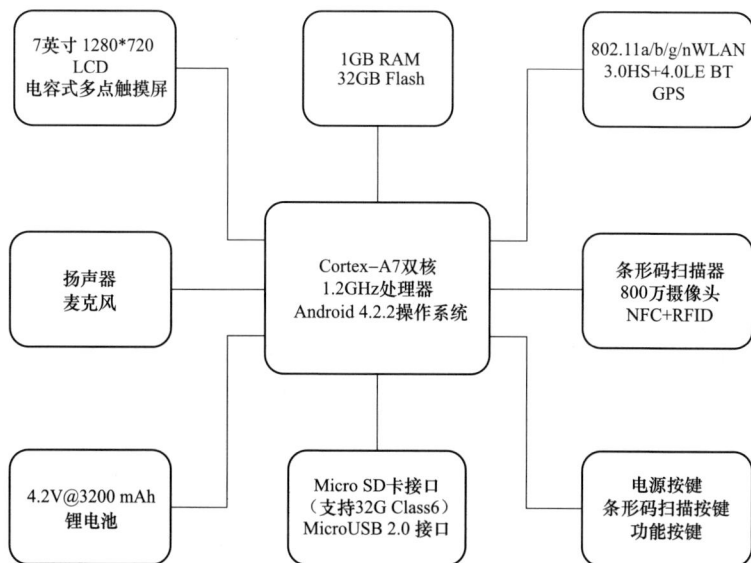

图 5-39　移动终端实现方案

此外，设备为 IP65 防护等级，防水防尘；−20～+60℃宽温度操作范围，适应 5%～95%湿度范围，适用于各种极限应用场合。

移动终端技术将运维相关资料汇集于移动终端，实现现场工作的无纸化作业。具体实现方案为：通过移动终端接收、查询及执行设备检验任务。在移动终端上打开检验任务，按照检验任务单进行设备检验，严格按照安全措施票操作要求逐条执行，并确认执行正确后，签名提交，按照标准化作业指导书预定的工作程序进行检验工作，并将检验结果以文字、图片的形式记录在移动终端上，同步至运维管理系统主站。

移动终端性能指标见表 5-15，其外观及界面见图 5-40。

表 5-15　　　　　　　　　　移 动 终 端 性 能 指 标

性能	支持无线 WIFI 通信，具有 USB 接口，支持 3G/4G 通信
	具备超高频（UHF）射频识别（RFID）功能
	支持一维码和二维码扫码功能

性能	具备 GPS 定位功能
	具备 500 万像素以上摄像头
操作系统	采用 Android 操作系统
储存空间	不小于 32G
屏幕	不小于 6.7 寸的适于室外作业的透反屏
电池续航	工作电池续航能力不小于 8 小时
防护等级	工业级 IP65 及以上防护等级,1.2 米高度跌落防护,适应于各种工业级的生产应用

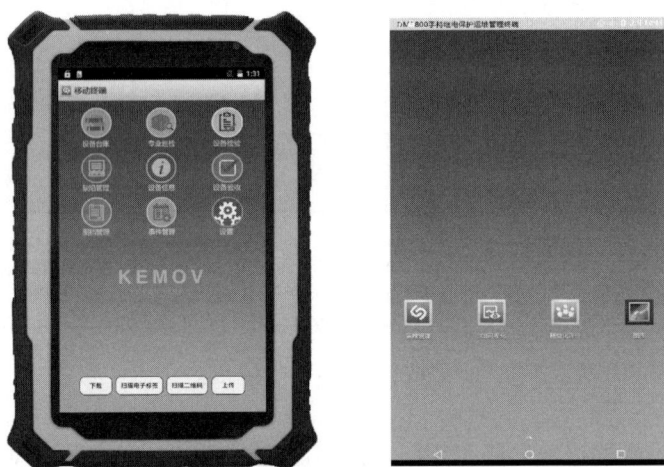

图 5-40　移动终端外观及界面

五、智能运维管理系统功能应用

(一)主要功能

继电保护智能运维管控系统如图 5-41 所示,系统基于移动终端,利用大数据平台通用数据模型建立数据库,并通过无线通信技术实现移动终端间的互联,其主要包括保护设备台账管理、保护设备巡视管理、保护设备作业管理、保护设备验收管理、保护设备缺陷管理、保护设备历史记录管理、用户管理、基础资料管理、移动终端管理、远程诊断技术、精益化管理技术、典型案例库、与其他继电保护技术支持系统信息交互模块等功能模块。

1.保护设备台账管理

保护设备台账管理是指保护设备新投或改造时录入保护设备的台账信息,并建立设备识别代码及该设备相关信息的关联,在保护设备插件更换、软件升级或装置退运后进行相关台账信息更新。设备台账管理功能应满足如下要求：

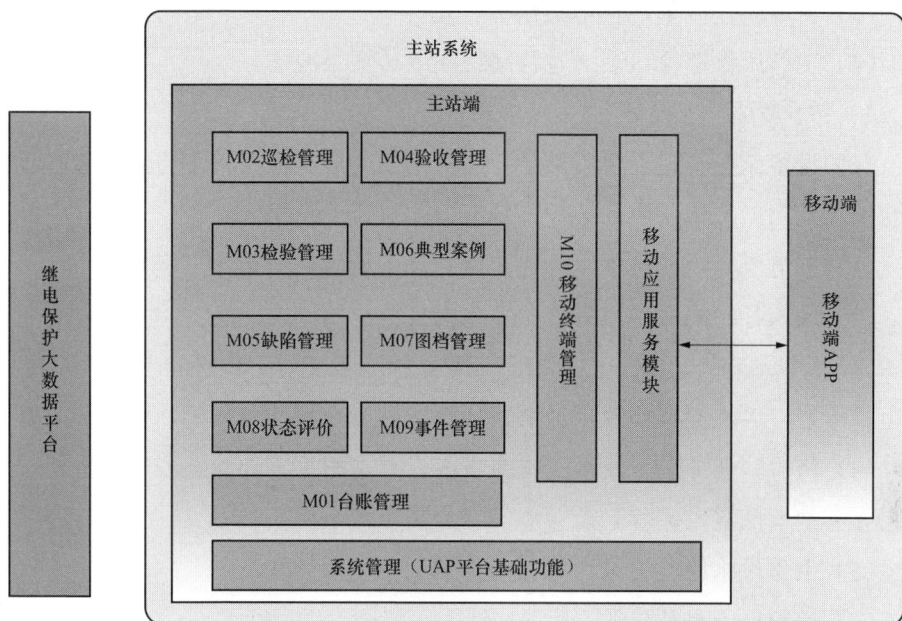

图 5-41　继电保护智能运维管控系统

（1）设备台账信息录入应同时支持手动录入、由制造厂家提供的出厂信息表自动导入及在移动终端录入后上传至系统端等方式。

（2）设备台账信息应包含板卡序号、板卡型号、板卡类别/用途、板卡硬件版本、板卡编号、板卡生成日期等信息字段，便于进行板卡级统计分析和管控工作。同时，当保护设备插件因缺陷、反措更换时，设备台账信息应方便修改，并存储板卡的历史更换记录。

（3）保护设备识别代码与设备台账、事件、缺陷信息以及图纸、说明书、定值单等的关联，应同时支持在工作站关联和通过移动终端关联两种方式。关联后，通过设备识别代码能够查找该设备的上述所有信息。

2．保护设备巡视管理

保护设备巡检管理主要用于巡检任务单的生成、派发，工作过程管控以及巡检记录录入、上传。应具备如下功能：

（1）按电压等级和设备类型建立保护设备巡检作业指导书模板。

（2）巡检任务单生成，包括任务名称、巡检设备、工作时间、巡检路线、工作负责人以及根据作业指导书模板生成的本次巡检工作的作业指导书等。

（3）将巡检任务单下发至工作负责人。

（4）工作后将巡检记录通过移动终端上传至系统端。

3．保护设备作业管理

保护设备作业管理主要用于检验任务单的生成、派发，工作过程管控以及检验记录录入、上传。应具备如下功能：

（1）按电压等级和设备类型建立保护设备检验作业指导书模板。

（2）录入各间隔保护设备检验工作的安全措施票。

（3）检验任务单生成，包括任务名称、检验设备、工作时间、工作负责人、安全措施票、以及根据作业指导书模板生成的本次检验工作的作业指导书等。

（4）将检验任务单下发至工作负责人，并可根据需要建立安全措施票、作业指导书的审批签发流程。

（5）工作后将检验记录通过移动终端上传至系统端。

（6）检验报告自动生成。

4．保护设备验收管理

保护设备验收管理主要用于验收任务单的生成、派发，工作过程管控以及验收记录录入、上传。应具备如下功能：

（1）按电压等级和设备类型建立保护设备验收作业指导书模板。

（2）验收任务单生成，包括任务名称、验收设备、工作时间、工作负责人、以及根据作业指导书模板生成的本次验收工作的作业指导书等。

（3）将验收任务单下发至工作负责人。

（4）工作后将验收记录通过移动终端上传至系统端。

5．保护设备缺陷管理

保护设备缺陷管理主要用于消缺任务单的生成、派发，缺陷信息录入及上传。应具备如下功能：

（1）消缺任务单生成，包括任务名称、缺陷设备、工作时间、工作负责人。

（2）将消缺任务单下发至工作负责人。

（3）工作后将缺陷信息通过移动终端上传至系统端。

6．保护设备历史记录管理

保护设备事件管理主要用于事件信息采集任务单的生成、派发，事件信息录入及上传。应具备如下功能：

（1）事件信息采集任务单生成，包括任务名称、动作设备、工作时间、工作负责人。

（2）将事件信息采集任务单下发至工作负责人。

（3）支持历史记录的查询和管理。

（4）原则上所有工作均应通过本系统派发才能便于保护工作量的统计，除了检验、巡检等计划性工作之外，还应有验收、消缺、获取动作报告、其他工作（如配合其他专业、执行反措、自己负责的改造工作）。

（5）接收和展示。

7．用户管理

管理系统身份验证和权限控制应满足如下要求：

（1）用户的各种操作应基于权限控制。

（2）管理系统应支持基于角色的权限设置。

8．基础资料管理

基础资料管理提供对二次设备运维业务中相关文档的管理，文档包括业务相关的制度、标准、规范等和设备相关的说明书、图纸等资料。

9．移动终端管理

移动终端管理提供移动 APP 集中管理功能；还支持移动终端硬件归属管理、位置定位、通信状况检查、安全接入控制等。

移动终端上可安装多个 APP，核心 APP 功能应实现继电保护运维工作在现场的相关工作执行、记录、展示等功能。核心 APP 功能包括但不限于：

（1）工作任务单及相关数据下载功能。

（2）按作业指导书预定的程序进行工作过程管控功能。

（3）作业内容及采集内容记录功能。

（4）二维码识别等保护设备识别功能。

（5）台账、图档、历史数据等查询、展示功能。

（6）现场拍照、录像并将图档与记录关联功能。

（7）与系统端进行自动数据同步的功能。

10．远程诊断技术

远程诊断主要用于邀请一位或多位专家通过远程视频通话、图片传输、文件共享、信息实时交互等现代通信手段，指导变电站现场进行比较复杂困难的故障排除与缺陷处理工作，并可自动存储沟通记录。

具体功能如下：

（1）支持只邀请一位专家进行专向诊断，也可以邀请多位专家进行专家会诊。

（2）在发起远程诊断时，系统将自动推送请求至其他的移动终端或工作站。

（3）支持远程视频通话、图片传输、文件共享、信息实时交互等功能。

（4）支持调阅设备台账、检验记录、缺陷记录、定值单及所属厂站/屏柜的相关资料。

（5）在进行远程诊断时，可以自行设置是否存储沟通记录，并跟现场设备进行关联，以作为本设备的远程诊断记录存储。

11. 精益化管理技术

通过移动终端工作人员可对保护设备等进行精益化评价。在评价过程中可以根据保护设备、二次回路、运行管理等标准化评价细则逐一进行评价，并将评价结果以文字、图片的形式记录在移动终端上，进行统计分析，生成评价报告，提交审批。具体功能如下：

（1）支持不同的评价性质（公司自评价、专家组评价）的选择。

（2）在评价中断再继续时，输入评价人，即可继续评价工作，操作方便。

（3）移动终端支持文字描述和现场拍摄照片两种形式录入扣分原因，并自动与扣分设备及条目关联。

（4）智能计分功能：在评价过程中出现扣分项，选择检查结果或扣分项后，即可自动计算出所扣分值。

（5）根据评价条目自动生成全站或某类设备的精益化评价报告。

（6）根据评价结果自动进行问题整理、统计、分析并形成评价缺陷饼图。

（7）支持评价报告导出和打印功能。

12. 典型案例库

建立智能变电站典型案例库，对二次设备的全生命周期检修、缺陷、台账数据进行记录，分层分类统计分析二次设备全生命周期数据，包括缺陷/检修总体情况，缺陷原因分析，缺陷部位分析，各运行阶段缺陷分布，以及保护动作情况统计分析等。可以结合大数据算法对记录数据进行隐性关系分析，编制检修计划，提供检修报告模板，并建立典型故障和缺陷处理方案。根据设备全生命周期运行情况和当前实时状态，结合典型故障专家系统，给出设备综合评价诊断结果，实现二次设备全过程精益化管控。

13．与其他继电保护技术支持系统信息交互

系统后期如果有与其他继电保护技术支持系统据交互的需要，在获得通信接口和安全接入方式后可具备如下功能：

（1）增加与 PMS 信息交互功能。

（2）向 OMS 系统的继电保护统计分析及运行管理模块和继电保护状态检修模块提供保护设备台账、事件、缺陷、巡检、检验等信息。

（3）从 OMS 系统的继电保护定值单系统获取定值单。

（4）从 OMS 系统的继电保护图档管理系统获取图纸、技术说明书等资料。

（二）无纸化作业流程

移动终端技术将运维相关资料汇集于移动终端，实现现场工作的无纸化作业。工作流程如图 5-42 所示，具体如下：

（1）利用移动终端从主站下载工作任务单（或主站向移动终端推送任务单），同时下载相关设备的台账、缺陷、事件信息，以及图纸、技术说明书、定值单等资料。

（2）开始工作前利用移动终端扫描粘贴在保护设备上的二维码，当工作地点错误时，发出报警。扫描正确后，通过设备识别代码查询设备台账、缺陷、事件信息，以及图纸、技术说明书、定值单等资料。

（3）工作开始时按照标准化作业指导书预定的工作程序，提示工作人员每步的工作内容和技术要求，并填写完规定的记录信息后才能进行下一步工作。

（4）工作结束后通过移动终端将现场录入的台账、缺陷、事件信息，以及巡视、检验、验收等工作记录信息上传到主站。

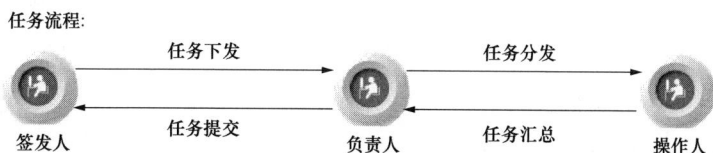

图 5-42 移动终端工作流程

对于作业任务管控：按电压等级和设备类型录入专业巡检、检验作业指

导书模板；制定工作任务单；将任务单下发至工作负责人；工作负责人利用移动终端下载工作任务单，同时下载相关设备的资料。同时工作负责人还可将所接收到的任务进行分解和合并操作，可实现工作子任务的并行操作，提高工作效率。

具体任务流程如下：

（1）签发人将任务下发给工作负责人。

（2）工作负责人收到任务将任务拆解后分发给多个操作人员。

（3）操作人完成任务后向负责人提交任务数据进行任务汇总。

（4）工作负责人将汇总后的数据进行审核并提交，签发人进行数据归档。

第四节 "三位一体"二次设备远程智能管控

随着继电保护信息的日益规范，通信技术的不断发展，当前已经具备了建设智能变电站可视化远程运维系统的条件。通过基于调度、检修、运维"三位一体"二次设备远程智能管控技术研究与应用，可实现二次设备从就地运维到远程诊断，从被动检修到主动维护的转变；调度、检修、运维三方真正实现信息一体化共享、业务一体化协同、专业一体化管理，大大提高了设备检修运维工作效率及电网故障处置能力。"三位一体"二次设备远程智能管控体系如图 5-43 所示。

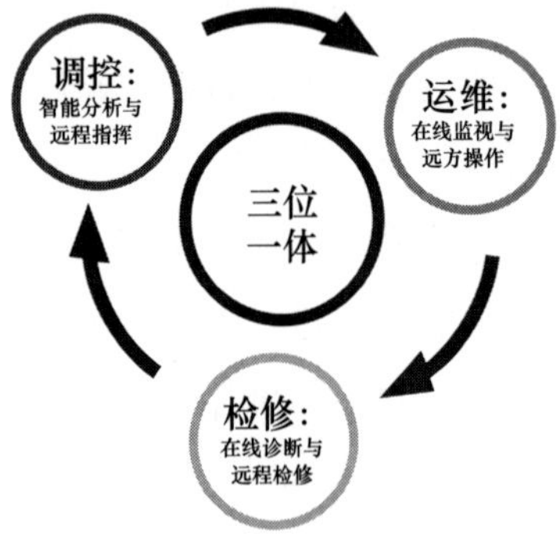

图 5-43 "三位一体"二次设备
远程智能管控体系示意图

总体思路是以智能变电站可视化远程专家诊断系统为核心，以 SCADA 系统、故障录波和保护信息系统、变电站远程实时监视系统、二次设备应急抢修平台等为辅助手段，实现调度、检修、运维三方信息共享、业务协同、远程维护、精益管理。调度端、运维站、检修工区根据职能定位不同，分配不同的角色和任务：调度端侧重于电网故障诊断；检修端侧重于远方检修与在线缺陷分析；运维端侧重于远程可视化在线监视和二次设备远方操作。

一、调度端故障智能诊断

（一）故障录波智能诊断

随着变电站无人值守及远方操作的推广应用，对调控人员在事故状态下的快速判断、快速响应能力提出了更高的要求，对继电保护技术支撑系统提出了新的挑战。在局部地区发生台风或雷暴天气时，大量故障录波器同时启动录波。传统故障录波器不对故障信息进行判断筛选，各录波器厂家生成的故障录波简报信息格式不规范。为使调控人员能在第一时间快速、准确地了解到电网故障信息，需在原有故障信息系统的基础上，对故障录波器的智能联网和诊断功能进行扩展和提升，通过智能判断实现区内（外）故障分类并在列表文件中自动标识、故障线路波形及开关变位信息自动筛选关联、故障简报自动推送等功能，大大缩短事故处理时间，加快故障恢复速度。

1．故障录波智能判别

故障录波器根据启动量、开关量变位及保护动作条件判别是否为区内故障。如为区内故障，首先生成的列表文件名为故障时间（到秒）+"一次设备"+"_act"（"_act"为标记该录波为真实故障的标志），同时形成故障简报与录波分文件，并主动推送至主站端，录波全文件不主动上送；如为区外故障，则作为普通录波文件处理，不主动上送。

录波器需具备响应主站召唤所有录波列表（含分文件列表）及录波文件（含分文件）功能，但不需要进行主动上送，由此减少主站端信息处理量，减轻网络负载。

基于智能诊断的故障信息处理流程图和最后形成的录波文件如图 5-44 和图 5-45 所示。

2．故障信息简报主动推送

录波器具备故障简报自动推送功能。故障发生后，录波器判断本次故障是否为区内故障，如判断为区内故障，则将录波简报（见图 5-46）主动上送主站，主站根据简报名称，主动对录波器进行录波分文件的召唤，仅上送故障间隔关联的模拟量波形及开关量信息。

（二）三级分层式故障报告

通过电网故障时两侧变电站所有的保护动作信息收集、筛选、整理和智能分析，自动形成装置级－变电站级－电网级三级分层式故障报告。报告能够清晰展示故障相关的一、二次设备各类动作情况、动作时间、故障相、故障电流、故障电压、故障测距等信息，并提供相量图绘制、阻抗轨迹绘制等深层次专业分析工具，为大运行模式下调控人员及继电保护专业人员进行电网事故快速分

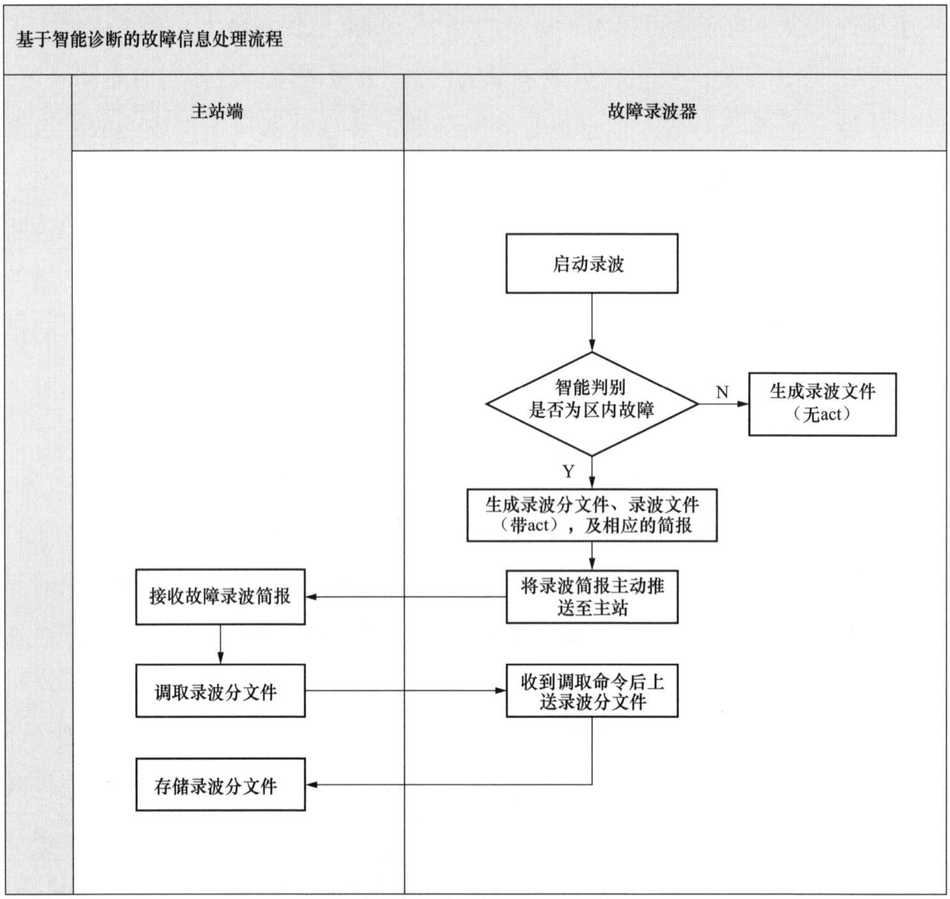

基于智能诊断的故障信息处理流程

主站端	故障录波器

图 5-44　基于智能诊断的故障信息处理流程

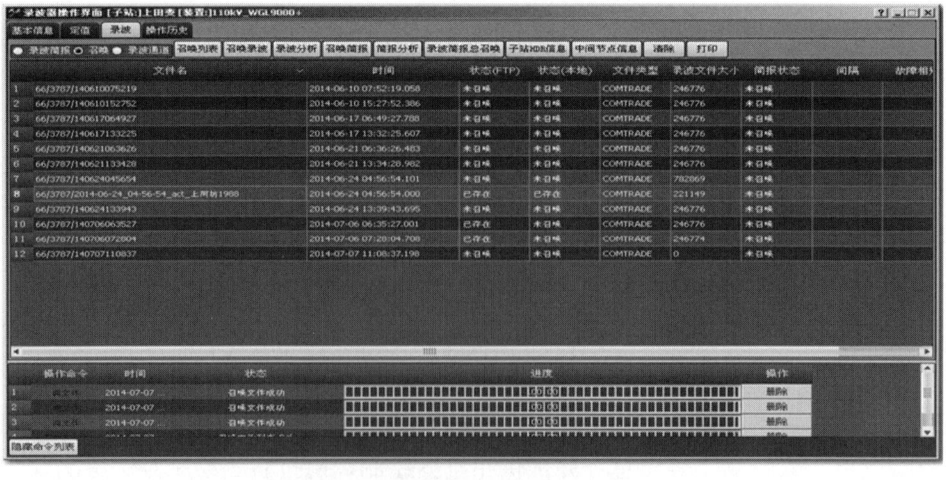

图 5-45　录波器形成的录波文件

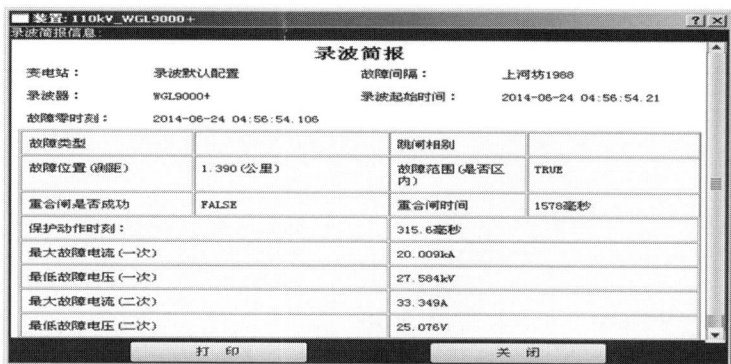

图 5-46　录波简报示意图

析、处理提供强有力的技术支撑。装置级故障报告、变电站级故障报告、电网级故障报告如表 5-16～表 5-18 所示。

表 5-16　　　　　　　220kV 朗蓬 2R42 线 CSC103B 装置级故障报告

故障简况	变电站名称	厂站蓬莱变
	故障发生时间	2012-08-07 18:04:55.879
	故障元件	线路朗蓬 2R42 线
	故障相	B 相接地
	故障测距（公里）	14.8125
保护动作情况	2012-08-07 18:04:55.879	
	0ms	保护启动
	6ms	通道 A 通，丢帧：
	6ms	通道 B 断，丢帧：
	6ms	采样已同步
	11ms	纵联差动保护动作
	11ms	保护动作，动作相：B 相
	11ms	数据来源通道 A
	11ms	分相差动动作，动作相：B 相
	62ms	单跳启动重合
	1061ms	重合闸动作
保护设备录波	2012-08-07 17:42:40.000	10312/1770/D122_RCD_39 20120807_180455_87

表 5-17 蓬莱变电站级故障报告

厂站	装置	动作时间	动作情况
蓬莱变	220kV 朗蓬 2R42 线 CSC103B	2012-08-07 18:04:55.87	动作报告：B 相接地　故障 动作相：B 相 11ms 差动保护动作 62ms 单跳启动重合 1061ms 重合闸动作 0ms 保护启动 6ms 通道 A 通，丢帧 6ms 通道 B 断，丢帧 6ms 采样已同步 11ms 纵联差动保护动作 11ms 保护动作，动作相：B 相 11ms 数据来源通道 A 11ms 分相差动动作，动作相：B 相 32ms…，故障测距（公里）=14.81； 62ms 单跳启动重合 1061ms 重合闸动作
	220kV 朗蓬 2R42 线 RCS931	2012-08-07 18:04:55.88	动作报告：动作相：B 相 8ms 差动保护动作 1050ms 重合闸动作 0ms 保护启动 0ms…，电网故障序号=41588.00； 0ms…，故障序号=41588.00； 0ms…，故障选相，动作相：B 相 8ms 跳闸 B 相 8ms 电流差动保护 50ms 跳闸 B 相　复归 50ms 电流差动保护　复归 1050ms 重合闸动作 1171ms 重合闸动作　复归 7060ms 保护启动　复归

表 5-18 电 网 级 故 障 报 告

厂站	装置	动作时间	动作情况
厂站 蓬莱变	220kV 朗蓬 2R42 线 CSC103B	2012-08-07 18:04:55.87	动作报告：B 相接地　故障 动作相：B 相 11ms 差动保护动作 62ms 单跳启动重合 1061ms 重合闸动作 0ms 保护启动 6ms 通道 A 通，丢帧 6ms 通道 B 断，丢帧 6ms 采样已同步 11ms 纵联差动保护动作 11ms 保护动作，动作相：B 相 11ms 数据来源通道 A 11ms 分相差动动作，动作相：B 相 32ms…，故障测距（公里）=14.81； 62ms 单跳启动重合 1061ms 重合闸动作

续表

厂站	装置	动作时间	动作情况
厂站 蓬莱变	220kV 朗蓬 2R42 线 RCS931	2012-08-07 18:04:55.88	动作报告：动作相：B 相 8ms 差动保护动作 1050ms 重合闸动作 0ms 保护启动 0ms…，电网故障序号=41588.00； 0ms…，故障序号=41588.00； 0ms…，故障选相，动作相：B 相 8ms 跳闸 B 相 8ms 电流差动保护 50ms 跳闸 B 相　复归 50ms 电流差动保护　复归 1050ms 重合闸动作 1171ms 重合闸动作　复归 7060ms 保护启动　复归

二、检修端远程运维

（一）基于插件级缺陷定位的继电保护远程诊断

基于插件级缺陷定位的继电保护远程诊断通过整合分析装置自诊断及相关状态信息，发现保护装置自身的问题所在并及时发出报警信号，实现电网运行状态的实时监测和二次设备的运行状态评估；通过装置告警软报文信息分类梳理，综合应用智能故障诊断技术，准确、快速地推断可能的故障设备、故障类型，实现精确到插件的继电保护缺陷定位，为二次设备维护提供完整准确的信息支撑和数据保障，完成二次设备从"就地运维"到"远程运维"的精益化转变，如图 5-47 所示。

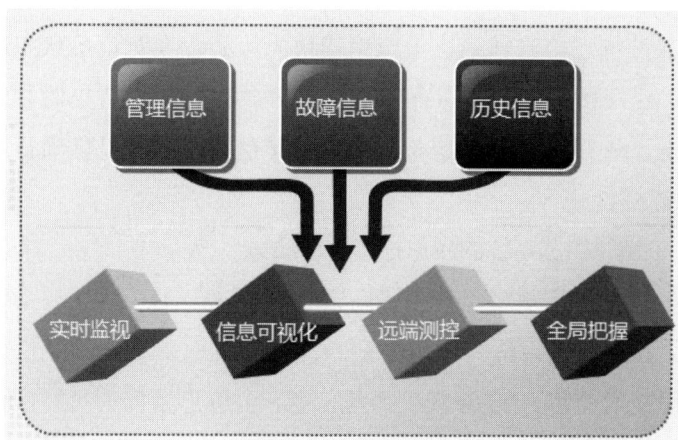

图 5-47　装置在线诊断系统（二）

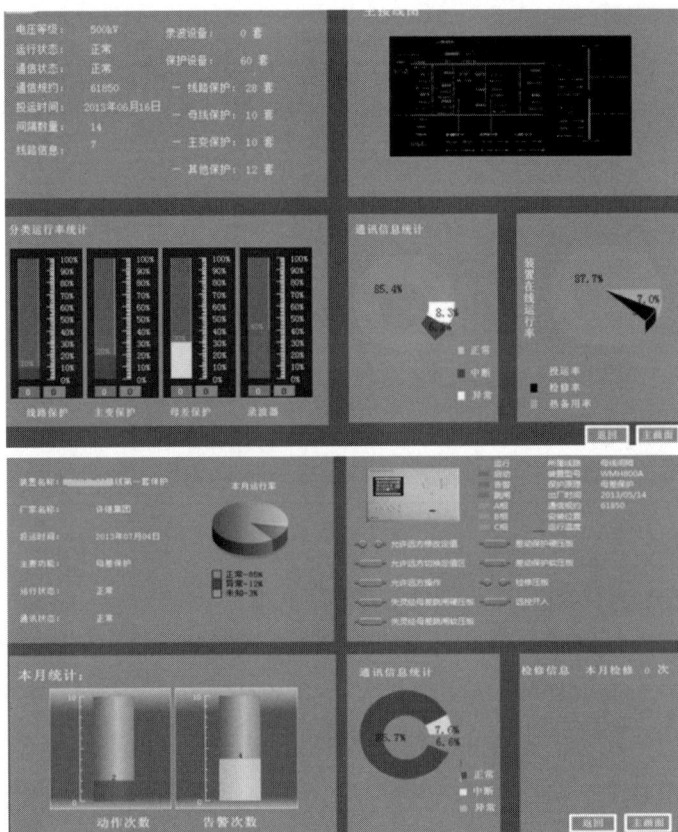

图 5-47　装置在线诊断系统（二）

（二）基于辅助决策应用模块的继电保护状态检修体系

基于辅助决策应用模块的继电保护状态检修体系应用继电保护状态检修软件，以继电保护状态检修辅助决策应用模块为核心，在对设备状态进行有效监测的基础上，建立保护设备状态评价数学模型，根据实时/历史监测数据和保护历史动作情况，进行综合分析诊断，合理安排检修时间和检修项目，降低运行检修费用如图 5-48 所示。

（三）基于实时监测系统的应急抢修辅助决策系统

为适应无人值守变电站运行要求，通过整合 SCADA 系统、故障录波及子站联网系统、3G 视频系统等实时监测系统建立继电保护应急抢修辅助决策系统。集中应用在线监视、3G 视频等系统信息，由应急指挥人员在应急指挥中心进行综合诊断，并给出诊断结果，指导现场维护人员进行装置的检修工作。基于实时监测系统的应急抢修辅助决策系统突破原有应急检修作业严重依赖现场提供详细数据分析预判的瓶颈，为故障判别分析和隔离处置赢得宝贵时间，全面提升集中监控与运行维护业务的相互协调能力，提高应急抢修效率，实现继电保护抢修预判"超前化"、人员部署"网格化"和现场处置"梯队化"运作模式，如图 5-49 和图 5-50 所示。

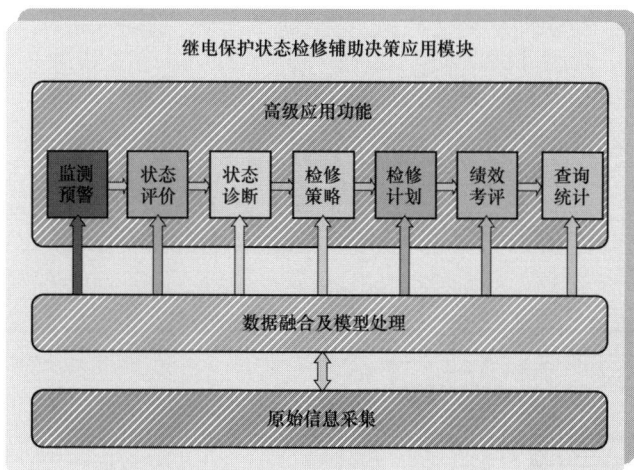

图 5-48　继电保护状态检修体系

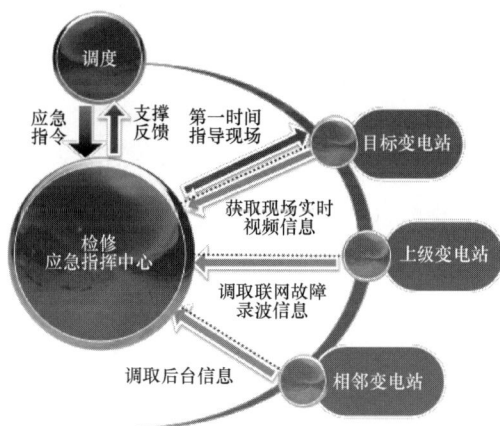

图 5-49　应急指挥中心功能架构

三、运维端智能巡检

（一）实现保护设备的在线监视和远程全景可视化

保护设备的远程全景可视化将保护设备的液晶面板、告警灯信息和软压板状态在远方进行全景化展示，将实时采样值、运行定值、装置自描述、压板状态、定值修改记录、告警记录、动作记录、录波信息等自动化系统无法显示的信息在远程画面中实时展示，如同运行人员在现场保护屏前巡视一样，如图5-51所示，从而实现远程巡视。

图 5-50　保护设备远程诊断图

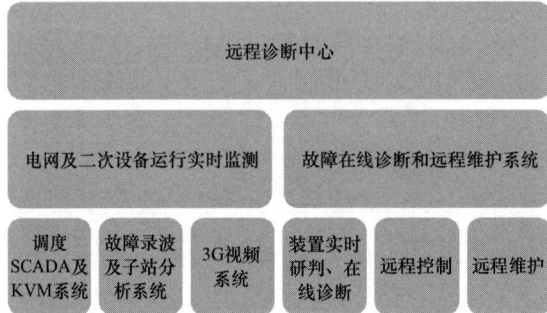

图 5-51　保护远程可视化全景实时在线监视示意图

（二）实现保护设备的远方控制

保护设备的远方控制主要包括远方在线切换定值运行区、远方复归微机保护信号、投退软压板等功能。对保护设备的远方控制主要是对继电保护远方控制适应性和安全机制的论证，制定为适应远方控制继电保护装置、远动机、保信子站、自动化主站各设备的功能要求、实现方法、流程、各设备间通信格式等系列规定。

第六章 继电保护智能运维技术发展方向

第一节 "大云物移"等新技术全面融入继电保护运维工作

一、背景

大数据、云计算、物联网、移动互联网等新兴技术手段的诞生，奠定了"大云物移"概念相融的基础，代表着新技术支撑下的先进管理理念。其技术本质是大数据采集、传输、存储、利用的外延，管理基础和核心是企业数据资产的高效挖掘利用。

我国电网规模持续高速增长，特高压交直流、柔性直流陆续投运和配电网建设高速发展，使电网发展面临骨干电网管控半径过大、管理设备种类多、辖区广及资源调配不便等诸多挑战。"大云物移"背景下的智能运维以电网运行的安全性、可靠性、经济性为前提，全面推进大数据、云计算、物联网、移动互联等新一代信息手段与运维业务的深度融合，具备监测感知自动化、作业流程移动化、运检现场可视化、生产指挥集约化、分析决策智能化、项目管控标准化"六化"特征，从而大幅提升设备状态管控力和运维作业管控力。

二、大数据体系

目前被广泛接受的大数据三层分析架构如图 6-1 所示，其中包含了数据访问和计算，数据隐私和领域知识，以及大数据挖掘算法。

对于内层架构，即大数据挖掘平台，其核心主要集中于数据访问和计算过程。随着智能电网中数据量持续增长，数据的分布存储将成为必然，而一个高效的计算平台在计算时必须将分布式的大规模数据存储纳入考虑，将数据分析及处理任务分割成很多的子任务，并通过并行的程序在大量的计算节点上执行。

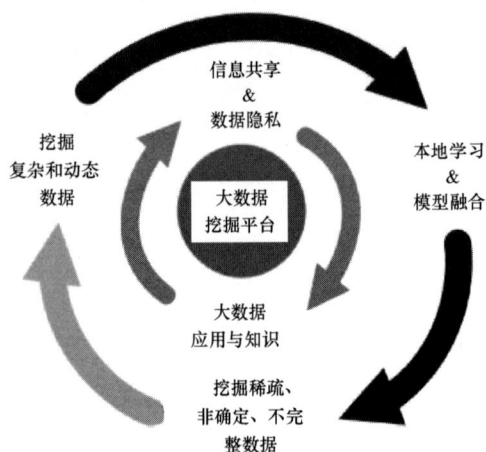

图 6-1　大数据三层分析架构

在架构的外层，首先要对异构、不确定、不完备，以及多源的智能电网大数据通过数据融合技术进行预处理；其次，复杂和动态的数据在预处理之后被挖掘；之后，具有普适性的智能电网全局知识可以通过局部学习和模型融合获得；最终，模型及其参数需要根据反馈进行调整。分析架构的中间层对于内外两层起到重要的联系作用，智能电网大数据挖掘平台应该实现信息的共享与隐私的保护，而领域及应用知识的获取可以为数据挖掘工作提供参考。在整个过程中，信息共享不仅仅是每个阶段顺利进行的保证，同样是智能电网大数据处理和分析的目的所在。

大数据存储软件架构采用数据挖掘技术（Data Mining）、分布式计算技术（MapReduce）、分布式存储（HDFS）技术，形成基于 hadoop 大数据技术的数据存储方案，除具有传统关系数据库的性能指标外，在对"大数据"的处理方面性能更为突出，具备传统关系数据库不能欠缺的能力，可以从容应对未来系统的大数据需求。电力系统大数据存储软件架构如图 6-2 所示。

图 6-2　电力系统大数据存储软件架构

（一）大数据采集

电力系统大数据的采集离不开互联网和物联网技术，主要技术包括标识、传感和数据集中等。

标识技术包括 RFID（射频识别）、条形码、二维码、生物特征识别（虹膜、指纹、语音）等，其中 RFID 能够在无人参与的情况下进行一定距离内的设备身份识别，可以广泛应用到电力系统中。

传感功能一般使用嵌入式传感器，可以形成传感器网络，对影响或反映电网运行状态的各种指标和数据进行采集。采集类型包括状态量、电气量或量测量等，采集结果可以用于 SCADA、WAMS 或 CAC/CAG 等监测系统中。

为了使处理尽量在本地进行，同时减少通信带宽消耗，本地集中处理是一种有效的技术手段。集中处理可以减少信息冗余，提高网络的用户容纳能力和带宽利用效率。

（二）大数据预处理

为了实现大数据分析，需要将采集到的数据导入到内存或数据库中，其中涉及格式和标准的统一、非结构化数据的存储和建模等。数据导入还需要进行预处理。受物理环境、天气以及监控设备老化或故障等影响，采集数据中不可避免地存在噪声或错误的数据，同时恶劣的通信环境也将导致数据的错漏和丢失。因此需要对相关采集数据进行降噪并恢复丢失数据，这一过程称为数据清洗。

降噪主要通过平滑滤波实现。对平稳系统，高频部分很可能对应着噪声分量，对高频部分进行处理可以有效地减少噪声。同时，平滑滤波也可以作为恢复丢失数据的一种手段。另外，通过内插技术，可以有效地恢复丢失的数据。

滤波技术有多种，包括维纳滤波、卡尔曼滤波、扩展卡尔曼滤波和粒子或粒子群滤波等，分别针对平稳系统、线性或类似线性系统和非平稳非线性系统。系统处理能力越大，滤波效果越好，但计算越复杂。

对于内插，可以分为线性内插、抛物线内插、双线性内插和其他函数内插等，均基于数据间的相关性假设实现。

（三）大数据分析

大数据统计和分析的具体技术包括分类、聚类、关联等，按照处理的时间特性可以分为离线计算、批量计算、内存计算和流计算等。

在数据分析中，经常需要对数据进行分类。大数据分类所采用的算法包括临近算法、SVM 支持向量机、Boost 树分类、贝叶斯分类、神经网络、随机森林分类等。分类算法中可以融合模糊理论，以提高分类性能。

聚类可以理解为无监督的分类，主要使用 k-Means 等算法。

关联分析是数据分析的主要方法之一，主要基于支持度和置信度挖掘对象之间的关联关系，基本算法包括 Apriori 和 FP-Growth 等。为了适应大数据的特点，Mahout 使用并行计算实现数据挖掘算法，大大减少了计算时延。

大数据的分析过程如图 6-3 所示。

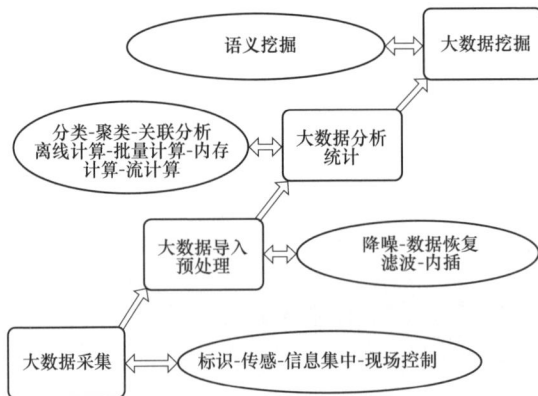

图 6-3　大数据分析过程

（四）继电保护相关应用

1．数据类型与来源

（1）设备出厂数据。设备出厂数据是指通过制造厂家获取到的数据，由制造厂家根据各自的信息系统提供，随着设备的出厂提交给电网运行和技术支持单位。保护设备出厂时，在设备内部建模并写入设备的自描述信息，同时保护设备外部设置电子标签或二维码标签，携带设备识别代码信息。该代码类似于保护设备的身份证，一般由制造厂家代码（4 位字母）+ 设备序列号组成。制造厂家建立与保护设备识别代码相关联的设备出厂描述信息，形成文本数据和数值。另外，制造厂家对家族性缺陷的定性分析、反措建议等也作为重要数据信息进行收集，数据格式包括文本、图形等。

（2）检测试验数据。电力行业及国家级继电保护检测机构对各类保护设备开展了动模试验、型式试验、专业检测等，针对各制造厂家不同型号的保护设备都有大量的检测数据。在检测中可获取设备在故障和异常下的动作数据、录波数据，并根据结构化要求，解析保护装置的型号、软件版本、智能电子设备能力描述（IED Capability Description，ICD）文件、校验码、功能、测试批次、测试结论等信息。专业检测通过后,公开发布合格产品的制造厂家、型号、类别、版本等数据。此部分数据主要来自于检测机构的信息系统,数据格式主要为文本、数字、录波文件等,以及在检测中收集的原始数据和最终报告。

(3)调控运行数据。调控系统形成的继电保护数据有各单位的保护设备信息、运行信息、在线监视信息等,此部分数据来源于调度管理系统中的继电保护统计分析和状态检修模块,以及智能电网调度控制系统中的继电保护定值在线校核与分析、在线监视与分析等模块,数据类型有文本、数值、图片、录波数据等。

1)设备数据。国家电网公司利用调度管理系统的继电保护统计分析及运行管理模块,实现了 220kV 及以上电压等级保护设备信息的管理,并统一了制造厂家、电压等级、型号、版本、类别等,建立了设备描述标准数据模型。通过对数据开展核查,保证了数据质量,为统计分析和数据挖掘奠定了良好基础。此部分数据类型为文本和数值。

2)运行数据。运行数据包括保护设备发生异常、电网发生故障、运行巡视时保护设备发出或人工获取的数据,还包括一次设备的实测参数,以及根据实测参数和运行方式计算得到的继电保护整定定值、智能变电站内配置的变电站配置描述文件(Substation Configuration Description,SCD)、配置过的智能电子设备描述文件(Configured IED Description,CID)等各类运行相关文件。数据类型为文本、数值、图片、特定格式文件等。

3)在线实时数据。在线实时数据是指保护设备从变电站到调度端在线传输的信息,包括保护设备内部的告警、动作、模拟量、开关量、内部逻辑节点信息,以及保护设备和故障录波装置实时记录的录波文件。主要数据类型包括文本、数值、录波文件等。以一座智能变电站为例,在线实时保护告警信息、在线监测信息、状态变位信息、中间节点信息、动作信息等,数据量约为 50GB/(天·站),截至 2016 年,国家电网公司 110 kV 及以上电压等级智能站全网数据量约 120TB/天。智能变电站保护设备在线数据量见表 6-1。

表 6-1 智能变电站保护设备在线数据量

序号	类 别	数 据 量 (Mbit/s)
1	SV 报文采集数据流	300

序号	类　别	数　据　量 （Mbit/s）
2	GOOSE 报文采集数据流	15
3	MMS 报文采集数据流	1

4）生产运维数据。生产运维数据包含保护设备的巡视、缺陷处置、评价、检修等信息，通过信息系统填报获取，也可结合移动互联网技术，通过移动 APP 在工作现场完成采集和交互。此部分数据来源于调度管理系统中的统计分析模块、电网生产精益化管理系统以及继电保护精益化管理系统 APP、运维工作 APP 等。数据类型主要为文本、数值、图片、视频、特定格式文件等。运维工作移动 APP 交互数据如图 6-4 所示。

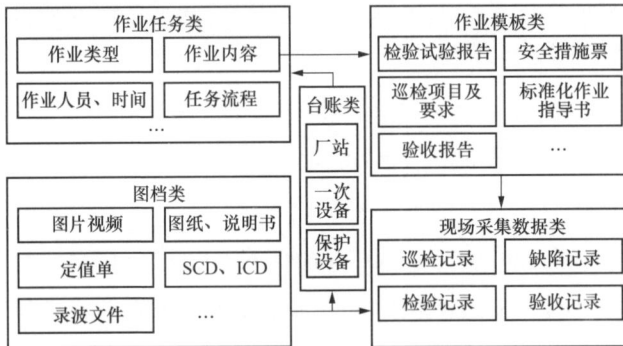

图 6-4　运维工作移动 APP 交互数据

2．应用场景

（1）设备分析评价与状态评估。主要包括继电保护设备分析、设备评价、状态检修、在线状态评估等场景，面向保护设备，分析其配置和健康状态。

1）设备分析。涉及微机化率、双重化率、光纤化率、国产化率、各厂家市场占有率等指标，与调度范围、电压等级、设备类别等关联，对设备运行年限、电压等级、设备类型分布情况进行分析。

2）设备评价。采用监测设备模拟量、环境参数，结合设备平均无故障时间、运行可靠性、动作正确率等统计指标，对设备当前运行的健康状态和可靠性进行评价。

3）状态检修。综合检修策略模型，提出检修决策建议，对处于不同健康状况的保护设备提出不同的检修方案和检修策略。

4）在线状态评估。结合保护设备状态综合评估指标体系，对设备运行状态进行在线评估和预警。

（2）运行分析和定向优化。主要包括继电保护运行情况分析、电网故障分析、继电保护定向优化等场景。

1）运行分析。挖掘保护设备各类故障动作信息，分析保护动作行为，完成动作的评价，并结合保护动作历史数据和录波数据，总结提取动作特性。

2）电网故障分析。分析复杂故障时的保护动作和录波信息，结合气象、环境、一次设备布置等数据，进行电网故障诊断、故障定位、故障原因分析，并分析和评估保护动作行为对电网运行风险的影响。

3）定向优化。通过挖掘一次设备配置、保护设备配置、保护动作等大量数据，分析保护配置合理性、双重化效果和后备保护作用，提出保护配置、整定、策略的定向优化方案。

（3）缺陷分析与精准技改。主要包括继电保护设备缺陷分析、家族性缺陷筛查、精准技改等应用场景。

1）缺陷分析。挖掘保护设备各类缺陷信息，关联设备运行时长、环境及设备类别等数据，分析继电保护设备缺陷原因和具体部位。

2）家族性缺陷筛查。聚类分析保护设备家族型号，挖掘具体保护设备的缺陷信息，分析家族性缺陷设备在全网的分布及运行情况。

3）精准技改。分析设备健康状态和发展趋势，提出保护不正确动作的原理性问题和软硬件风险，对应提出技术改造策略。

（4）智能诊断及隐性故障识别。主要包括继电保护智能诊断、继电保护隐性故障识别等应用场景。

1）继电保护智能诊断。综合电网运行数据、保护运行信息以及故障录波数据，利用变化趋势、突变监测、数据源比对等智能技术，进行电网故障预警、电网故障快速定位和辅助决策。

2）继电保护隐性故障识别。观测保护设备内部信息、智能变电站回路信息、运行定值等，建立隐性故障识别模型，并关联电网故障数据，从大电网和设备的视角识别隐性故障。

（5）智能运维与透明管控。主要包括继电保护远程智能运维、透明管控等应用场景。

1）继电保护远程智能运维。结合保护设备信息，关联电网和智能变电站运行信息、计划检修信息、安全措施策略，进行安措执行分析，对远程智能巡视周期内的关注信息进行自动智能分析。

2）透明管控。通过保护设备身份识别技术和手持终端信息采集，对现场运行巡视、标准化作业等信息实时反馈，实现对现场运行维护工作的透明管控。

根据目前大数据应用场景设计和数据采集与处理方式，继电保护大数据应用架构示例如图 6-5 所示。离线信息通过应用系统采集，在线信息由变电站内装置送出，通过站内网络、站内集中通信装置送至调度端，基于移动互联的安全应用系统收集各项现场工作及评价信息，所有数据基于大数据平台资源进行存储、处理、计算和共享，支撑了各项应用场景的实现。

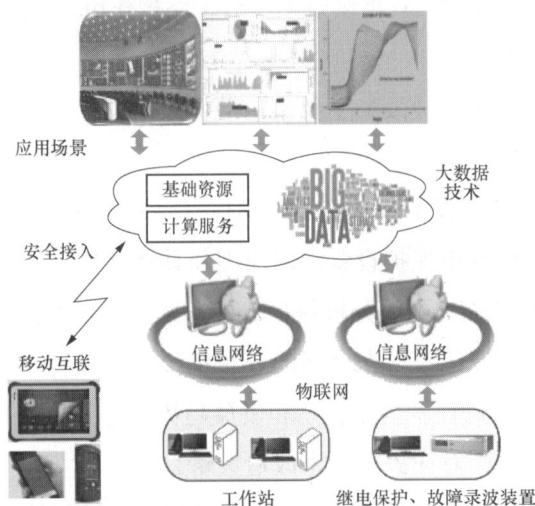

图 6-5 继电保护大数据应用架构示例

3．应用实例

（1）提取数据。从调度管理系统的统计分析模块提取常规变电站 220kV 及以上电压等级保护设备、智能变电站各电压等级保护设备，以及部分 110kV 及以下常规变电站保护设备数据共 30 余万条；从统计分析模块和生产管理系统中提取 2008 年以来的缺陷记录近 15000 条；从统计分析模块提取故障事件、保护动作信息和录波数据，数据量接近 100GB。

（2）建立保护设备描述标准数据模型。建立保护设备的设备描述标准数据，是开展分析工作的基础。通过对保护设备基本信息的分析，建立继电保护设备描述标准数据建模，示例见表 6-2，对保护设备基础信息按模型进行结构化。由于建模数据较多，表 6-2 仅列出了部分主要内容。

表 6-2　　　　　　　　继电保护设备描述标准数据建模示例

名　　称	说　　明
制造厂家	—
设备类别	分类，如线路保护、变压器保护、母线保护等
设备型号	—
设备类型	如微机型、集成电路型、电磁型等
是否国产	—
版本类型	非六统一不分模块、非六统一分模块、六统一等不同版本类型
软件版本编码	用于非六统一设备
软件模块名称	用于非六统一设备
软件版本	用于非六统一设备
校验码	用于非六统一设备
选配功能	用于六统一设备
文件名称	用于六统一设备，保护装置的 ICD 文件名称
文件版本	用于六统一设备，保护装置的 ICD 文件版本
CRC32 编码	用于六统一设备，ICD 文件 CRC32 验证码
MD5 编码	用于六统一设备，ICD 文件 MD5 验证码
批次	用于统一设备，发布专业检测批次
软件版本	用于六统一设备、标准化、详细软件版本
…	…

（3）建立保护设备家族模型。继电保护设备型号众多、原理复杂，在标准数据模型基础上，融合保护设备的缺陷、不正确动作等运行数据，通过样本聚类方法，根据继电保护设备的多种变量特征进行 Q 型聚类分析，使相似特征的保护设备聚集在一起，聚合出不同的家族型号。

根据融合后的数据和设备的描述变量信息，建立保护设备信息集，包括保护设备描述变量信息、保护设备运行描述变量信息。其中，设备描述变量信息包括制造厂家、采样类型、输出类型、软件版本、保护类别等，运行描述变量信息包括发生缺陷、不正确动作的类别、次数、原因、具体保护功能、硬件信息等。

选用平均距离度量算法进行距离度量，采用全局从 0~1 的方法对原始数据进行标准化。

【示例】

以 14 种型号为例，计算出近似矩阵，如表 6-3 所示，其中具体型号用代码 X1~X14 进行标识。

表 6-3　　　　　　　　　　继电保护设备家族聚类近似矩阵

a. X1~X5 型号聚类保护设备近似矩阵

案例	平方 Euclidean 距离				
	1:X1	2:X2	3:X3	4vX4	5:X5
1:X1	0	0	0	0	0
2:X2	0	0	0	0	0
3:X3	0	0	0	0	0
4:X4	0	0	0	0	0
5:X5	0	0	0	0	0
6:X6	3.738	3.738	3.738	3.738	3.738
7:X7	3.738	3.738	3.738	3.738	3.738
8:X8	3.738	3.738	3.738	3.738	3.738
9:X9	3.404	3.404	3.404	3.404	3.404
10:X10	3.404	3.404	3.404	3.404	3.404
11:X11	3.000	3.000	3.000	3.000	3.000
12:X12	3.000	3.000	3.000	3.000	3.000
13:X13	3.000	3.000	3.000	3.000	3.000
14:X14	3.000	3.000	3.000	3.000	3.000

b. X6~X10 型号聚类保护设备近似矩阵

案例	平方 Euclidean 距离				
	6:X6	7:X7	8:X8	9:X9	10:X10
1:X1	3.738	3.738	3.738	3.404	3.404
2:X2	3.738	3.738	3.738	3.404	3.404
3:X3	3.738	3.738	3.738	3.404	3.404
4:X4	3.738	3.738	3.738	3.404	3.404
5:X5	3.738	3.738	3.738	3.404	3.404

续表

案例	平方 Euclidean 距离				
	6:X6	7:X7	8:X8	9:X9	10:X10
6:X6	0	0	0	3.222	3.222
7:X7	0	0	0	3.222	3.222
8:X8	0	0	0	3.222	3.222
9:X9	3.222	3.222	3.222	0	0
10:X10	3.222	3.222	3.222	0	0
11:X11	3.968	3.968	3.968	2.302	2.302
12:X12	3.968	3.968	3.968	2.302	2.302
13:X13	3.968	3.968	3.968	2.302	2.302
14:X14	3.968	3.968	3.968	2.302	2.302

c. X11～X14 型号聚类保护设备近似矩阵

案例	平方 Euclidean 距离			
	11:X11	12:X12	13:X13	14:X14
1:X1	3.000	3.000	3.000	3.000
2:X2	3.000	3.000	3.000	3.000
3:X3	3.000	3.000	3.000	3.000
4:X4	3.000	3.000	3.000	3.000
5:X5	3.000	3.000	3.000	3.000
6:X6	3.968	3.968	3.968	3.968
7:X7	3.968	3.968	3.968	3.968
8:X8	3.968	3.968	3.968	3.968
9:X9	2.302	2.302	2.302	2.302
10:X10	2.302	2.302	2.302	2.302
11:X11	0	0	0	0
12:X12	0	0	0	0
13:X13	0	0	0	0
14:X14	0	0	0	0

采用凝聚层次聚类的组间连接算法，按两类中个体之间距离的平均值计算结果进行聚类，将示例中的 14 种保护设备型号聚合为 4 类。继电保护设备家族聚类结果示例如图 6-6 所示。

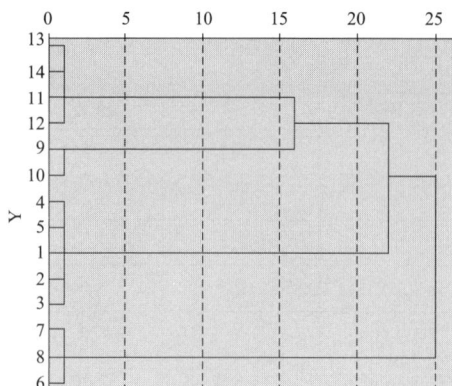

图 6-6 继电保护设备家族聚类结果示例

根据设备描述标准数据模型和家族模型，将保护设备内部软件版本按区分为不同模块管理的型号版本 2 万多项，将保护设备按型号归类至 5000 多项，通过聚类分析，建立起保护设备家族型号共 200 多项，为后续开展基于全网和家族保护设备的可靠性分析奠定了基础。

（4）保护设备可靠性分析。建立家族型号后，每台保护设备均可对应某一保护设备家族。通过计算全网同家族保护设备的数量，关联对应的缺陷信息，就可以进一步计算家族可靠性指标。同一家族保护设备与全网保护设备的加权平均缺陷率计算如下：

$$S = \frac{\mu}{M} \tag{6-1}$$

式中：S 为计算结果；μ、M 分别为某一家族保护装置的加权平均缺陷和全网所有保护设备的加权平均缺陷值。

根据继电保护可靠性评估方法，对全部家族保护设备的可靠性进行计算评估，得出可靠性指标。

继电保护装置家族可靠性评价示例见表 6-4 所示，列出了家族保护设备数量较多的某 10 个可靠性评估结果。其中 ID 为某一家族型号的编码，此家族可靠性评估结果结合保护设备的其他评价指标，即可完成每台设备的准确量化评价，进而判断该设备的运行状态。

表 6-4　　　　　　　　继电保护装置家族可靠性评价示例

序号	家族型号 ID	数　量	家族可靠性评估结果
1	FM101	11171	100
2	FM119	6071	100
3	FM1263	4397	100
4	FM97	11571	100
5	FM56	7798	87.6
6	FM132	5933	71.4

序号	家族型号 ID	数　量	家族可靠性评估结果
7	FM52	7388	40.2
8	FM1275	5564	0
9	FM69	8598	0
10	FM84	7188	0

对保护设备全部家族型号可靠性进行计算，得到结果如图 6-7 所示。其中各个保护设备家族数量与图元大小成比例，家族保护设备的不同状态对应图中的不同色彩，青色为健康状态，深红色为预警状态，橙色、浅红色对应注意状态。

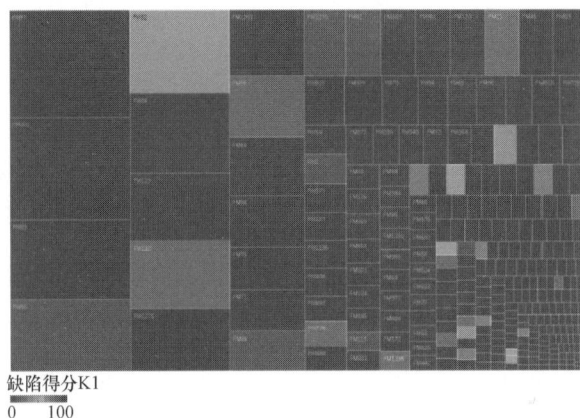

缺陷得分K1
0　　100

图 6-7　继电保护设备家族可靠性

从图 6-7 可以看出，部分保护设备家族在运行评价中可靠性较低，设备运行存在一定风险，同时也成为电网安全的风险点和薄弱点。根据家族内所包含具体型号的设备，通过关联各单位地理位置、管辖设备情况，可以挖掘出需重点关注的保护设备在全网的分布情况，为开展针对性的状态检修和设备技改资金精准投入提供依据。

三、云计算支撑

电力调度和生产运行相关数据具有不易存储的特点，采用数据挖掘中聚类分析的方法对用电环节进行聚类分析，可以获得电力用户的用电规律，为电力生产和调度提供参考；在决策的支持和控制上，基于粗糙集的数据挖掘方法具有很强的定性分析能力，可以为决策提供参考；在电力系统建模方面，由于精确的数据模型应用起来比较困难,可以使用简约、提取特征值等方法简化模型;在电力设备状态监测方面,数据挖掘可以自寻优地发现某些不良数据,为电力设备的状态监测提供参考;在电力负荷预测方面,数据挖掘可以根据已往的电力负荷数据对未来负荷提供预测。

数据挖掘对电力系统的价值毋庸置疑,当今的电力数据具有海量、复杂、多维等特点,传统的数据挖掘都是基于单节点的串行挖掘,无法满足当前海量复杂电力数据的处理任务。云计算拥有分布式计算和分布式存储的能力,可以利用廉价 PC 搭建集群从而达到拥有海量存储和计算的能力,所以越来越多的学者利用云计算和数据挖掘相结合的方法实现电力数据知识到价值的转变。

(一)云技术在电网的应用

云技术在电力系统中的应用研究还处于探索和尝试阶段,随着智能电网的建设,及物联网的发展与建设,目前已初步完成部分业务系统的设计和部分业务系统的商业试运行,如用电信息采集系统、电动汽车管理系统、智能小区管理系统、智能家居管理系统;实现各种分布式能源的并网,如家用光伏发电系统、风光互补发电系统、风力发电系统等;同时各种智能设备得到应用,如智能插座、智能电表、智能家居等。国外云技术的应用通过各种终端采集,将数据传至云端处理,例如美国太平洋天然气电力公司(Pacific Gas & Electric)每个月从 900 万个智能电表中收集超过 3TB 的数据,并将数据传送至云端存储,利用云平台分析数据;国内则已经在北京、上海、河北、宁夏等地区完成了部分智能小区的建设,通过智能终端采集设备采集电力系统用电用户的信息,将信息传至云端,对用户的用电信息进行分析,为电力生产和调度提供参考,同时国家电网公司已经成立了电力云仿真工作实验室。

(二)数据挖掘与云计算

数据挖掘是利用数学的方法发现隐藏在数据背后的价值,完成数据知识到数据价值的转变,将数据中有价值的信息作为决策参考提供给决策者。其过程基本可以分为五个步骤,如图 6-8 所示。

图 6-8　数据挖掘基本过程

电力系统数据挖掘架构采用主/从结构，如图 6-9 所示，用电信息采集系统等各种信息采集系统，通过各种智能终端和物联网等手段，采集到各种电力系统中的数据，云主控服务器首先进行数据解维，把采集到的数据存入至分布式文件系统中，即把海量的用电数据进行分块解维，分别存储至各个云从服务器节点上。当需要进行数据挖掘时，采用"移动计算"而不是"移动数据"的思想，即把算法处理放在数据存储的服务器上或相邻的服务器上进行，这样既减少了数据的传输，也减少了主控服务器的压力。当有数据挖掘任务请求时，云主控服务器首先确定挖掘任务，从数据挖掘算法模型库中找到相应的挖掘算法，并检索出存储被挖掘数据各块从服务器节点的 IP 地址，按 IP 地址把挖掘算法部署至存储着被挖掘数据块的各从服务器上进行数据处理，结果同样输出至分布式文件系统。

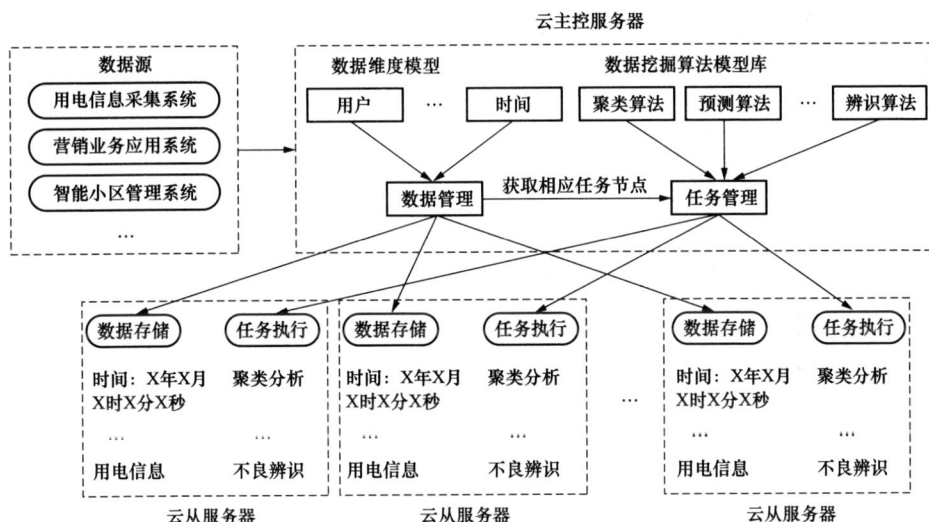

图 6-9 基于云计算的电力系统数据挖掘架构

（三）云计算层次

1．云计算相关划分

在早期互联网领域，伴随着互联网飞速的发展，其信息处理量呈指数型增长。而早期硬件成本相对较高，在较高的硬件投入下，其处理海量信息的能力也不十分理想，其扩展能力也相对较弱，并且设备与设备之间存在差异，信息交互也十分困难，云计算就在这样的环境中脱颖而出。云计算把设备和服务虚拟化，整合计算资源，把大量的处理任务分布到由若干节点组成的虚拟化资源池上。这些节点可以是大型服务器，也可以是普通的 PC。虚拟化的资源池可以实现自我维护和管理。用户可以通过资源池轻松获得服务。

目前云计算还没有一个统一的、严格的、公认的定义，通俗的理解是云计算是整合了各种计算资源，然后通过用户的需求向用户提供不同的服务。云计算可根据应用范围和服务类型分类，分类结果如下。

（1）按应用范围划分为公有云、私有云和混合云三类。

1）公有云。指应用在大型企业或大型公开机构，意在向大众用户公开的云服务。公有云一般具有庞大的规模，成本一般较低，最典型的应用为亚马逊公司的 AWS。

2）私有云。指应用在企业或机构内部，意在向内部用户提供隐私云服务。私有云一般均设有防火墙，非企业或机构内部用户无法使用私有云服务，例如 IBM 的 BlueCloud。

3）混合云。既有公有云服务，也有私有云服务，可以是这两种云服务的任何组合，例如亚马逊公司的 VPC。

（2）云计算整合不同的计算资源抽象成不同的服务提供给用户，根据不同的服务类型，云计算服务集合被划分成三个层次。需要注意的是，每个层次之间都是相互独立的，即每个层次可以独立提供特定的服务，而不需要其他层次的帮助。每层提供的服务如下：

1）应用层。应用层所提供的服务为软件即服务，即把软件以服务的形式提供给用户，避免了用户本地安装、软件维护等麻烦。例如许多杀毒软件的云查杀功能，用户无需本地安装病毒查杀组件就可享受到病毒查杀软件的服务。

2）平台层。平台层所提供的服务为平台即服务，即把平台架构以服务的形式提供给用户，用户可以利用平台开发和测试自己的软件等。

3）基础设施层。基础设施层所提供的服务为基础设施即服务，即把基础设施以服务的形式提供给用户，用户可享受存储资源和计算能力，也可以根据自己的情况分配基础设施，相当于用户拥有了可以实时扩展存储能力和计算能力的超级计算机。

总而言之，云计算区别于其他计算模型的最大特点就是整合各种计算资源，这些计算资源可以是廉价的 PC、智能手机、平板计算机等，而不像某些并行计算模型，需要大型计算机和大型集群的维护。这使得用户无需拥有特别强大存储能力和计算能力的计算机，就可以轻松通过服务方式获得这些能力。

2．电力系统云计算层次

在电力系统中可以建设电力系统智能云，用户可以通过平板计算机或智能手机检测电力系统运行的情况。根据电力数据保密性和电力内网的完整性，我国适合建立电力系统私有云。由于电网系统结构复杂，如果任意节点都需要分配计算资源，那么电网压力巨大，所以必须建立合理权限访问机制。现有的电网分层分级很清晰，所以在智能云建设中划定主云和子云来界定每层的访问权限，如图6-10所示。正常情况下用户只能从同级或直接上级获得资源，若发生突发情况（如灾害）才可越级获得资源。结合云计算结构的特点和当前我国电网的特性，提出了智能电网信息平台体系结构，如图6-11所示。其中云计算基础设施层是将硬件资源与管理功能虚拟化，实现内部高度虚拟化、自动化的基础资源管理功能，提供动态、智能的基础设施服务，如负载监控、安全管理等；云计算平台层提供各种虚拟软件开发与测试组件，可以提供组件开发、测试、升级、上线等服务，增加了系统的可用性和可伸缩性，更好地满足电力业务的开发需求；业务应用层相当于软件即服务，提供各种软件服务，在电力生产和经营决策、业务职能分析、企业管理等方面提供相应的软件服务；服务访问层主要面向用户，为各种用户提供相应的交互方式，以满足不同级别用户的访问需求。

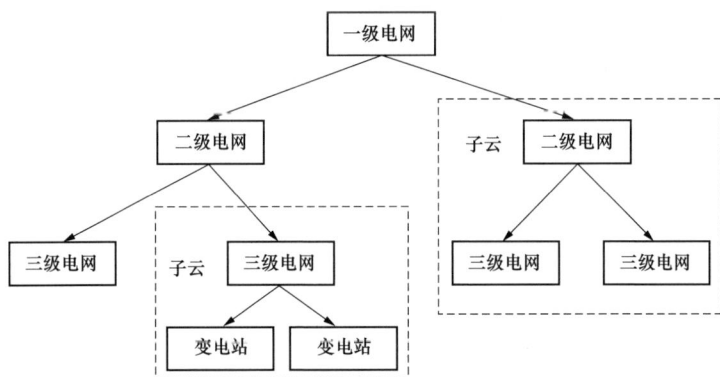

图6-10　电力私有云访问权限机制

（四）云计算应用实例

1．并行聚类算法

电能具有不易储存的特点，分析电力系统中用电用户的用电规律，适当调整生产，可避免电能生产不足或产能过剩从而造成资源的浪费。聚类分析可以捕捉样本类别信息，使得相似的数据聚为一类，而不相似的数据聚为异类。采用聚类算法来对电力用户进行聚类分析，从而对电力用户进行分类，可以得到每类用户用电规律，为电能生产和电力调度提供参考。

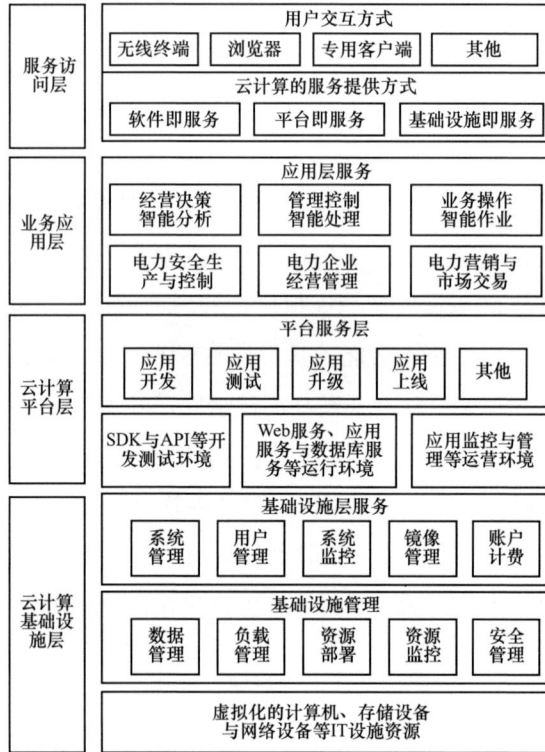

图 6-11　智能电网信息平台体系结构

（1）并行 k-means 聚类算法设计。并行 k-means 聚类算法设计流程图如图 6-12 所示，具体步骤如下：

1）把所有信息转换成行形式存储，并且转换为＜key，value＞形式（key 为当前文件相对于起始位置偏移量，value 用户用电量），并把数据分为若干 split 小块，分配给若干个待执行的 Map 函数。

2）聚类中心由随机选取的 K 个数据构成，并且设定为全局变量。

3）在 Map 函数阶段，分别计算每个 Map 函数中所有数据到全局变量聚类中心的距离，把数据归到距离最近的聚类中心，Map 阶段输入为＜行偏移量，信息＞，输出为＜类别，信息＞。

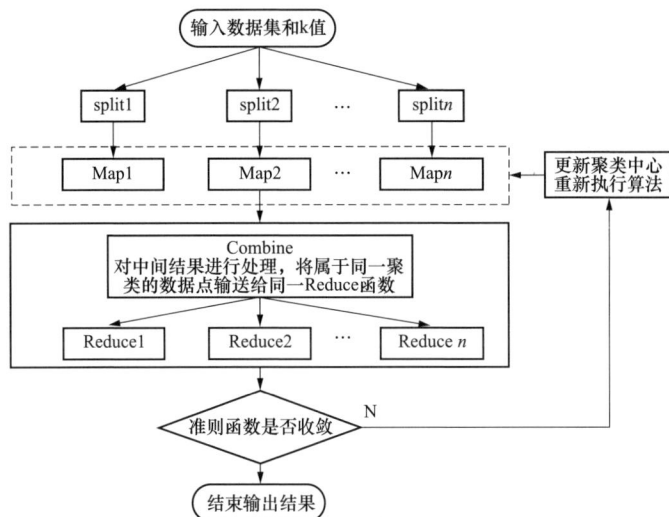

图 6-12 并行 k-means 聚类算法设计流程图

4）在 Combine 阶段，把相同类别的数据分配给同一待执行的 Reduce 函数。

5）在 Reduce 阶段，计算同一类别中所有数据的平均值并作为该类新的中心，并且与原来的聚类中心差进行判断，若收敛则算法停止输出结果，否则以新的聚类中心作为全局变量，重复 3）、4）、5）步骤。

（2）并行 k-means 聚类算法具体实现。设计几个类来实现并行化的 k-means 聚类算法，分别如下所示：

1）k-meansdriver。此类为程序的入口，初始化数据，解析命令中各参数的值；若命令中没有参数值，则用默认值替代；更新参数，判断中心点是否收敛，是否继续执行迭代；通过 setMapper（）、setCombiner（）和 setReducer（）来指定这三个阶段的类。

2）k-meansMap。该类接受已分块的数据块，定义一个全局变量，存储中心向量列表，计算每点到每个中心向量的距离，把数据根据距离最近的中心进行归类；对数据＜key，value＞中的 key 进行标记，其输入＜key，value＞中 key 为文件相对于首行的偏移量，value 为原始数据；其输出＜key，value＞中，key 为聚类标号，value 为原始数据。其伪代码如下：

```
Class K-meansMapper ＜key,value,key,value＞{
public final Collection＜Cluster＞clusters = new ArrayList＜
Cluster＞();
//定义一个全局变量,对中心点进行赋值
```

```
protected void map{for(Cluster cluster:centerlist){
Vector clusterCenter = cluster.getCenter();
double distance = cluster.measure.distance( clusterCenter,point);
//定义与每个中心点的距离 distance
if (distance < minDistance || nearestCluster == null)
{
key=cluster;
minDistance = distance;
}//寻找最短距离,对 key 进行标记
context.write(center,value1)    //写入中间结果
}
```

3）k-meansCombine。此类首先解析 key 值，将 key 值相同的数据汇总起来，发送给同一待执行的 Reduce 函数。该类的介入大大提高了算法的效率，其伪码如下：

```
Class K-meansCombiner<key,value,key,value>
{ for (Clusterlist value :values)
{
cluster.list(value);
}
context.write(center,list<value>)
}//遍历完所有中间结果,将 key 相同的数据汇总
```

4）k-meansReduce。首先将数据点进行解析，计算聚类平均值，以平均值更新聚类中心点，其伪码如下：

```
Class K-meansReduce<key,value,key,value>
{double average                 //定义一个 average 来存储计算结果
for (Vector v :value)
{
计算 value 的平均值,并保存在 average 内;
}
newcenter= average;            //更新中心点
context.write(key,newcenter); //写入结果
```

（3）并行 Canopy 聚类算法设计。由于可以并行生成 Canopy，所以 Canopy 聚类算法的并行化实现起来十分简单，如图 6-13 所示，其主要分为两个阶段：第一阶段为 Map 函数和 Reduce 函数分别各 1 个；第二阶段仅需 1 个 Map 函数即可。第一阶段将输入数据分成若干个 split 数据块，发送给若干个待执行 Map 程序，每个 Map 程序在本地执行 Canopy 算法，生成局部 Canopy，Map 函数的输入为<文件偏移量，数据>，输出为<特定标志，局部中心>；把所有 Canopy 的中心点发送至主机执行 Reduce 函数，这里 Reduce 函数只有 1 个，并不是并行，Reduce 函数利用同样方法把这些 Canopy 整合成全部

Canopy，Reduce 函数的输入为＜特定标志，对应特定标志的局部 Canopy 中心的集合＞，输出为＜聚类 ID，全局的 Canopy 中心＞。值得说明的是，第一阶段 Map 函数和 Reduce 使用的处理方法是相同的，第二阶段把相同的 Canopy 发送至同一 Map 函数，输出最终结果。

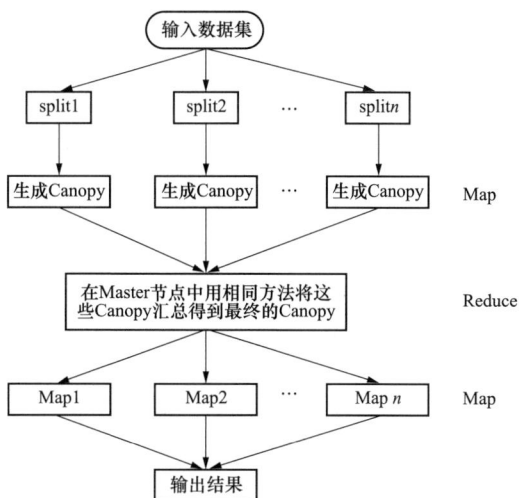

图 6-13　并行 Canopy 流程图

（4）并行 Canopy 聚类算法具体实现。如算法设计所描述，要想实现并行 Canopy 聚类算法，需要 2 个 Map 函数和 1 个 Reduce 函数，其具体的实现过程如下。

1）Canopydriver。该类是程序的初始化进程，负责算法的整体运行。首先解析命令中各具体参数，初始化程序执行过程中的具体参数，若命令中没有具体参数，则用默认值进行替代；其次设定第一阶段 Map、Reduce 及第二阶段的 Map。

2）CanopyMap1。此为第一个阶段的 Map 函数，该类的目的很明显，就是将传来的数据根据某种策略加入到某个 Canopy 中，这个策略在 CanopyCluster 类中。Map 的操作，首先调用 setup 方法初始化数据，然后调用 CanopyCluster 生成局部 Canopy，最后调用 cleanup 写入数据。其伪码如下：

```
Class CanopyMapper <key,value,key,value>{
private final Collection<Canopy> canopies = new ArrayList<
Canopy>();
//定义了一个变量,存储局部的 Canopy 中心
```

```
protected void setup(Context context)
//setup 方法在 map 操作之前用于数据初始化
protected void map{ CanopyClusterer.addPointToCanopies(point,
canopies);}
//调用 CanopyCluster 类中的 addPointToCanopies 方法,将传来的数据生
成局部 Canopy
protected void cleanup(Context context){ for (Canopy canopy: canopies){
context.write(new Text("centroid")}
//cleanup 方法在 map 之后,负责将最终结果录入
}
```

3）CanopyCluster。该类为 Canopy 算法的核心,其中:

（i）addPointToCanopies 方法用来判断当前数据应加入到哪个 Canopy 中。该方法主要使用在第一阶段的 Map 和 Reduce 函数,其流程如图 6-14 所示。

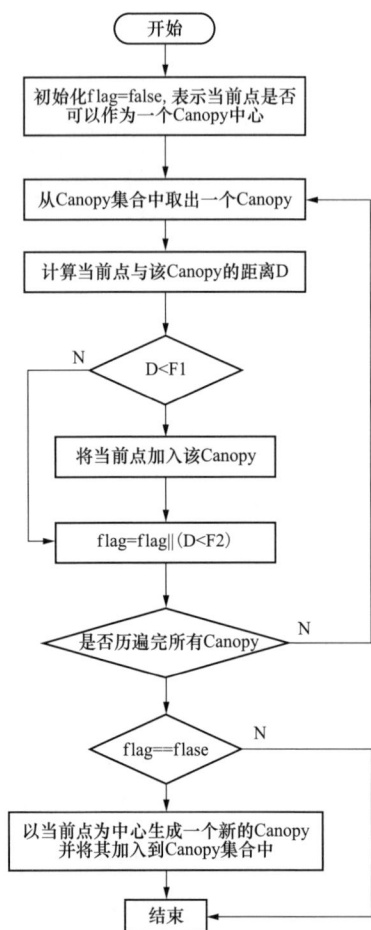

图 6-14　addPointToCanopies 流程图

（ii）emitPointToClosestCanopy 方法把当前点距离最近的 Canopy 找到,并将 Canopy 的信息输出,此方法在第二阶段使用。

4）CanopyReduce。该类为第一阶段 Reduce 函数的实现类。该类像 CanopyMap1 一样,调用 CanopyCluster,将 CanopyMap1 传来的局部 Canopy 中心做重新划分,生成全局的 Canopy,最后更新全局的信息。此类实现也是首先调用 setup 在 map 前初始化数据,然后调用 CanopyCluster 生成全部 Canopy,最后调用 cleanup 更新全局信息。其伪码如下:

```
Claszs CanopyReduce <key,value,key,
value>{
    private final Collection<Canopy>
canopies = new ArrayList<Canopy>(),
    //定义了一个 Canopy 集合,存储全局
Canopy
    protected void setup(Context context)
    //setup 方法在 map 操作之前用于数据初
始化
protected void map{ CanopyClusterer.addPointToCanopies(point,
canopies),}
```

```
//调用 CanopyCluster 类中的 addPointToCanopies 方法,将传来的数据生
成全局 Canopy
protected void cleanup(Context context){ for (Canopy canopy:
canopies){
context.write(new Text("centroid")}
//cleanup 方法在 map 之后,更新全局信息
}
```

5）CanopyMap2。第二阶段比较简单，只有一个 Map，由 CanopyMap2 类实现，以上一阶段的 Reduce 的输出作为输入。首先调用 setup 初始化数据，整合 Canopy 全局信息，map 调用 CanopyCluster 类中的 emitPointToClosestCanopy 方法，将最终结果输出至 HDFS 中。

由于 k-means 本身的缺陷，一般使用 Canopy 优化处理，以上介绍的两种聚类算法的并行化，可根据实际情况灵活使用。一般先运行 Canopy 并行算法处理数据集，将结果聚类中心输出至 HDFS 中，k-means 并行聚类算法直接读取 Canopy 的结果对数据集进行精确聚类，在 k-means 初始化的 k-meansdriver 类中设置即可。其具体的流程如图 6-15 所示。

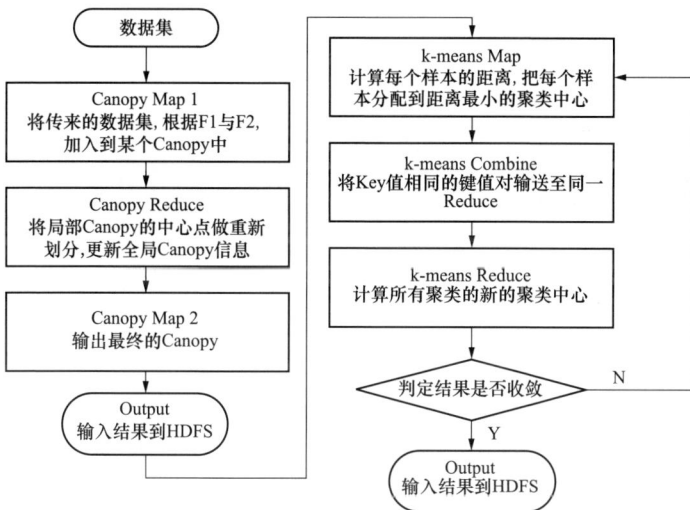

图 6-15　优化算法流程图

2．实验仿真

实验数据来自于某电网 100 万家庭用户用电数据，采样频率为 10min/次，采样时间为 24h，共 144 维数据，每条实验源资料仅包含 144 个点的用电量，

每条资料占 20Byte。同时收集了这些家庭用户的房屋面积、家电数量、家庭成员等用电信息供实验参考。实验部分源数据如表 6-5 所示。

表 6-5 实验部分源数据

采样点	1	2	3	4	5	⋯	144
1	200Wh	145Wh	116Wh	180Wh	191Wh	⋯	100Wh
2	160Wh	116Wh	132Wh	103Wh	112Wh	⋯	1715Wh
3	123Wh	150Wh	189Wh	168Wh	118Wh	⋯	112Wh
⋮	⋮	⋮	⋮	⋮	⋮	⋮	⋮
1000000	251Wh	313Wh	619Wh	510Wh	336Wh	⋯	718Wh

（1）实验一：对比优化后的算法和未优化算法的准确率。从实验数据源中随机选取低能耗、中等能耗和高能耗 3 种典型家庭用户作为测试源数据，每组数据均包含了不同数量高能耗、中能耗和低能耗 3 种数据，其数据分布如表 6-6 所示。

表 6-6 测试源数据

数据类别	数据量（条）					用户特征
高能耗	900	2300	3130	4180	5180	房屋面积大，成员多，大功率电器多，峰电量高，谷电量不低，用电量处于较高水平
中能耗	2300	4590	7090	10300	13100	房屋面积和家庭成员适中，白天用电量较少，晚上用电量较多，峰谷区别明显，大功率电器较少
低能耗	800	1110	1780	1520	1720	房屋面积不大，人口少，电器功率较低，用电量处于较低水平
数据总量	4000	8000	12000	16000	20000	

使用优化算法和未优化算法处理以上数据，均在配置相同的单机上运行，未优化算法聚类初值设定为 3，通过实验，优化后的也为 3。为了避免因一些偶然因素而引起实验的误差，重复相同的实验 10 次，最终取平均值作为最后的结果。实验结果如表 6-7 所示。

表 6-7 实验一结果

数据量（条）	未优化正确率（%）	优化后正确率（%）
4000	79.6	87.6
8000	78.1	89.4

续表

数据量（条）	未优化正确率（%）	优化后正确率（%）
12000	71.9	86.1
16000	68.5	88.7
20000	66.2	87.1

通过表 6-7 可以看出，由于未采用 Canopy 进行预处理，随着数据量的增多，未优化算法正确率有所降低；而使用了 Canopy 进行预处理，使得初始聚类中心选取得当，准确率较为稳定，且维持在 86%左右。因此，从实验中可以得出优化算法相对于未优化算法具有较高正确率。

（2）实验二：对比优化后的算法和未优化算法的效率。从实验源数据中随机选取 5 组实验数据，分别为 0.5 万条、1 万条、10 万条、30 万条、80 万条。分别使用优化前后的算法处理数据，均在配置相同的单机上运行，对其处理效率进行对比。通过算法完成任务的时间，来反应算法执行效率。为了避免实验因一些偶然因素而产生的误差，重复实验 10 次，取平均值作为最终结果。实验结果如图 6-16 所示。

从图 6-16 中可以看出：在数据量较少的情况下，优化后的算法与未优化算法耗时相当，但随着数据量的增大，未优化的算法耗时增加迅速，而优化后的算法耗时增加相对缓慢。这是由于 k-means 本身算法的复杂程度造成的，由于优化算法使用 Canopy 进

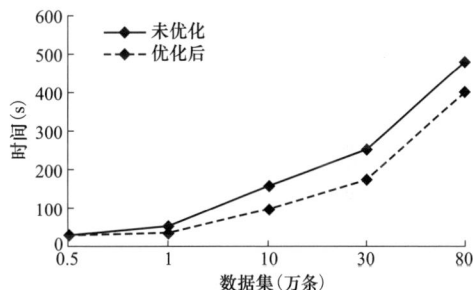

图 6-16　实验二结果

行预处理，造成开始的簇心离真实簇心较近，减少算法迭代过程，使得效率有所提升。

（3）实验三：对比单机环境和集群环境处理数据的效率。从实验源数据中随机选取 5 组实验数据，分别为 0.5 万条、1 万条、10 万条、30 万条、80 万条。使用配置相同的两台计算机，一台处于单机环境，另一台为集群中的一个节点，分别运行优化后的算法处理上述不同数据量的实验数据，对其处理效率进行对比。为了避免因偶然产生的误差，分别进行 10 次重复实验，取其平均值作为最终的结果，结果如图 6-17 所示。

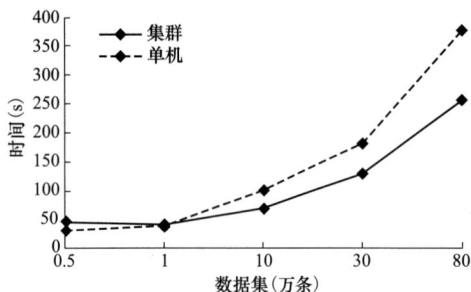

图 6-17　实验三结果

根据结果不难得到，数据规模数量少时，单机效率要好于集群；但随着数据量的增大，单机环境的处理效率急剧下降，集群环境的处理效率又好于单机环境；数据量越大，它们之间的差距越明显。因为在处理小规模数据时，集群环境的主要耗时花在了任务分配、节点启动等部分，但随着数据量的增大，这些部分的耗时变得微乎其微，集群环境表现出来了明显的优势，且数据量越大，优势越明显，而单机环境仅仅依靠串行计算最终会因为资源不足而导致算法崩溃。通过实验可以得出，在海量数据处理方面，集群比单机效率高。

（4）实验四：测试集群的加速比。加速比是相同任务在一台计算机上运行时间和 n 台计算机运行时间之比。加速比可以很好地反应出集群效率和性能。从源数据中随机抽取 5 组实验数据，分别为 80 万条、40 万条、20 万条、10 万条、5 万条，分别记做数据 1、数据 2、数据 3、数据 4 和数据 5。通过处理上述 5 组数据，分别记录集群在不同节点数量时的加速比。为了避免偶然误差，重复 10 次实验取其平均值作为最终结果。其结果如图 6-18 所示。

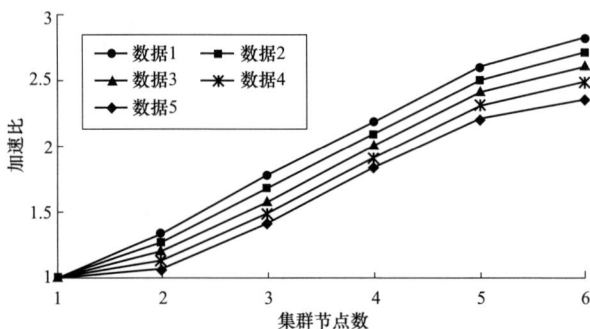

图 6-18　实验四结果

从图 6-18 中可以看出，集群的加速比接近线性，说明节点的增加提高了集群的处理效率；在相同节点数的情况下，数据量越大其加速比越接近线性，其加速比性能越良好；在数据量相同情况下，伴随节点增加，加速比在初段增长迅速，后逐渐增长缓慢，原因为节点增加，其传输耗时也增加。通过实验可以得出，集群在处理数据时具有相对较为良好的加速比性能。

（5）实验五：具体应用实例。实验数据样本为采集的全部 100 万条家庭用户用电数据，结合提出的优化并行算法完成对 100 万条家庭用户用电的分类和用电规律分析。结果如图 6-19 所示：A 类用户在夜间用电量很低，在 8 点和 12 点左右出现小的波峰，到晚上 6 点至 22 点左右达到用电高峰，峰谷明显，推测此类用户可能为上班族较多的用户，且家中大功率电器相对较少，属于中等能耗用户；B 类用户在夜间用电量也很低且小于 A 类用户，在白天用电量开始上升，用电量基本稳定，推测此类用户可能为老人比较多的用户，家庭成员相对较少，几乎没有大功率电器，属于低能耗用户；C 类用户一直处于高用电量状态，峰值较高，谷电量不低，推测此类用户家庭成员相对较多，家中大功率电器数量较多，属于高能耗用户。通过对 3 种用户类型用电规律的对比，可以制定相应的用电策略，指导最优用电。

通过以上实验可以得出如下结论：

1）传统 k-means 聚类算法由于存在原始簇心难选取缺陷，很容易陷入局部最优，正确率不高；而利用 Canopy 对数据进行提前分析，得到簇心和簇数，再使用 k-means 迭代出精确结果，大大提升正确率，同时由于初始聚类选取得当，使得初始簇心比较靠近真实簇心，减少了迭代次数，提升执行效率。

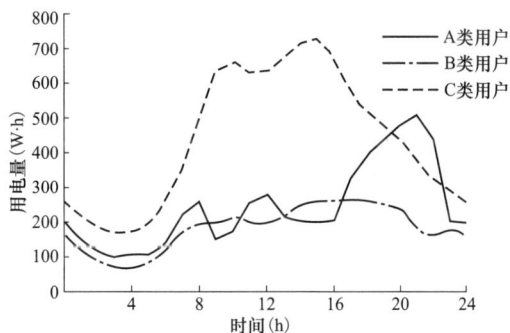

图 6-19　实验五结果

2）传统 k-means 算法都是单机串行算法，在庞大数据量分析方面存在明显不足；而优化算法基于 MapReduce 框架，在海量数据处理方面显得游刃有余。

3）优化算法首先采用 Canopy 对数据预处理，避免了 k-means 聚类算法本身的不足；又根据 MapReduce 模型，使算法具有海量数据处理的能力，通过加速比实验，验证了算法具有良好的加速比；最后将算法应用于实例，将用电数据聚成了三类，可以根据每类的特点，为电力生产提供参考。

（五）云计算与物联网

云计算是基于互联网的计算模式，使共享的资源与信息根据不同的需求提供给计算机或者其他设备。这种计算方式不需要过多管理模式，能够方便快捷地提供网络访问。它将分布式、并行处理以及网络计算三者融为一体，并且不断发展。云计算将大量的计算信息分配给各个分布式计算机，需要相关信息的用户根据自己的需求访问云计算系统。所谓云是互联网中的一种比喻，每个云聚集了成千上万的计算机资源，将所有的信息资源以这种方式进行存储与处理，有利于提高计算资源的利用率，是对网络信息资源的一种优化。

在智能电网各个应用系统中，一般采用物联网感知技术来获取智能电网电气设备状态信息。这些状态信息分布范围广，类型复杂、数据量大，因此通常利用云计算技术进行分析、处理以及计算智能电网中电气设备状态信息，为智能电网中各种业务（如监控、调度、故障诊断等）提供技术支撑。

四、物联网互联

物联网主要是指"物物相连的互联网"，可以通过互联网识别、跟踪、处理以及控制所有包括物品、人、服务等各方面的信息。物联网的特点主要包括以下三个方面：

（1）物联网仍然是以互联网为核心和基础的平台，通过该平台延伸和扩展，将物品、人以及服务都囊括进来。

（2）物联网的用户端比互联网更加广泛，不仅能够实现人与人之间的信息交换与通信，还实现了任何物品之间、人与物品之间、服务与服务之间的信息交流。

（3）物联网比互联网更加智能化，通过物联网，可以进行智能识别、智能跟踪、智能监测、智能控制与自动操作。

物联网一般为通过射频识别（RFID）、红外感应器、全球定位系统、激光扫描器、近场通信（NFC）激活设备等信息传感设备，按约定的协议，把任何物品和服务等与互联网相连接，进行信息交换和通信，以实现智能化识别、定位、跟踪、监控和管理的一种网络概念。

（一）体系架构

基于物联网的应用，通常可分为感知层、网络层和应用层。感知层通过 RFID

标签和读写器、无线传感器网络、视频终端、RTIL 实时定位技术、智能嵌入技术等，感知物体和环境并采集相关信息；网络层包括通信网络与互联网的融合及部分信息智能处理等功能，将感知层的信息进行传递和处理；应用层则是智能化的行业应用与业务管理，是物联网与各行业技术的深度融合。物联网涉及网络智能应用、物品智能应用及物品联网，三维结合实现各种功能，其概念模型如图 6-20 所示。

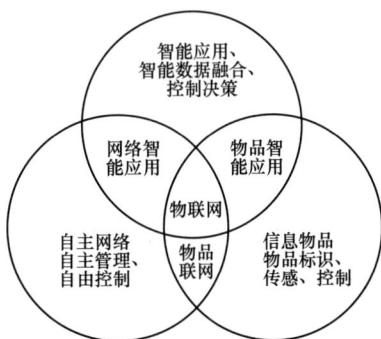

图 6-20　物联网三维概念模型

基于物联网的智能电网也主要分为感知层、网络层和应用层三层。其体系架构如图 6-21 所示。

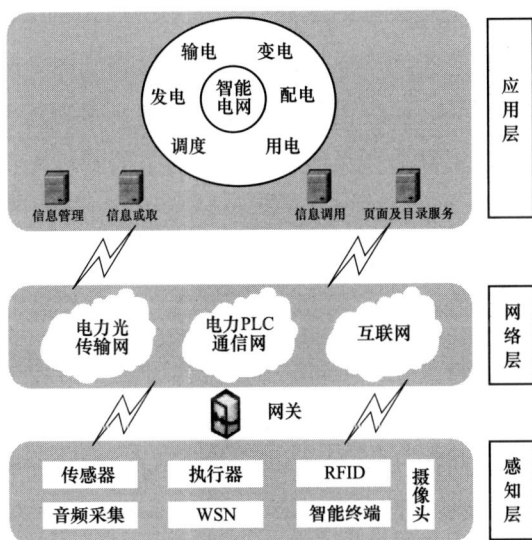

图 6-21　基于物联网的智能电网体系架构

1．感知层

在电力系统中，物联网的感知层主要由安装在采集信息对象侧（如电气设备温度、湿度、输电线路振动等）的设备状态信息采集感知终端所构成。这些信息采集感知终端以自组织的方式构成信息感知网络，从而满足智能电网中的各种需求（如智能协同感知、识别以及电气设备状态信息采集处理等）。感知层以各种采集感知设备（如 RFID 射频识别、嵌入式传感器、智能采集终端等）

为基础，实现对电力系统中各个环节（发电、输电、变电、配电、用电、调度等）的电气设备状态、环境条件数据、感知节点能耗等信息的采集与识别。

2．网络层

网络层通过对各种通信网络如电力无线通信、无线公共通信、无线传感网、电力光传输网络等进行融合扩展，可以对感知与应用之间的信息进行传递、路由以及控制等。网络层的可靠性高、安全性好，能够实现大数据传输。网络层以电力骨干光纤网作为网络层的核心网络，电力载波通信和数字微波为辅；以电力光纤、电力载波、无线数字通信系统作为网络层的接入网络。

3．应用层

应用层的作用是根据不同的类型和需求处理感知层采集到的数据。应用层由不同应用类型的设备、中间件和不同的应用组成。不同应用类型的设备和中间件可以为物联网提供不同类型的服务（如数据处理、数据计算、信息调用等），通过这些服务来实现各种不同的应用。智能电网以物联网为基础，实现在电力系统各个环节的应用服务；以智能计算与模式识别技术为基础，完成电网中不同数据的分析与处理，提高电力系统各个应用环节的智能化程度。智能电网信息分析处理通过云计算、中间件以及大数据挖掘等技术来实现，满足电网提出的便捷、绿色、高效利用的要求。

（二）核心技术

1．感知标识技术——RFID

RFID 是一种通过射频信号自动识别标签并获取相应数据的非接触式自动识别技术，具有防水、防磁、耐高温、寿命长、可远距离读取及标签数据可加密、存储容量大并且存储信息更改自如等优点。一般由无源电子标签、阅读器、编程器、天线几部分组成，其工作原理如图 6-22 所示。

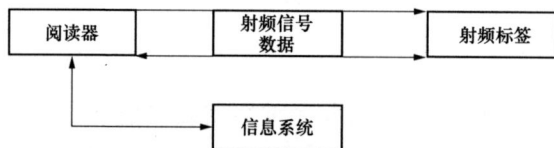

图 6-22　RFID 工作原理

标签相当于条码技术中的条码符号，用于存储需要识别传输的信息。电子标签附着在待识别物体的表面。阅读器（读出装置）采用非接触的方式获取并识别电子标签中所存储的电子数据，实现一定范围内的自动识别功能，将识别到的数据信息上载入服务器及信息系统，完成对目标物体的信息采集，以便在系统中进行远程传递及信息处理等操作。RFID 识别系统结构框图如图 6-23 所示。

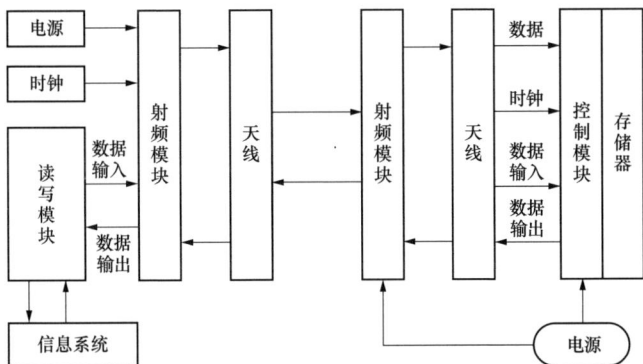

图 6-23　射频识别系统结构框图

RFID 的应用特点是可实现一定范围内的非接触式自动采集与识别，并且具有高强度的数据再读写特性。

2．WSN 技术

无线传感网（Wireless Sensor Network，WSN）融合传感器技术、信息处理技术和网络通信技术，通常由一组带有嵌入式处理器、传感器以及无线收发模块的节点以自组织方式构成无线网络，通过节点间的协同工作来监测、采集和处理网络覆盖区域中的目标信息。它涵盖多种技术，如网络拓扑控制、节点连接、节点覆盖、节点定位以及节能、路由技术等。

目前，基于 IEEE　802.15.4 的 Zigbee 和 6LoWPAN 协议成为 WSN 的主流通信协议，典型的 WSN 网络架构如图 6-24 所示。

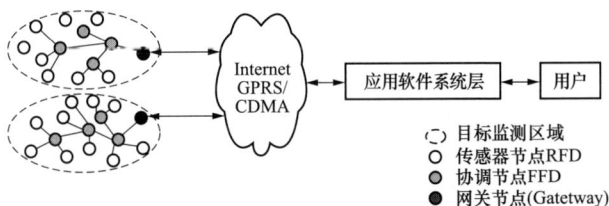

图 6-24　无线传感网技术的典型应用结构

在图 6-24 中，目标监测区域中部署的传感器网络主要由传感器节点

（Reduced Function Device，RFD）和协调节点（Full Function Device，FFD）构成，如监控区域中的传感器由星型、网状（Mesh）拓扑组成的混合网络。传感器节点将测得的信息通过多跳的方式传送到协调节点，它不具备路由功能，只能与协调节点通信，不能与其他传感节点通信；协调节点除了直接参与应用以外，还要完成网络建立、节点身份认证管理、链路状态信息管理以及数据信息分组转发及控制命令转发等功能。网关节点是拥有较强通信能力、计算能力和丰富资源的系统，它连接传感器网络与 Internet 等外部网络，实现通信协议之间的转换，负责将管理节点的监控任务下发，并将收集到的数据转发至外部网络。它可以是一个增强功能的传感器节点，也可以是专用网关设备。

WSN 与无线自组网（mobile ad-hoc network）有许多相似之处，但也具有很多自身的特点，主要体现在大规模、自组织、动态性、可靠性、应用相关、以数据为中心等方面。

（三）继电保护相关应用

目前继电保护设备运行状态监测缺乏实际应用，继电保护状态评价一般采用定期检修的方式获取设备缺陷信息，并且停留于离线评估的阶段，离指导继电保护专业的实际应用还有一定距离。随着智能变电站的规模建设与应用，继电保护设备及其相关的合并单元、智能终端均实现了网络化光数字通信，给智能变电站继电保护的在线工况监测与评估提供了很好的技术基础。基于实时数据和短期历史数据对继电保护设备运行状态进行监测预警，不仅可以实际指导检修运维的现场工作，同时可以作为中长期设备健康状态评价依据。

智能变电站保护装置日巡检报告包括告警信息、在线监测信息、状态异常信息等数据，基于多种判定规则，每周自动对保护装置日巡检报告中的数据进行打分，根据每台装置的综合打分结果，同时结合电网内同型号同版本继电保护设备的状态评价标准结果，来判断电网内、各变电站内继电保护设备的实际健康状态水平，从而以每周为单位，以每日巡检的实际在线运行数据为基础，通过量化的状态评价方法，为各检修运行维护单位提供实际的现场工作指导。

状态评估流程如图 6-25 所示，主要步骤如下：

（1）以变电站为单位，从设备日巡检报告的历史数据中分类提取出最近 1 周内每台保护设备的告警数据、异常变位数据、在线监测数据、误动作数据。

（2）以变电站内单台保护设备为单位，对最近1周内的该保护设备的告警数据进行评估运算。

（3）以变电站内单台保护设备为单位，对最近1周内的该保护设备的在线监测数据进行评估运算。

（4）以变电站内单台保护设备为单位，对最近1周内的该保护设备的异常变位数据进行评估运算。

（5）以变电站内单台保护设备为单位，对最近1周内的该保护设备进行综合评估运算。

（6）以变电站为单位，按电压等级对最近1周内的该变电站所有保护设备进行综合评估运算。

（7）对电网内相同型号、相同软件版本号的保护设备进行综合评估运算。

1. 评估指标及规则

保护设备运行状态特征数据包括保护设备告警数据、异常变位数据、动作数据、在线监测数据。

（1）保护设备告警数据由保护设备故障信号数据集 dsAlarm、告警信号数据集 dsWarning、通信工况数据集 dsCommState 中的条目组成，由人机交互模块选择和设置，并再将选择好的保护设备告警数据由人机交互模块标记为保护设备故障类和非故障类告警数据。

（2）保护设备异常变位数据由保护设备遥信数据集 dsRelayDin、压板数据集 dsRelayEna 中的条目组成，包括保护设备检修硬压板、远方操作硬压板、功能软压板、SV 输入软压板、GOOSE 输入软压板、GOOSE 输出软压板，由人机交互模块选择和设置。

（3）保护设备动作数据由保护设备数据集 dsTripInfo 中的条目组成，包括保护启动、保护跳闸、保护重合，由人机交互模块选择和设置。

（4）保护设备在线监测数据由保护设备遥测数据集 dsRelayAin 中的条目组成，包括保护设备直流电压、装置温度、光口发送光强，由人机交互模块选择和设置。

通过对智能变电站保护装置保护设备运行状态特征数据进行分析建立单台

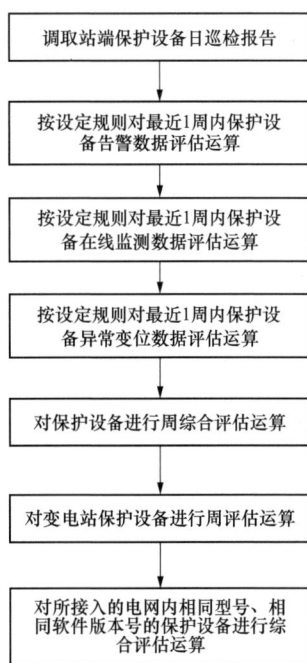

图 6-25 状态评估流程

225

保护设备状态评价体系，如图 6-26 所示。

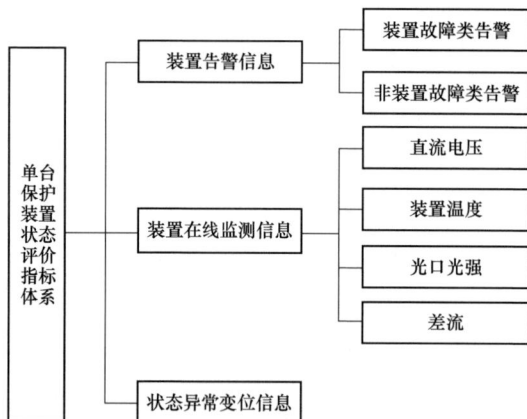

图 6-26 继电保护设备状态评价体系

2．变电站内单台保护设备评估

本周变电站内单台保护设备运行状态健康评估值为

Srelay=100−告警数据减分−在线监测数据减分−异常变位减分

如果该保护设备存在误动作，则该保护设备运行状态健康评估值 Srelay = 0。

（1）告警数据减分按如下逻辑处理：

1）如果本周内该保护设备产生一条新的不重复的保护设备告警信息，若该信息属于保护设备故障类则减 2 分，否则减 1 分。

2）如果本周内该保护设备产生一条新的重复 n 次的保护设备告警信息，则依次减 2^{n-1} 分。

3）保护设备告警数据最大减分数值为 50 分，该分值可经人机交互模块设定。

（2）在线监测数据减分按如下逻辑处理：

1）如果本周内该保护设备的直流电压最低低于 n 个正常值的 2%，则减 2^{n-1} 分；最高高于 n 个正常值的 1%，则减 2^{n-1} 分，最高减 10 分。保护设备直流电压的正常值默认为 5V 或 24V，其值可经人机交互模块设置。

2）如果本周内该保护设备的装置温度最高高于 n 个温度阈值的 20%，则减 2^{n-1} 分，最高减 5 分；装置温度阈值可经人机交互模块设置。

3）如果本周内该保护设备的光口发送光强最高高于 n 个正常值的 3.5%，则减 2^{n-1} 分；最低低于 n 个正常值的 5%，则减 2^{n-1} 分；按保护设备每个光口发送光强减分累加，最高减 10 分。光口发送光强正常值可经人机交互模块设置。

4）如果该保护设备的差流高于 n 个基准值的 20%，则依次减 2^{n-1} 分，最高减 10 分。保护设备差流参考基准值为 $0.1I_n$。

5）如果该保护设备不涉及差流评估，则按保护设备有差流的得分进行折算。

（3）异常变位数据减分按如下逻辑处理：

1）如果本周内该保护设备产生一条新的不重复的异常变位信息，则减 1 分；

2）如果本周内该保护设备产生一条新的重复 n 次的异常变位信息，则依次减 2^{n-1} 分。

3）保护设备异常变位数据最大减分数值为 15 分，该分值可经人机交互模块设定。

对于单个保护设备，如果 Srelay = 100，则标记该保护设备运行状态良好，无需安排检修及消缺处理；如果 95≤Srelay≤100，则标记该保护设备运行状态为异常告警，给出消缺处理建议；如果 Srelay＜95，则标记该保护设备运行状态为严重故障，给出安排检修建议。

3．变电站内所有保护设备综合评估

依据单台保护设备状态评判结果对变电站所有保护设备进行综合评估，评估规则如下：

（1）该变电站内最高电压等级的保护设备运行状态健康评估值 Sleve1 = 该电压等级所有保护设备运行状态健康评估值的加权平均值。

（2）该变电站内下一级电压等级的保护设备运行状态健康评估值为 Sleve2= 该电压等级所有保护设备运行状态健康评估值的加权平均值。

（3）该变电站内其他电压等级的保护设备运行状态健康评估值为 Sleve3= 该电压等级所有保护设备运行状态健康评估值的加权平均值。

（4）该变电站内最高电压等级的系数为 I1（I1 默认为 1.1），下一级电压等级的系数为 I2（I2 默认为 1），其他电压等级系数为 I3（I3 默认为 0.9）。则该变电站保护设备总的运行状态健康评估值

$$Ssub=(Slevel1×I1+Slevel2×I2+Sleve3×I3)/(I1+I2+I3)$$

（5）如果该变电站有两台保护设备误动作，则该变电站保护设备总的运行状态健康评估值 Ssub = 0。对于变电站，如果 Ssub= 100，则标记该变电站内保护设备运行状态为良好，无需安排检修及消缺处理；如果 95＜Ssub＜100，则

标记该变电站内保护设备运行状态为异常告警，给出消缺处理建议；如果 Ssub ≤95，则标记该变电站内保护设备运行状态为严重故障，给出安排检修建议。

4．电网内同类保护设备状态评估

依据单台保护设备状态评判结果对电网内相同型号、相同软件版本号的保护设备进行综合评估，评估规则如下：

（1）电网该类保护设备运行状态健康评估值 $Si=（Srelay1+Srelay2+\cdots+Srelayn）/n$。

（2）如果有两台该类保护设备误动作，则该类保护设备总的运行状态健康评估值 $Si=0$。

对全网相同型号、相同软件版本号的保护设备，如果 $Si=100$，则标记该类保护设备运行状态为良好，无需安排检修及消缺处理；如果 $95<Si<100$，则标记该类设备运行状态为异常告警，给出统一消缺处理意见；如果 $Si\leq95$，则标记该类保护设备运行状态为严重家族性缺陷，给出统一安排检修建议。

五、移动终端

随着现代通信与信息技术的不断发展，移动物联网与移动终端在生产、生活领域发挥了越来越重要的作用。电力移动终端在电网企业和电力工程中能够实现设备、资产信息的实时采集、录入和互联，减少人工操作，确保数据准确，极大地促进了电网企业的发展与技术革新。移动终端的作业模式极大地方便了现场运维数据的采集、上送和分析，大幅提高继电保护状态检修评价和资产全寿命管理分析结果的可信度和运用成效，其技术路线和管理思路值得推广。

以物理电网为基础，将现代先进的测量技术、通信技术、信息技术、计算机技术和控制技术与物理电网高度集成而形成的新型智能电网正在不断发展。移动终端与移动应用作为电力企业内部作业与外部服务的延伸，在使用时不可避免地与电网企业的内网服务器与数据库产生交互，在读写数据的过程中存在内网系统被恶意攻击、非法获取数据等安全风险。乌克兰大停电事件表明，电力系统完全可能因安全漏洞遭受黑客攻击而造成系统解列乃至瘫痪。因此，在推动电网企业移动终端广泛应用的同时，需要进一步对其所涉及的安全风险进行分析并制定相应的对策，确保电网安全、可靠运行。

（一）移动终端接入方式

移动终端接入企业内网的方式一般包括：

（1）通过 Internet 接入。将企业内网的系统应用及数据库放在网络上，用户利用移动终端接入网络，通过身份验证后，登录使用企业内网的信息资源和业务。这种访问方式不存在隔离等措施，仅通过认证身份信息等，具有极大的安全风险。

（2）通过电话拨号接入。部署企业内部拨号访问服务器，设定用户权限，以电话拨号方式接入内网。拨号接入需要物理连接接入，无法满足移动终端接入的要求，并且对带宽有严格限制，在认证安全方面也存在安全缺陷。

（3）通过专线接入。利用专用的物理线路，开通用户访问权限。专用物理线路有 DDN 或光纤。由于建立专用线路，故代价高昂，且无法满足非固定场所办公或远程接入的情况。专线的另外一个致命缺陷是只能以明文传输数据，对企业办公带来很大的安全风险。

（4）通过虚拟专用网络（Virtual Private Network，VPN）接入。该接入方式得到广泛应用，是因为其便捷、经济以及安全性。建立公共网络资源和设备间的专用通道，并经过逻辑加密，效果等同于专线接入，在企业内网服务器与数据库之间搭建虚拟专网。用户需要设置权限，根据不同权限的身份认证登录不同虚拟专用网络，从而访问企业内部的应用系统。

在继电保护应用领域，移动端设备通过验证及确认操作人员资格和身份接入大数据平台客户端，并通过订阅模式接收待校验间隔的保护设备相关技术支持文档，包括作业指导书、相关图纸、设备说明书、定值单、缺陷记录和动作记录等。

移动终端系统框架如图 6-27 所示。变电站端现有综合数据网属于安全 III

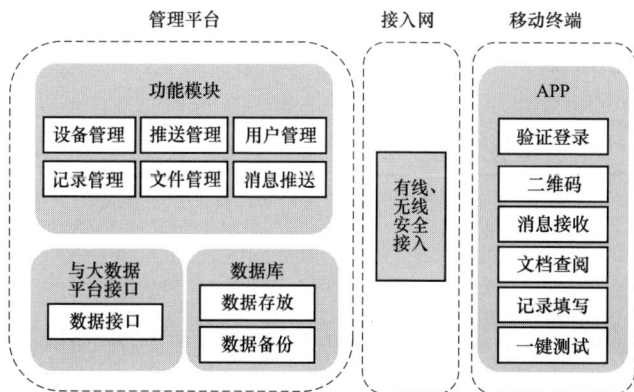

图 6-27　移动终端系统框架图

区，因此需要搭建无线接入数据网来接入移动终端。现有的方式以无线IEEE802.11 技术为主，能够满足现有的数据采集和设备控制等业务需求。网络结构可采用 AC+FIT AP 架构，当无无线接入条件时可使用有线接入方式。

无线接入的安全技术可以结合采用无线网络最高强度的 WPA2 AES 加密技术、TF 卡加密技术等安全技术。

（二）安全防护技术

1．安全性分析

移动终端接入企业内网的安全主要包括三个方面，即移动终端的安全、通信传输的安全和电网企业内网应用安全，在接入过程中任何一个方面出现安全问题，都会给企业内网造成极大的安全隐患。

（1）移动终端的安全。移动设备作为终端接入电网企业内网，终端自身的安全性以及安全抵御能力需要核验。例如对常见病毒和恶意代码以及对木马程序等行为防御的主动性；对未知病毒及系统漏洞等的抵御能力以及响应的迅速性；对移动终端储存数据的保护手段等。移动终端接入电网企业内网的同时还需要连接公网，因此存在电网企业敏感信息外泄的安全隐患。

（2）通信传输的安全。移动终端接入电网企业信息内网后，移动终端与内网服务器之间进行信息交互，数据传输时有被攻击的风险，导致数据丢失、被截获甚至被篡改，从而导致信息内网受到安全威胁。

（3）电网企业内网应用安全。移动终端接入电网企业信息内网需要电网企业内部进行可信性认证，接入即可访问电网企业的内网信息，如果移动终端遭到攻击，就等同于整个信息内网暴露在遭受攻击的风险下，将会给整个电力信息内网带来不可控制的安全风险。

2．安全策略

电力移动终端在与信息内网进行通信的过程中，移动终端本身、通信通道以及访问控制等环节都存在遭受数据截获和干扰攻击的风险，因此需要从三个方面同时入手，建立综合的安全对策，降低系统的安全风险。移动终端安全防护技术如图 6-28 所示。

（1）移动终端安全防护技术。电网企业移动终端在接入信息内网的过程中，需要保证该移动终端的安全性、完整性与可靠性，将安全风险降到最低。常用的终端安全防护技术如下：

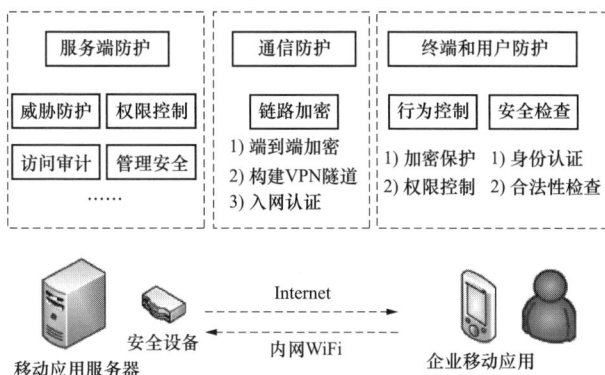

图 6-28　移动终端安全防护技术

1）主机行为控制技术。通过监视终端主机的工作进程、系统行为以及系统配置等信息保护终端主机的安全，例如监视操作、服务的调用、加载的驱动等行为，以事先制定的安全阈值为匹配参考，一旦触发安全规则（如写或读被保护的文件、进行违规的操作等），主机行为控制技术将禁止操作，并记录日常的操作日志，为后续的查证提供佐证材料。该技术为终端设备暂存的数据提供加密保护，防止企业内部重要数据的泄露。

2）终端安全检查技术。主要是验证移动终端本身的安全性、操作人员的行为正确性。制定适用于电网企业内部的安全检查策略，在终端设备访问内网数据前，利用该技术筛选符合策略的终端接入，不符合的终端禁止访问内网数据。安全检查的内容包括操作系统、核心磁盘文件、系统启动项等，只要一项或几项有异常情况，将不允许终端接入内网，从源头杜绝信息安全事件发生。

（2）移动终端通信安全防护技术。移动终端在接入信息内网建立通信信道后，存在被攻击和劫持的风险。终端通信安全防护技术如下：

1）端到端加密技术与商用密码算法。移动通信网络的加密保护，为移动终端提供了空中接口，一定程度上保证了终端接入的安全性。但针对严重攻击，无线通信的安全性并不高，加密保护也是无效的。因此，在无线网络设置安全屏障的同时，终端设备也要增加一道防护锁——移动终端安全通信模块，实现端到端加密，连接移动终端和企业内网。商用密码算法是对不涉及国家秘密内容的信息进行加密保护或者安全认证的密码技术。企业内部的各类敏感信息需要有保密措施，可利用商用密码对信息的传输及存储进行加密，避免内网信息泄露，保证企业的信息安全。

2）终端入网认证技术。终端入网认证技术主要用于用户终端身份的核验，确定用户登录操作的合法性。实现该功能需要在终端上增加入网认证模块。硬件加密认证卡具有安全加密功能和用户认证功能，其中数字证书由权威机构签发，每一用户终端配备唯一的硬件加密认证卡。用户认证过程需要硬件加密认证卡以及 CA 认证服务器对用户身份进行双重认证，只有通过认证的用户终端才能实现网络的接入，从而访问企业内网的数据，未能通过认证的用户终端或非法终端不能接入内部网络。

3）VPN 技术。VPN 技术在不搭建专用网络的同时，实现专网通信的效果，对企业内网进行扩展，实现远端用户以及不同办公地点、不同分支机构间的可靠安全连接。目前常用的 VPN 技术包括 IPsecVPN 和 SSL VPN。IPsec VPN 工作在网络层，该技术对基础网络具有普适性，部署难度低，保证网络层上所有数据的安全通信。IPsec VPN 在两站之间搭建隧道，隧道搭建成功后，便可远程访问企业内网，效果等同于物理地处于企业内网，有效提供远程访问企业内部局域网数据的途径。SSL VPN 工作在应用层，用公钥加密通过 SSL 连接传输的数据进行工作，是解决远程用户访问公司敏感数据最安全的解决技术，与 IPsecVPN 相比能够通过简单易用的方法实现信息远程连通。

（3）移动终端访问安全防护技术。网络隔离技术是常用的终端访问安全防护技术。网络隔离主要是指在不可路由协议的基础上，在 2 个或 2 个以上可路由的网络上进行数据交换而达到隔离目的。网络隔离技术用于内外网间的数据交换，采用专用通信硬件和网络隔离等安全机制。该技术实现了内外网物理上的可靠隔离，并保证内外网交互的安全性和高效性。网络隔离技术的基本流程是：在物理层切断内外网间的连接；剥离外网输入的数据包的所有协议；核验传输来的数据安全性及其格式正确性；将核验通过后的安全数据重新封装，发送至企业内网上传输。

（三）继电保护相关应用

移动终端继电保护应可靠支撑专业资料管理功能，实现现场无纸化工作。工作中由移动终端接收大数据平台客户端推送的保护专业资料；运维人员通过移动端设备扫描相应现场设备唯一编码调取设备相关资料；工作完成后通过移动终端填写提交相关记录，包括缺陷记录、检修记录和保护试验记录等上传至大数据平台客户端。

（1）保护设备台账管理。是指保护设备新投或改造时录入保护设备的台账信息，并建立设备识别代码及该设备相关信息的关联，以及在保护设备插件更换、软件升级或装置退运后进行相关台账信息更新。设备台账管理功能应满足如下要求：

1）设备台账信息录入应同时支持手动录入、由制造厂家提供的出厂信息表自动导入及在移动终端录入后上传至工作站等方式。

2）设备台账信息应包含板卡序号、板卡型号、板卡类别/用途、板卡硬件版本、板卡编号、板卡生成日期等信息字段，便于进行板卡级统计分析和管控工作。同时，当保护设备插件因缺陷、反措更换时，设备台账信息应方便修改，并存储板卡的历史更换记录。

3）保护设备识别代码与设备台账、事件、缺陷信息以及图纸、说明书、定值单等的关联，应同时支持在工作站关联和通过移动终端关联两种方式。关联后，通过设备识别代码能够查找该设备的上述所有信息。

（2）保护设备专业巡检管理。主要用于巡检任务单的生成、派发，工作过程管控以及巡检记录录入、上传，应具备如下功能：

1）按电压等级和设备类型建立保护设备巡检作业指导书模板。

2）巡检任务单生成，包括任务名称、巡检设备、工作时间、巡检路线、工作负责人以及根据作业指导书模板生成的本次巡检工作的作业指导书等。

3）将巡检任务单下发至工作负责人。

4）工作后将巡检记录通过移动终端上传至工作站。

（3）保护设备检验管理。主要用于检验任务单的生成、派发，工作过程管控以及检验记录录入、上传，应具备如下功能：

1）按电压等级和设备类型建立保护设备检验作业指导书模板。

2）录入各间隔保护设备检验工作的安全措施票。

3）生成检验任务单，包括任务名称、检验设备、工作时间、工作负责人、安全措施票，以及根据作业指导书模板生成的本次检验工作的作业指导书等。

4）将巡检任务单下发至工作负责人，并可根据需要建立安全措施票、作业指导书的审批签发流程。

5）工作后将检验记录通过移动终端上传至工作站。

6）自动生成检验报告。

（4）保护设备缺陷管理。主要用于消缺任务单的生成、派发，缺陷信息录入及上传，应具备如下功能：

1）生成消缺任务单，包括任务名称、缺陷设备、工作时间、工作负责人。

2）将消缺任务单下发至工作负责人。

3）工作后将缺陷信息通过移动终端上传至工作站。

（5）用户管理。用于管理系统身份验证和权限控制，应满足如下要求：

1）用户的各种操作应基于权限控制。

2）管理系统应支持基于角色的权限设置。

第二节　远方专家辅助系统变革应急抢修工作模式

一、背景

传统检修过程中，检修人员在现场进行检修操作时，信息的获取需要多次往返现场设备间进行查询确认，操作判断受限于信息渠道的局限及人员技术水平的影响。现有的应急抢修指挥工作模式，故障信息和抢修决策严重依赖于变电站现场提供的详细数据和分析判断。各专业的专家和部门领导需要第一时间赶赴现场，才能依据现场需求进行资源调配、下达跨专业的综合指令。面对日益紧张的供电恢复任务、紧缺的专家数量和远距离的地域限制，传统应急指挥模式亟待突破。

二、专家支撑系统

专家支撑系统如图 6-29 所示，依托便携式视频终端与变电站视频监控，将

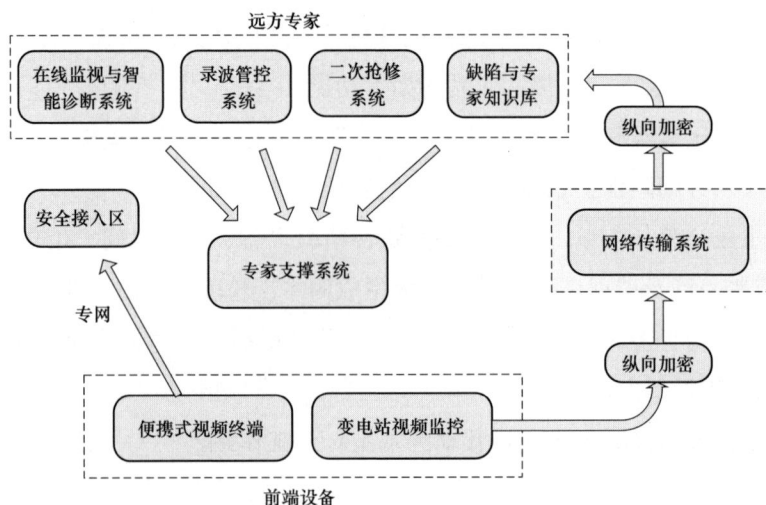

图 6-29　专家支撑系统

前端检修现场的视频、音频信息实时传送给远程的检修专家团队，为重点检修工程、应急抢修工作提供远程专家指导。系统由变电站前端设备、网络传输系统和远方专家界面三部分组成。前端设备负责变电站视频、音频的采集与处理；远方专家界面以检修人员的视角呈现工作画面，检修专家团队通过音频联络现场给予处理意见；双方通过网络传输系统建立安全连接。

专家支撑系统功能包括：

（1）针对变电站的重点检修工作或事故处理，利用通信技术结合远方专家团队和现场工作人员双方的优势，依靠多种系统支撑，实现远程专家指导，提高作业效率和人员安全性。

（2）提供录像记录功能，为事后分析事故原因和评价事故处理过程提供可靠依据。

（3）选取优秀案例视频作为标准化作业模板和生产培训资料，辅助生产教学培训。

（一）变电站前端设备

1．变电站视频监控

变电站视频监控布置在检修现场，能够向远方实时传输作业现场的画面与音频信息。当应急抢修及重难点工作需要远方专家团队辅助时，远方专家可以调取需要的现场画面，具象化了解检修现场的设备环境与工作情况，为检修决策提供判断依据。

2．便携式视频终端　单兵设备

在事故应急抢修中，第一梯队人员携带检修单兵设备第一时间到达现场，通过视频、音频传输方式采集现场设备状态和故障信息，并迅速与远程管控中心建立应急指挥通道，由多班组多专业联合指挥团队综合分析、统一决策，下达故障处理方案步骤，达到快速高效应对应急事件处置。

（二）网络传输系统

当前，根据电力二次系统的特点，电力调度数据专网一般分为生产控制大区和管理信息大区。生产控制大区分为控制区（安全区Ⅰ）和非控制区（安全区Ⅱ）。信息管理大区分为生产管理区（安全区Ⅲ）和管理信息区（安全区Ⅳ）。不同安全区确定不同安全防护要求，其中安全区Ⅰ安全等级最高，安全区Ⅱ次之，其余类推。《全国电力二次系统安全防护总体方案》核心内容概括为"安全分区、网络专用、横向隔离、纵向认证"，其中纵向认证即研发基于电力专用密码算法的纵向加密认证网关。

电力专用纵向加密认证网关采用软、硬件结合的安全措施：在硬件上使用数字加密卡实现数据的加密和解密及签名和认证；在软件上，采用综合过滤、访问控制、动态密钥协商、非对称加密等技术实现电力专用加密隧道功能。电力专用纵向加密认证网关为调度数据网上下级控制系统之间的广域网通信提供认证与加密服务，实现数据传输的机密性、完整性保护；实现了对电力系统专用的应用层通信协议（IEC-104，DL476等）转换功能。

（三）远方专家界面

专家支撑系统集在线监视与智能诊断系统、录波管控系统、二次抢修系统、缺陷与专家知识库为一体，将变电站信息集成、分类传输到远方，实现变电站现场作业实时掌控、缺陷预警与故障定位与应急远程指挥等功能。

针对重点、难点检修工作，以及应急抢修过程需要专家指挥的情况，启动"远程联合指挥"流程。依据变电站设备状态检测、历史数据、视频监控、在线图纸等信息，远程指导、监督检修工作按照标准化作业流程开展。遇跨部门、跨专业情况，指挥专职成立多专业联合指挥团队，综合分析下达指令，指导现场工作有序进行。

1. 在线监视与智能诊断系统

在线监视与智能诊断系统分为实时监视系统和智能诊断系统两部分。

实时监视系统能够对所辖变电站的当地监控系统、远动机等装置进行远程访问和集中管控，进而开展变电站监控系统等设备的实时监视、远程配置、维护管理等工作。系统采取在变电站布置信号采集设备，通过专用网络将计算机的视频、音频和外设接口信号进行安全传输。远方人员经过集中认证系统的权限验证，实现对所辖变电站计算机的监视管控工作。

实时监视系统的网络拓扑如图6-30所示。

系统功能包括：①远程修改变电站后台监控系统的间隔命名、图形画面，定期执行数据库备份；②利用实时监视系统与调度自动化在遥测、遥信、遥控的比对，为"三遥"信息不一致等检修工作提供诊断依据；③远程配置远动机、通讯网关机、数据网交换机等自动化设备，对运行异常的装置进行访问维护与远程重启。

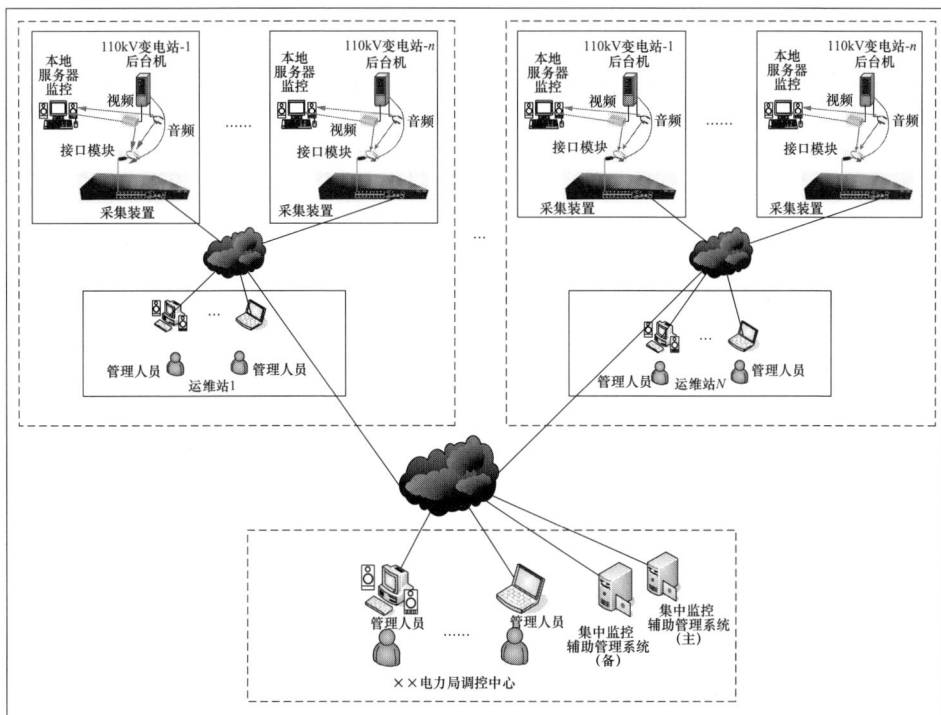

图 6-30　实时监视系统网络拓扑图

智能诊断系统通过实时获取智能变电站二次设备的信息和报文，监视二次设备的告警、动作、变位等信息，定期对通信状态和保护工作状况进行统计和分析，从而对二次设备的健康状况进行实时监测、智能诊断和系统评价。

智能诊断系统的技术框架如图 6-31 所示。

系统功能包括：①通过 SCD 虚拟二次回路可视化技术，实现智能变电站二次设备物理链路和二次虚回路的可视化在线监视与诊断；②对二次设备的全生命周期检修、缺陷和台账数据进行记录、统计和分析，建立典型缺陷库和智能诊断体系，实现电网运行状态的实时监测和二次设备

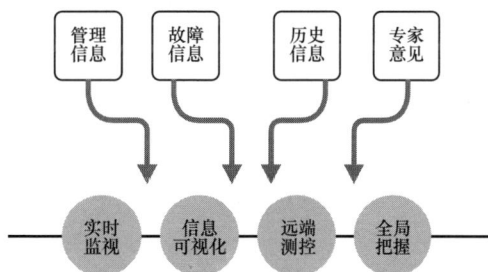

图 6-31　智能诊断系统技术框架

的运行状态评估；③建立二次设备状态评估数学模型，根据实时、历史监测数据和保护历史动作情况，进行综合分析诊断，合理安排检修时间和检修项目。

2．录波管控系统

录波管控系统通过 IEC 61850 通信规范将保护子站和故障录波器的通信数据全部接入系统平台，监视保护子站和故障录波器的运行状态，调阅和管理配置信息，实现装置故障自检与远程软硬件重启，维护信息传输的高效性、完整性和安全性，为调度范围在主站侧进行电网故障信息的智能综合分析和数据高级应用提供了可靠保障。

系统功能包括：①对故障录波器等装置的定值召唤、远方修改及自动校核；②调阅保护子站和故障录波装置的配置信息，远程修改网络配置、通信参数、数据模型；③定期执行通信链路自检和录波文件列表召唤，根据装置故障自检信息，可执行软硬件装置重启以恢复通信功能；④采用图模一体化维护模式，能够随电网结构的调整方便地增加子站信息。

3．二次抢修系统

二次抢修系统是以虚拟机为核心的智能变电站仿真测试平台。如图 6-32 所示，平台通过构建被测智能装置（IED）、虚拟机、网络环境形成最小测试系统，为单个被测 IED 的测试提供条件，避免了智能变电站改扩建或应急检修时大量相关运行设备和保护设备的配合停电，减少停电次数和停电时间，提高现场抢修效率，实现现场设备"即插即用"。

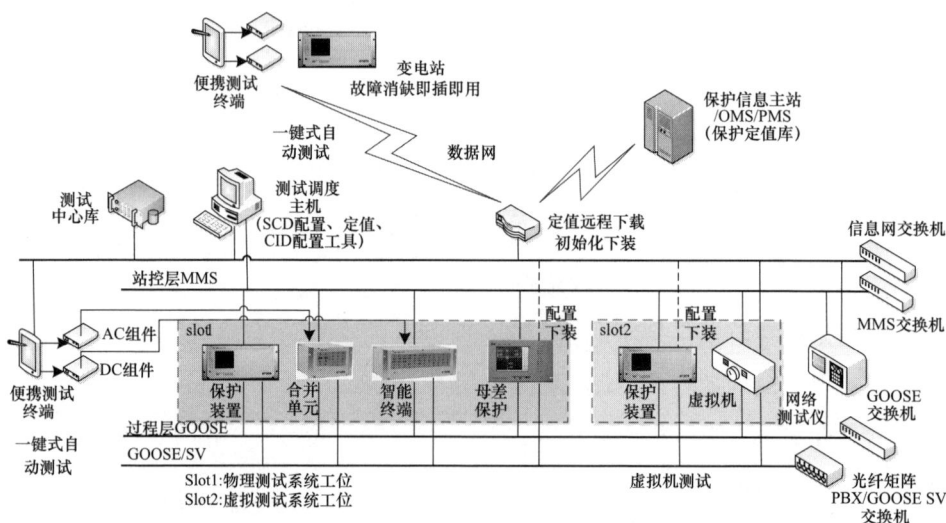

图 6-32　应急抢修技术支撑平台框架

系统功能包括：①对改扩建及新增间隔构成的断面与原 SCD 文件进行可视

化比对，对多配、漏配、错配的虚连接自动预警；②"虚拟机-被测物理设备"和"虚拟机-虚拟机"测试模式支持 SV/GOOSE 虚回路测试，输出被测设备和虚拟设备的所有事件信息；③基于可编辑的测试模板实现保护功能一键式自动测试；④模拟过程层及站控层网络负载情况，进行网络压力测试。

4．缺陷与专家知识库

缺陷与专家知识库可将变电站历史缺陷记录进行智能分类检索，配合相关理论知识、现场条件与专家处理意见，提供高效快捷的访问手段。针对类似缺陷的发生，检修人员可以通过关键词搜索，快速得到缺陷处理思路，避免因检修人员专业水平落差导致的检修质量问题，为检修作业提供全面、可追溯的检修决策与实施方案。

系统功能包括：①缺陷智能归库，典型缺陷填写流程简便，系统自动进行辨识分类；②关联相关专业知识，为缺陷处理提供可靠的理论依据、抢修指令和资源调配；③提供多角度关键词搜索，思路启发覆盖面广，检索结果全面具体。

借助中心丰富的变电站智能诊断系统、实时监视系统、变电站视频监控系统等内容，抢修人员能够在中心提前进行故障定位，携带准确的备品备件。抢修过程中，专家人员与部门领导同步开展远程分析，分担抢修一线的调查压力，监护现场抢修的危险点，下达更准确的抢修指令和资源调配。抢修结束后，第一时间反馈调度控制中心故障原因与处理结论。

中心的应用建立了抢修现场人员与远方指挥人员的联动，直观而对称的现场信息大大缩减了沟通指挥和供电恢复的时间，开创了远程应急指挥的新模式。

三、虚拟现实技术的应用

目前运维现状仍存在电网结构、设备状况参差不齐，电力作业现场点多面广，班组、人员工作点分散等问题。大型施工检修方案管理难，采集详细的现场信息时容易遗漏，造成多次踏勘，且方案无序管理；工程安全管控难，作业内容多、纸质化严重，理解不直观，安全宣贯、安全交底难以面面俱到；技术执行难，面对尚未停电的设备进行前期技术、安全工作难以开展；多部门对安措布置、功能区域划分易存在分歧，延误检修时间；多方审议难，检修、运行、安全多方缺乏高效的审议流程。

前沿科技发展日新月异，VR/AR/MR 等技术日趋成熟，针对目前运维中的问题，新技术能够创新工作流程，简化生产作业，增强安全把控效果，有利于检修安全、运维技术进行多方沟通协调，图像直观、流程更易把控，形成技术、安全双维度的全程动态管控体系。

（一）VR 虚拟现实技术的应用

1．VR 虚拟现实技术概念

虚拟现实（Virtual Reality）技术，是指基于可计算信息的沉浸式虚拟交互环境，通过电脑生成三维虚拟空间，为使用者提供视觉、触觉、听觉等感官模拟的一种人机交互模式。

VR 一词最早由美国 VPL 公司创建人拉尼尔（Jaron Lanier）在 20 世纪 80 年代提出，用户借助必要的设备以自然的方式与虚拟环境中的对象进行交互作用、相互影响，从而能够产生身临其境的感受和体验。

2．VR 虚拟现实技术与验收工作

传统验收过程中，需要拍照记录设备台账，作为运维阶段备品备件搜索依据，后期检索时易发生照片资料不连贯、不清晰等检索困难问题。

VR 技术运用于基建验收、技改验收时作为更新项确认，结合变电站全景环境信息扫描，可以建成变电站全所 VR 库。检修人员查找设备照片时，只需进入 VR 环境，即相当于进入变电站现场，依需求进行地点及设备切换，获取最新的设备相关信息。

3．VR 虚拟现实技术与缺陷判断

借助 VR 技术构建变电站 VR 环境，专家可进入 VR 环境，在浸入式体验中确认现场缺陷信息与设备环境，作为辅助判断依据。

VR 通过模块化的功能设计，将传统缺陷文字性内容通过图文标注、人机互动等模式进行编制，并通过球形视觉技术进行展示，远方专家人员可通过 VR 终端、手机、会议室大屏幕进行浸入式查阅缺陷具体情况。同时，管理人员可通过 VR 技术核对现场的安全和技术信息，便于对人员、大型工器具、安全措施、技术规范进行现场把控。

4．VR 虚拟现实技术与安全管控

在 VR 导航图（见图 6-33）中以不同颜色进行标识，运行间隔、检修间隙、功能区域都可按照现场实际情况展示。作业人员足不出户便能在真实场景学习变电站检修内容、安全注意事项。针对具体间隔，可查看围栏规划、危险点预演等功能。

图 6-33　VR 导航图

（二）AR 增强现实技术的应用

增强现实（Augmented Reality）技术通过将计算机生成的虚拟物体准确地叠加到真实场景中并实现真实与虚拟场景无缝融合，进而完成对真实场景的增强。

AR 增强现实技术融合了虚拟现实、计算机视觉、计算机图形学、图像处理、模式识别、光电显示等多个学科的最新成果。用户通过手持设备或者增强现实显示装置观察到虚拟物体与真实场景完全融合在一起的画面，从而可以辅助用户对现实世界的认知，通过与虚拟物体进行交互极大地提高真实体验感。

1. AR 增强现实技术提供具象化台账

运用 AR 技术将投运设备建模，为设备提供具象化台账。作为设备 ID 内属性之一，可实现设备结构可视化，自动调阅设备结构模型，通过手指操作实现设备360°浏览和拆装模拟（见图 6-34），为检修提供决策，为备品备件管理提供依据。

图 6-34　AR 技术建模

2．AR 技术支持故障定位功能

故障发生时，传统方式中检修人员需要到现场才能确定设备故障。智能运维技术将专家支撑系统结合 AR 技术，利用已生成的设备 AR 属性库，故障可定位到可显示具体设备的具体板件（见图 6-35），并进行 360°展示，供远方专家和检修人员参考。

图 6-35　AR 技术故障定位

（三）MR 增强现实技术的应用

结合 SCD 可视化技术，构建 VR 环境中设备间联系光路，远方专家团队可虚拟进入检修现场，通过光路联系清晰构建设备二次回路。

与常规变电站相比，基于 IEC 61850 的智能变电站中更广泛地引入了光纤通信技术和网络技术，变电站二次设备之间的回路联系高度集成到变电站配置描述文件 SCD 中，常规的二次回路变成了"黑匣子"，大大增加了变电站运维的不可控性。

智能变电站采用光纤、网络通信方式及软压板代替传统电缆二次回路，智能变电站二次回路检查确认困难；安全隔离没有明显断开点，通过遥控实现软压板的控制，安全措施实施复杂。所有二次设备回路联系由全站 SCD 文件进行统一配置，通过各种智能装置之间的通信实现保护逻辑，高度智能化、互动化特征使得原有变电站二次设备操作、检修方式无法适用。此外，变电站无人值守及远方操作后，变电检修人员分析、定位、处理变电站缺陷需要多次往返变电站，缺陷处理的模式没有根本改善，效率低下，二次设备远程在线监控与分析实用化水平亟待提高。

针对智能变电站二次系统特征及存在的问题，随着继电保护信息的日益规范，通信技术的不断提高，逐步具备建设智能变电站可视化远程专家诊断系统的条件，实现二次系统可维护性，降低变电站二次系统的安全风险，提高检修运维效率。

智能变电站可视化全景与层次化全息的安全预警平台——继电保护可视化安全预警技术支撑平台（简称可视化平台）大大提高了运维检修人员对智能变电站二次设备的管控力，有效保障了智能变电站的安全稳定运行。下面简要介绍可视化平台的构架和取得的成效。

平台以解决实际问题为导向，充分利用目前智能变电站信息量丰富的特点，结合信息过滤与诊断技术，深入挖掘数据源，通过可视化全景全息四层展示，将二次设备的运行工况远程逼真再现，形成可视化、层次化二次设备运维技术支持体系。

1．优化信息，构建保护设备信息的全景鸟瞰图

平台将全站的继电保护设备在主接线图中全景展示，每台保护设备设置"告警"、"动作"、"通信"三个主要的信号标志。通过此图，运维人员可对全站保护设备的运行状况一览无余，对有缺陷的保护设备迅速定位。有效解决由于智能变电站采用预制舱、就地化分散布置，给日常巡视、运维带来极大不便的难题。

2．"虚实合一"，实现间隔链路可视化监视

平台采用了"虚实合一"的智能变电站二次信息在线监视及展示方法（"虚"指二次虚回路，"实"指物理光纤链路），形成在线实时监视的动态图纸，方便运维检修人员迅速、直观地掌控整站二次实时信息、二次回路状态、"虚"—"实"对应关系等，大大提高了运维检修人员快速诊断和处理设备缺陷的能力，实现了二次回路"看得见、摸得着"的可视化、层次化展示与智能诊断。

3．信息穿透，远程逼真再现二次设备运行界面

平台充分利用智能变电站二次信息共享的优势，将设备的液晶面板、指示灯状态和软压板状态在远方进行全景化展示，将采样值、运行定值、录波信息等自动化系统无法显示的信息在远程画面中实时展示，实现保护设备远程巡视。并将保护设备软压板远程可视化，实现智能站与常规站保护设备的无差异化运维，减少了日常运维的工作量和风险性。

4．全程管控，实现安全措施智能预警

智能变电站安全措施复杂，且无明显电气断点；在检修、改扩建时，只能靠人工校核安措执行情况，安全性及可靠性都不高。平台通过建立继电保护安措专家库，对安措执行进行全程管控。安措执行前，通过对检修压板、保护软

压板、光纤通断、开关分合等进行模拟操作并校核，实现安措预演；执行过程中，通过读取一次设备运行状态、二次设备压板信息，实现安措的在线校核；安措完成后，通过记录安措实施的步骤，进行事故分析及安措回演。通过以上三个步骤实现二次安措的全过程管控和及时告警，有效避免智能变电站继电保护误操作事故的发生。

第三节　就地化保护技术发展推动运维检修工作模式变革

一、背景

以信息数字化为特征的智能变电站应用，推动了继电保护技术革新，但智能变电站在运行过程中暴露出一些问题，需要进一步提升完善。一是继电保护速动性降低。当前 220kV 及以下变电站依然采用经合并单元采样、智能终端跳闸的过渡方案，增加了中间处理环节，导致快速保护动作时间延长了 5～10ms，降低了继电保护的速动性。二是继电保护可靠性降低。据有关数据统计，智能变电站保护及相关装置平均缺陷率为 1.901 次/百台·年，较同期常规站保护装置缺陷率（1.167 次/百台·年）高 62.90 个百分点。

智能变电站 SCD 文件描述全站一、二次设备连接关系，一旦出错将直接影响继电保护动作的正确性。与保护无关的控制功能和信息功能变动都需要对 SCD 文件进行修改，客观上增大了继电保护不正确动作的风险。智能变电站以光缆和软件逻辑代替常规二次回路后，二次"虚回路"无法直观可见，检修隔离无明显断开点，现场工作安全风险增大。当前，国内外二次设备厂商积极布局推进对就地化保护进行调研、研制和测试等工作。其采用取消合并单元及智能终端等中间环节，继电保护装置靠近一次设备安装，就地电缆直采直跳的就地化保护方案，已成为解决上述智能变电站中存在问题的有效途径。

二、就地化保护方案及其特点

采用就地化保护的智能变电站有别于由户内保护装置和户外合并单元、智能终端组成的传统智能站，其保护装置贴近一次设备，采用无防护安装方式。交流采样和开入开出等信息均采用电缆传输，而跨间隔、跨装置间的信息（如启动失灵、启动远方跳闸和闭锁重合闸等）采用过程层保护专网进行 GOOSE 信息传输。现场装置均无液晶面板，其通过保护专网将装置信息上送至智能管理单元，从而实现数据信息处理与分析。以 220kV 全类型就地化保护组网为例（如图 6-36 所示），包含线路保护、主变保护、母差保护、智能管理单元、过程层隔离装置各两套，构成保护装置和保护专网双重化配置。其中第一套保护装置接入保护专网 A1 和 A2。A1 和 A2 负责将 SV、GOOSE 和 MMS 信息传输至第一套管理单元。保护专网 A1 与保护专网 B1 间的跨网信息（如闭锁重合闸）通过过程层隔离装置进行传递。

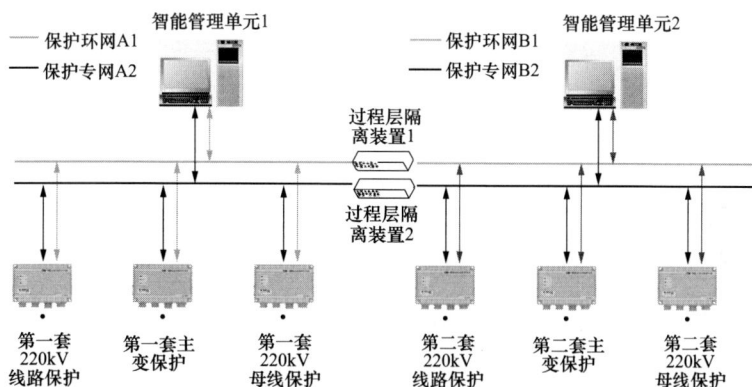

图 6-36　220kV 全类型就地化保护结构示意图

三、就地化保护智能运检方案

根据就地化保护的接口标准统一，体积小便于更换和保护专网信息集中上送等特点，在日常的设备巡检和维护时，可实现集中式设备信息查看、智能化设备故障诊断与状态评估的全新运维模式。当装置需要例行测试和紧急消缺时，可实现"工厂化智能调试+更换式快速检修"的全新检修方案。

（一）智能化运维模式

就地化保护装置现场为无液晶设计，相关保护装置信息已通过保护专网统一上送至智能管理单元。由于各信息均集成于一处，可大幅提高运维人员的设备巡视效率。设备日常巡视时，可在管理单元完成设备异常信息（硬件故障、通道故障、板件温度告警）查看、装置定值核对以及采样值和差流的检查。除了以上对设备信息的基础监测功能外，智能管理单元还可实现对现场就地化保护的故障智能诊断和状态评测：

（1）根据装置的硬件级告警信息、监测信息及其他巡检信息对装置硬件的运行状态进行评估，并根据监测信息的统计变化趋势进行故障预警。

（2）根据装置上送的各板件温度，可实现温度历史数据查询和数据变化曲线动态展示，通过设置温度预警值，实现装置温度的越限告警。

（3）电源电压的越限告警和历史数据查询，变化曲线动态展示。

（4）装置过程层保护专网、装置环网的端口发送/接收光强和光纤纵联通道光强的越限告警和历史数据查询功能。

（5）装置差流的越限告警和历史数据查询功能。

（6）现场一次、二次设备同源多数据进行比对，实现双重化开入信息不一致监测；双 AD 输入信息不一致监测；自诊断功能配置一致性监测的对象，可实现告警信息点、告警级别、告警方式的正确性判断，并按分类、分级进行告警和可视化展示。

（7）依据保护输出的中间节点信息，结合站内其他信息，对保护隐性故障进行智能诊断分析，并给出评估数据和处理意见。

在就地化保护运行期间，需要通过智能管理单元对现场装置进行修改定值、切换定值区、投退软压板、一键式备份、一键式下装等控制类操作。因此，智能管理单元需要对相关操作进行防止误操作的校核。其主要通过装置身份校验和主动式综合防误检测构成。

装置身份校验系统如图 6-37 所示，当操作人员需要在智能管理单元上对某台装置执行控制类操作时，需首先用电子口令卡管理单元将对应装置的电子口令文件写入到各运维人员专用的射频卡（或 UKey）中，然后在智能管理单元上读取并校核射频卡（或 UKey）中存储的电子口令文件。管理单元需首先核对当前登录用户与电子口令文件中记录的操作人员是否一致，若不一致应提示操作人员使用本人用户名和密码登录，然后核对电子口令卡的操作授权是否已过

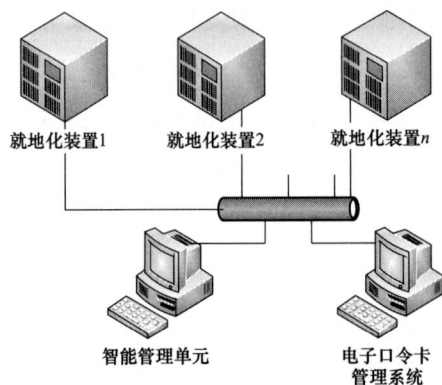

图 6-37　身份校验系统结构图

期，最后检查智能管理单元缓存的选定装置的身份识别代码是否与电子口令卡中的记录一致。只有当电子口令中的操作人员与当前登录人员一致、装置的身份识别代码与选定装置一致且操作授权未过期的情况下，管理单元才开放操作

权限，否则会进行告警并禁止操作。管理单元通过以上步骤可实现装置的身份校验。

主动式综合防误检测根据智能管理单元的功能划分，仅对相关的二次设备操作进行防误操作判断。其相关判断逻辑如下：

（1）一次系统运行判断。如退出主变保护装置低压侧子机的功能压板时，主变低压侧断路器应分位，且低压侧电流采样值为 0，避免低压侧运行时误退主变保护低压侧子机的相关功能。其他如母差保护退间隔 GOOSE 接收软压板和间隔保护退 GOOSE 发送软压板均需要进行对应间隔一次状态的判断。

（2）特殊功能的防误逻辑判断。如进行不停电传动时，系统可比对实时负荷，防止重负荷时进行传动对系统稳定造成影响。同时对控制回路和闭锁重合闸等重要告警信号进行核对，确认无异常后，方可进行不停电传动使能压板的操作。

（二）更换式检修方案

就地化保护在运行期间发生故障时，其主要的检修步骤为：①在调试检修中心预先完成装置的一键配置和测试；②到达现场后进行装置整机更换；③装置投运后进行不停电传动；④最后完成自动带负荷试验。

就地化保护检修流程如图 6-38所示。

1．一键配置和测试

就地化保护工厂化调试检修中心配置了保护检测平台，其具有就地化保护标准航插接口，免接线，使用方便快捷，可对不同类型的就地化保护

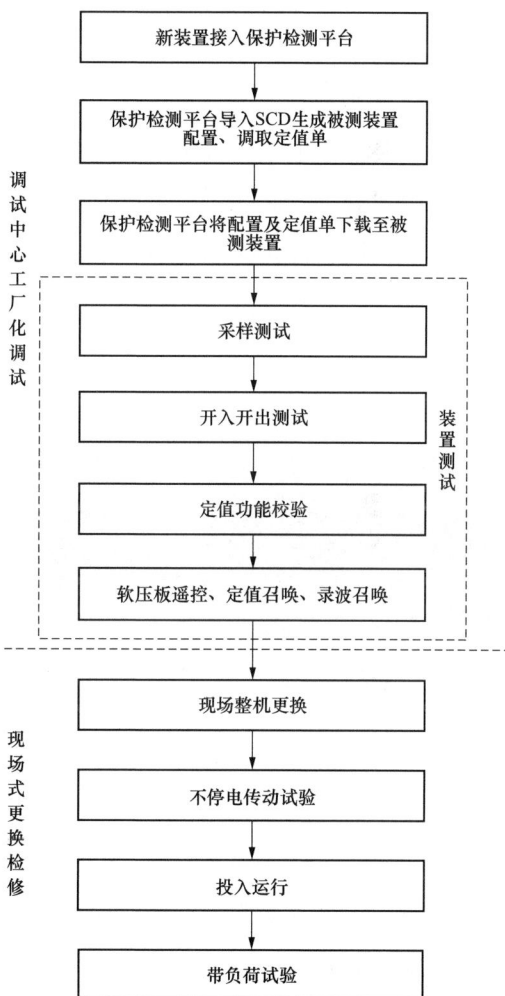

图 6-38　就地化保护检修流程图

进行交流采集功能、遥信、保护功能、通信功能、校时功能自动测试和装置配置文件的一键式下装。该测试平台检测方案灵活，可对单台装置进行测试、也可多台装置进行并行测试。测试过程自动化程度高，相关功能测试均可一键完成，并自动生成测试报告，可极大地提高就地化保护装置的测试效率。

2．现场装置整机更换

保护装置采用在就地化端子箱侧壁安装的方式，并通过航空插连接端子排与装置。更换前需首先断开航空插的连接。航空插为标准化设计，在特殊情况时可实现不同厂家间装置的快速更换。在拆卸航空插时，通过特殊的机械结构设计，可实现电流回路头尾自动短接，为更换过程提供安全保障；同时，其外观采用不同色带和容错键位的技术防误设计，有效降低现场检修人员"误接线"的风险。装置整机在安装时，采用"先挂后拧"的步骤，如图6-39所示：首先将装置通过螺栓紧固在挂板上；然后将挂板通过卡扣固定在背板上；最后用螺栓将挂板与背板固定。该安装方法方便操作，可满足现场安装及检修单人更换作业的需求。

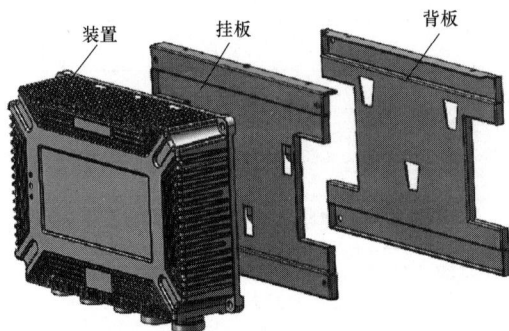

图6-39 就地化保护装置挂件结构图

3．不停电传动

在现场装置更换完成投运后，为验证装置出口回路的正确性，可进行不停电传动试验。在智能管理单元处，进入对应装置的不停电传动界面，在不影响保护装置原有逻辑与功能的前提下，装置按相发出短时跳闸命令，并结合装置的重合闸功能，快速恢复该间隔供电。如遇下列情况，装置将自动闭锁不停电传动功能：①保护装置遇到 TV 断线、TA 断线、通道异常等任何告警；②系统发生扰动导致保护启动；③连续进行传动操作，间隔时间小于 1min；④在重合闸选择"停用"方式或者重合闸处于放电状态。

4．带负荷试验

对于停电更换仅进行过一次设备通流通压试验的保护装置和紧急消缺不停电更换的保护装置，可通过智能管理单元进行自动带负荷试验检验其电压电流回路的正确性。该试验模块可显示所需间隔的三相电压、电流的幅值、相位，并以功角关系法原理图形式显示，通过程序内部判断 TA、TV 变比及 TA 相序、极性的正确性，给出试验结论。

5．实际更换案例

某线路保护报通信故障，二次远程运维诊断系统判断为装置 CPU 模块损坏，需要进行整机更换，对原智能站和常规站的保护，现场采用更换插件的消缺方案，处理完成后，需根据所更换的插件类型进行现场调试，如通流通压试验，保护逻辑试验、传动试验、带负荷试验等，其整体耗时为 3h。而采用"工厂智能调试+更换式快速检修"的全新检修方案，现场更换和调试时间可控制在 1h 以内，大幅提高检修效率，缩减停电时间，保证了电网的可靠运行。

四、小结

智能变电站中因新增合并单元、智能终端等二次设备，导致了系统可靠性有所下降、保护跳闸时间延长等问题。随着就地化保护装置在新一代智能变电站中的推广应用，传统运维检修模式也面临新的挑战。针对现阶段智能变电站运检模式的不足，充分应用就地化保护装置接口标准统一、体积小易更换和保护专网信息集中上送的特点，集中设备信息查看、智能化故障诊断与状态评估的全新运维模式和"工厂化智能调试+更换式快速检修"的全新检修方案，为未来就地化保护技术的进一步推广应用提供参考。

采用就地化保护的智能变电站，可真正实现保护装置相关信息集中式查看、设备状态智能诊断、工厂化智能测试、现场更换式快速检修的全新运维检修模式。但是智能管理单元操作界面仍较为复杂，需进一步简化操作步骤，从而降低运维难度和学习门槛。就地化二次设备现场检修如遇户外严苛的自然环境，在下雨或冰雪天如何快速准确完成检修，仍需在后续的运维检修方案中改进。